RECUPERA TU MENTE, RECONQUISTA TU VIDA

MARIAN ROJAS ESTAPÉ

RECUPERA TU MENTE, RECONQUISTA TU VIDA

ESPASA

Espasa, en su deseo de mejorar sus publicaciones, agradecerá cualquier sugerencia que los lectores hagan al departamento editorial por correo electrónico: sugerencias@espasa.es

Diseño de interiores: María Pitironte

Espasa, sello editorial de Editorial Planeta, S. A.
Avda. Diagonal, 662-664, 08034 Barcelona
www.planetadelibros.com
www.espasa.com

Primera edición: abril de 2024
Décima edición: febrero de 2025

ISBN: 978-84-670-7132-0
Depósito Legal: B. 5.270-2024

Preimpresión: Safekat, S. L.
Printed in Spain - Impreso en España

PEFC Certificado
Este libro procede de bosques gestionados de forma sostenible
PEFC
PEFC/14-38-00305
www.pefc.es

A Cristina, Isabel y Almudena,
amigas, confidentes
y las mejores hermanas
que puedes tener.

A mi hermano Quique,
no me sueltes de la mano.

Índice

Rutinas vitamínicas

Introducción

Nos cuesta ver una película entera, pero nos enganchamos a series con facilidad; nos cansan las conversaciones largas, pero somos únicos mandando emoticonos y contestando con monosílabos; ojeamos compulsivamente los titulares, pero somos incapaces de leer una noticia completa; nos supone un esfuerzo escuchar el discurso del jefe del departamento o de un político en las noticias... Todos somos conscientes de que la capacidad de prestar atención ha disminuido, pero no es solo la atención lo que ha cambiado, hay más cosas que están sucediendo en la mente y en nuestra conducta.

Durante los primeros meses de pandemia, la búsqueda en Google del concepto «Cómo centrar la mente» se incrementó un 300 %. ¿Quién no está más impaciente? ¿Quién no percibe al entorno más irritable? ¿Quién no ha sentido ansiedad en el último año? ¿Quién no nota que soporta el dolor o las molestias peor que antes? ¿Quién no experimenta el aburrimiento como algo cargante? ¿Estamos cerca de ser adictos a alguna sustancia, red social o conducta?

Cada vez más, buscamos recompensas inmediatas. Esto está muy relacionado con la degradación cognitiva que sufrimos. La sociedad de hoy se caracteriza por la vida intensa y agitada. Los mejores descubrimientos y avances no tienen que ver con el pensamiento y la cultura, sino con la velocidad, los datos y el aprovechamiento del tiempo, ¡un aprovechamiento a veces patológico! La agitación es pérdida de paz interior, y esta privación supone un incremento de los trastornos somáticos y psiquiátricos como la ansiedad, la depresión, el insomnio o las adicciones.

Dedico mucho tiempo a investigar sobre el mundo digital y cómo influye en la forma que tenemos de gestionar nuestro mundo emocional y de relacionarnos con los demás. En este libro busco que entiendas cuál es el origen de esta situación en la que la inmensa mayoría hemos reparado. Te explicaré cómo funciona el cerebro en relación con el placer, qué consecuencias tiene vivir con demasiada intensidad, buscando la novedad y la gratificación instantánea constantemente. Esta vida se ha vuelto peligrosa en muchos aspectos porque hemos puesto el acelerador a pleno gas y perdido la capacidad de parar, de profundizar, de contemplar, observar y prestar atención. Al entender cómo trabaja la mente, será más fácil comprender qué nos está sucediendo.

El libro está dividido en cuatro bloques. En el primero hablo de la dopamina, la sustancia que nos acompañará en todo este recorrido. Es la encargada del placer, pero también puede ser la mejor aliada o la peor enemiga. Mal gestionada nos lleva a una situación de dolor y malestar incesante. Está relacionada con las adicciones y por eso dedicaré unos capítulos a las drogas, a las redes, al azúcar… a lo potencialmente adictivo. Es un apartado importante con base neurocientífica, léelo con calma, te enseñará mucho. Es fundamental que entiendas el equilibrio dopamina-dolor, en mi opinión, una de las claves de la vida moderna. Lo complejo está mostrado de forma sencilla.

En el segundo bloque hablo de la corteza prefrontal. Esta zona de tu cerebro va a convertirse en tu gran aliada si la potencias. Te va a ayudar a gestionar los impulsos, a concentrarte y a prestar atención. Es fundamental que la cuides porque es la que conseguirá sacar de ti tu mejor versión. Trataré de los factores que la bloquean, desde el miedo o la soledad hasta las distracciones o las pantallas.

En el tercer bloque te presento la historia de las redes. Son unos capítulos entretenidos que te darán mucho que pensar. Puedes leerlos con amigos, con tus padres, hijos, hermanos o incluso en clase con tus alumnos. Te abrirán los ojos y entenderás mucho de lo que nos está sucediendo y la razón por la que los gobiernos de diferentes países quieren regular su uso, especialmente el de los menores.

Finalmente, en el último bloque, te proporciono herramientas que te ayuden a gestionar todo lo tratado. Son muchas las preguntas que puede que te estés haciendo —¿qué efectos tiene el mundo digital en nuestros hijos?, ¿existe por ello mayor riesgo de depresión, ansiedad, TDAH o demencia?, ¿podemos prevenir la enfermedad mental cuidando nuestra atención?, ¿cuál es tu vía de escape en esta sociedad tan rápida y acelerada en la que vivimos?, ¿lo que está sucediendo ha sido provocado conscientemente o es fruto de la casualidad?, ¿hay alguna forma eficaz de cuidarnos más?...— y deseo poder responderte a todas. Lo que pretendo con el libro no es otra cosa que aclarar algunas cuestiones que te ayuden a aprender, crecer y mejorar cuidando tu atención.

Si ya conoces mis anteriores obras sabrás que me gusta incluir casos a lo largo de los capítulos. En esta ocasión también están basados en hechos reales, pero todas las historias son ficticias y no corresponden, tal y como se presentan, a ningún paciente que haya acudido a mi consulta.

Querido lector, me aventuro una vez más a acompañarte para que recuperes el control de tu mente y reconquistes tu vida. Es una alegría saber que al otro lado de estas páginas estás tú buscando conocer para potenciar lo mejor que llevamos dentro.

Gracias por confiar en mí.

Un gran abrazo oxitocínico.

MARIAN ROJAS ESTAPÉ
1 de marzo de 2024

La atención, una capacidad indispensable

Quiero explicarte quiénes son los ladrones de tu mente y, en particular, de tu atención, y transmitirte los factores que están influyendo tan poderosamente en que todos hayamos perdido la capacidad de concentrarnos en lo que hacemos. ¿Es malo distraerse? ¿De qué factores depende y quiénes son los personajes implicados en la atención? ¿Las pantallas son siempre perjudiciales? ¿Podemos recuperar la capacidad de enfocarnos correctamente?

La atención es la base de los procesos cognitivos y se encarga de seleccionar, identificar, procesar y priorizar lo que es relevante para la actividad que se inicia.

Empecemos con William James, el padre de la atención. En su libro *The Principles of Psychology* expone que está íntimamente ligada a la experiencia, a cómo conectamos con la realidad y a cómo nos influye. No se puede desligar una de otra. Recibimos constantemente estímulos e información, pero no todo aviva la atención ni se convierte en una experiencia propia. ¿La razón? No todo lo que nos llega activa nuestro interés. Lo que genera cierto atractivo para la mente y los sentidos es lo que la estimula.

La atención está muy relacionada con la capacidad que tenemos de asombrarnos, de que algo nos cautive, nos seduzca, nos fascine… James apuntaba que la atención era un foco. La mente toma posesión de algo que escoge entre todo lo que existe en la realidad. Ese interés, esas ganas, esa voluntad, es lo que pone luz, perspectiva en aquello que pasa por nuestros sentidos.

En un viaje a Italia visité la casa de Pavarotti. En una de las salas de la vivienda mostraban unos vídeos de sus mejores espectáculos. Recuerdo ver una escena maravillosa en la Arena de Verona, y un extracto de la ópera de *Turandot*. En un momento dado, el gran tenor aparecía cantando «Nessun dorma», y su presencia y su voz envolvían a todos los allí presentes y a todos los que estábamos ese día en la habitación. Nos quedamos fascinados. En ese instante solo estaba él, lo demás se había desvanecido.

La atención es la capacidad que tiene el ser humano para observar, contemplar o interesarse por algo de su entorno.

La atención es un pilar de la vida clave para el aprendizaje —educar—, para la relación con las personas —empatizar—, para la meditación —conectar con lo profundo y trascendente—, para la reflexión —encontrar respuestas a los temas más importantes— y para decidir con libertad —ser capaz de tomar las decisiones desde la información, emoción y cabeza—. También nos ayuda a activar el asombro, a ser curiosos. Sin ella, perdemos la gestión de los impulsos, carecemos de voluntad para posponer la recompensa, tenemos dificultad para mirar a largo plazo y resolver los diferentes retos diarios.

Existen estados de atención elevados como el *flow* —estado de flujo—, la meditación, la conexión con grandes verdades —de la cultura, de la ética, de la razón, de la emoción y de la trascendencia— y la empatía. De hecho, William James manifestaba que parte de los genios poseían un enorme poder de atención sostenida, entraban en el estado de *flow* con más frecuencia. Respecto a la empatía, cuando no sabemos ponernos en el lugar del otro y bloqueamos la capacidad de prestar atención, pueden surgir dos fenómenos: la polarización y las posturas extremas.

Una sociedad con incapacidad de prestar atención arrastra un grave problema psicológico, de salud, familiar, afectivo, político y social. Para salir de una crisis precisamos de tipos muy inteligentes que sepan mucho del tema, que se pongan de acuerdo con otras personas involucradas en el mismo fin y sean capaces de buscar soluciones al respecto. En una crisis de atención perdemos a esos tipos listos —nos cuesta pensar— que se ponen de acuerdo con otros —nos cuesta empatizar— y que son capaces de buscar soluciones —la mente solo quiere sensaciones y gratificaciones instantáneas y tiene bloqueado el largo plazo—. ¿Y quiénes son los cuatro personajes más importantes que aparecen en los procesos de atención?

— Las ondas alfa del cerebro.
— La corteza prefrontal.
— La corteza cingulada anterior.
— La dopamina.

Nazareth Castellanos es una de las grandes científicas y divulgadoras del tema de la atención y de su relación con la meditación. Ha dedicado años a indagar sobre ello y expone de forma maravillosa este asunto en muchos de sus escritos y publicaciones. Incide en que atender supone desatender. Es decir, cuando el cerebro «decide» ocuparse de una tarea y poner su foco en algo, en ese momento necesita distraerse de otros estímulos. La atención se orienta al enfocarse en lo que le seduce y bloquea lo que no le interesa, y así define su realidad. Cómo atiende y cómo desatiende tiene una base neurobiológica expresada a través de las ondas alfa del cerebro.

Al activarse las neuronas, se genera una corriente electromagnética en sus membranas. Esta es la que se registra en el electroencefalograma (EEG), que analiza la actividad de grupos neuronales en el cerebro. Se mide en hercios (Hz), que corresponden a los disparos por segundo. Existen cinco tipos de ondas: beta, alfa, theta, delta y gamma.

Las alfa tienen una frecuencia de 8-12 Hz —ocho-doce ciclos/disparos por segundo—. Son las encargadas de los momentos de relajación, de meditación o atención. Cuando una persona pasa a modo alerta, van disminuyendo y surgen las beta —donde se pone en marcha la actividad mental— o las gamma —estados complejos de la mente, de alta resolución, creatividad o resolución de problemas—.

En la atención, las protagonistas son las ondas alfa. Cuando estás atendiendo, se encargan de frenar otras áreas no implicadas en esa tarea —y así contener las distracciones—, inhibiendo estímulos para que puedas enfocarte en lo que estás realizando en este instante. Si estás atendiendo en una charla, en un concierto, leyendo una novela, involucrado en una conversación, en una meditación pausada…, y lo asocias con la respiración, en ese momento muchas de tus neuronas se sincronizan a la vez en ritmo alfa. Si uno tiene poca fortaleza en estas ondas, es más vulnerable a evadirse, pues esa barrera que bloquea las distracciones es débil. La mayor parte de las distracciones que surgen son de origen interno: pensamientos, rumiaciones, preocupaciones u obsesiones.

Un estudio publicado por la revista *Trends in Neurosciences,* llevado a cabo por investigadores de las Universidades de Birmingham (Inglaterra) y de Ruhr de Bochum (Alemania) y el Hospital Universitario de Emory (Estados Unidos), demostró que las ondas alfa ayudaban a contener las distracciones, enfocando la atención. «Escondían» lo que no era importante para concentrarse en lo que uno deseaba.

Atender supone aguzar los sentidos, relegando pensamientos, ruidos y sensaciones.

Hay que proteger estas ondas, y en estas páginas voy a brindarte herramientas que pueden ayudarte a conseguirlo —por ejemplo potenciando el *flow* y la meditación y cuidando tu corteza prefrontal—. Sabemos que tras pocas semanas de práctica habitual de meditación el número de neuronas que oscilan en alfa aumenta. Se necesita constancia, perseverancia y voluntad para repetir el hábito, para frenar, para entender que estamos cuidando de la mente y preservando las redes neuronales del deterioro. Así seremos capaces de dar un sentido más profundo a nuestra existencia.

No olvidemos que parar es una lucha, una batalla al principio con nosotros mismos, nuestros pensamientos y miedos. Meditar es conseguir cierta pausa cerebral y sosiego mental. Una mente que sabe reposar es una mente feliz. ¡Y es feliz porque le estamos dando un tiempo y un espacio para repararse!

Un equipo de Standford publicó un estudio[1] qué demostró que aprender técnicas de respiración podía mejorar la atención, la memoria y la gestión de las emociones. Eso se realiza gracias a una zona del cerebro denominada *locus coeruleus,* que avisa de cómo estamos respirando.

NO OLVIDES

Inspira lentamente por la nariz.
Toma aire en tres segundos y espira en seis.

Cuando nos vamos a la cama, pasamos por diferentes fases neuronales para poder descansar. Si nos enganchamos al móvil

—ondas beta con mucha actividad cerebral— y en un momento dado apagamos la pantalla y cerramos los ojos, no entramos en el sueño directamente. De hecho, en ocasiones cuesta, por eso muchas personas precisan de suplementos o medicación para dormir. Esta es una de las razones por las que suelo recomendar dejar los dispositivos un rato antes, y en el momento en que uno apaga la luz, traer a la mente pensamientos de agradecimiento, inspiraciones profundas, etc. —más adelante te hablaré sobre el sueño—. Para descansar bien, tienes que cuidar tu momento antes del dormir.

Hace unos años se publicó un estudio[2] muy llamativo. En él se explicaba que las ondas producidas por las células gástricas se acoplaban a las ondas alfa del cerebro. Es decir, existe una conexión directa del cerebro con el intestino. Esta conexión es bidireccional y nos lleva a darnos cuenta de un fenómeno muy interesante. Una persona con problemas digestivos puede tener asociadas dificultades de atención y concentración. Sin embargo, lo que la ciencia va demostrando, es que si aquella persona trabaja la atención, esos síntomas físicos pueden mejorar.

Tiempo antes, en otro trabajo publicado por la Institución Universitaria Karolinska[3] (Suecia), centro de referencia en neurociencia, observaron el comportamiento de ratas con microbiota alterada y vieron que tenían más problemas para localizar alimentos y aprender hábitos. Como vemos, el aprendizaje está muy influido por el eje intestino-cerebro. Una microbiota alterada afecta a los factores de crecimiento, que son claves en el correcto desarrollo de las neuronas en todas las etapas de la vida, pero particularmente en niños y adolescentes.

Las ondas alfa están muy vinculadas al intestino, y el cerebro se ve influido por la actividad intestinal.

Otro de los personajes de la atención, y que trataré con frecuencia a lo largo del libro, es la corteza prefrontal (CPF). Quiero que se convierta en una amiga, a la que decidas cuidar a partir de ahora. La CPF es la zona consciente del cerebro, es la que nos ayuda a tomar las mejores decisiones, la que nos protege de equivocarnos o llevarnos por lugares que nos perjudican y enferman. Es la encargada de elegir un pensamiento o una actitud frente a otro. En cambio, la zona más inconsciente y emocional es el sistema límbico. Necesitamos una CPF que funcione bien, que se desarrolle de forma adecuada y que pueda sacar su máximo potencial. Una disfunción en ella te incapacita para planificar y ver el futuro. Estás solo en el presente, existe el hoy y el ahora. No eres capaz de posponer la recompensa y el cerebro solo busca sentir placer y disfrutar al máximo. Si esta zona se deteriora, te conviertes en una persona poco reflexiva, incapaz de gestionar tus impulsos y, por lo tanto, la puerta de entrada a la adicción está abierta. Aparece la dopamina, de la que hablaré en las próximas páginas con detalle. Es una hormona maravillosa involucrada en el placer, la motivación, la recompensa, pero que mal enfocada causa grandes problemas y adicciones. Déjame que insista en este punto: una CPF bloqueada te impide ver a largo plazo, solo interesa sentir en este instante. Te haces drogodependiente emocional, adicto a experiencias vibrantes, a sentir y a buscar emociones intensas constantemente.

¿Qué deteriora la CPF? Varios factores que iremos viendo, pero uno de los más importantes es el estrés crónico. Esta es la razón por la que una persona que vive con miedo y ansiedad generalizada —intoxicación de cortisol—, con necesidad constante de recompensa —intoxicación de dopamina—, tiene más posibilidades de caer en una adicción.

¿Y qué nos intoxica de cortisol?

— El estrés crónico.
— Los traumas sin resolver.
— La personalidad insegura.
— La personalidad perfeccionista.
— La personalidad controladora y obsesiva.
— La cronopatía (vivir obsesionados con aprovechar el tiempo).
— La soledad.
— El miedo.

Para prestar atención es necesario sentirse seguro.

Esa seguridad comienza identificando los miedos para gestionarlos, evitando la soledad no deseada y el dolor social, sanando las heridas y manejando los factores de estrés de la forma más saludable posible —hablo en profundidad de estos temas en *Cómo hacer que te pasen cosas buenas* y *Encuentra tu persona vitamina*—.

El tercer personaje en el proceso de atención es la corteza cingulada anterior (CCA). Es el puente entre la razón y la emoción, entre lo consciente y lo inconsciente, entre la CPF y el sistema límbico. Se activa para ayudarnos a darnos cuenta de que estamos distraídos y queremos redirigir la mente a lo que estábamos realizando. Nos ayuda a salir de pensamientos rumiativos y obsesivos. Es una zona muy importante para alejarnos de la rigidez y de las preocupaciones que nos aturden.

Esta región es tan interesante que ya se están realizando estudios al respecto. Se ha visto que la adicción a las redes tiene un impacto en la CCA. El profesor Hao Li, en varios estudios en 2011 y 2012, descubrió que estar enganchado a las pantallas conllevaba un deterioro de la corteza cingulada anterior.

Yi-Yuan Tang, profesor de la Universidad Estatal de Arizona, ha descubierto —tras múltiples investigaciones— cómo la meditación aumenta el grosor de la CCA a partir del quinto día de práctica. A partir de las ocho semanas los cambios se consolidan. No solo el tamaño de la CCA es mayor, sino también la actividad eléctrica de esa zona. Necesitamos cuidar nuestra CCA, ya que nos ayudará a salir rápidamente del bucle, de las preocupaciones y de esos pensamientos negativos que nos quitan la paz.

El último personaje en el proceso de atención es la hormona del placer y la motivación: la dopamina. Nos ayuda a sobrevivir y a disfrutar, pero en exceso nos aturde y nos altera profundamente en la parte bioquímica, neurológica, psicológica, emocional y conductual. Con ella comenzamos nuestra travesía.

LA DOPAMINA

1. Nuestra protagonista

En los últimos años el avance de la neurociencia ha proporcionado información muy valiosa para entender el comportamiento humano, las razones por las que es tan frecuente entrar en una espiral de apatía, de intolerancia al dolor, de angustia constante —lo que deriva en una grave crisis de salud mental— y, como corolario final, la sensación de que hemos perdido el control de nuestra vida. La realidad es multifactorial y cualquier explicación breve que hagamos será necesariamente un reduccionismo. Mi intención es proporcionarte nuevas herramientas para que te comprendas mejor y entender qué le está sucediendo a tu mente, para orientarte y ayudarte a tomar decisiones adecuadas.

Lo he repetido y lo seguiré repitiendo: comprender es aliviar. Si comprendes qué te está sucediendo, qué nos está pasando como sociedad, sentirás un gran alivio. Lo siguiente será decidir qué hacer al respecto, pero el primer paso consiste en conocer e interpretar lo que nos ocurre, lo que estamos viviendo, desde el aspecto psicológico y con una base neurocientífica.

Empecemos por conceptos básicos, pero necesarios para poder adentrarnos en el apasionante mundo de la neurociencia de las emociones y la conducta.

La neurona es una célula del sistema nervioso responsable de transmitir información en forma de señales bioquímicas y eléctricas. Esa comunicación por medio de neurotransmisores es clave en el comportamiento, en el estado de ánimo, en el aprendizaje, en la atención e incluso en las relaciones humanas. Al recibir el estímulo externo, produce una descarga eléctrica que va aumentando poco a poco. Llegado a cierto nivel, hay un disparo —potencial de acción— que circula por el axón hasta el final de la neurona, a los llamados terminales sinápticos. Una vez allí, el neurotransmisor se libera al espacio sináptico a través de esos terminales.

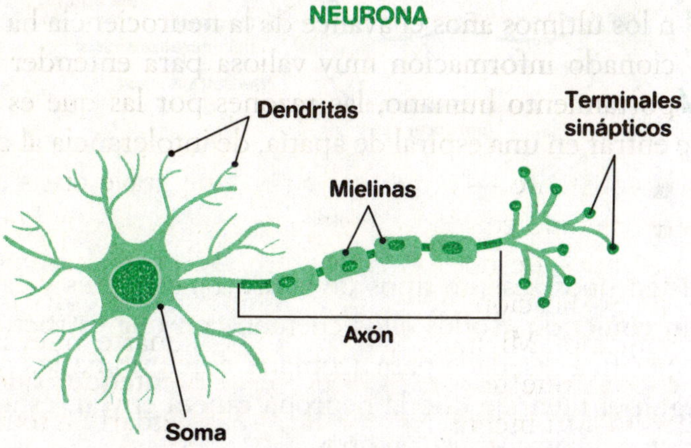

Partes de una neurona

Este espacio de unos treinta nanómetros es la base de la neurociencia. Hasta el descubrimiento de don Santiago Ramón y Cajal se creía que las neuronas eran una maraña de hilos. Sin embargo, él reveló que estaban separadas por ese espacio, muy pequeño, pero fundamental en las emociones, la conducta, la cognición y el estado de ánimo. Esa molécula, el neurotransmisor, una vez en el espacio, se une al receptor de la siguiente neurona. Esa unión se denomina sinapsis.

Cuando la neurona receptora interpreta el mensaje, este puede ser de estimulación o de inhibición. Ambas funciones son importantes para que el cerebro funcione adecuadamente. Cada decisión, cada pensamiento, cada actividad, genera torrentes de neurotransmisores en milisegundos.

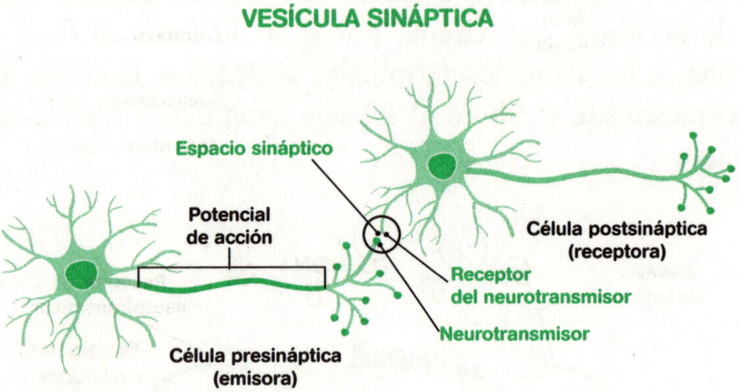

Sinapsis

Existen unos sesenta tipos de neurotransmisores y cada uno tiene un cometido. Todos ellos cuentan con una estructura química específica diseñada para acoplarse a determinados receptores. Según el mensaje que la neurona quiera enviar, esta decide liberar un neurotransmisor u otro.

Los neurotransmisores actúan como mensajeros químicos enviando señales entre las neuronas.

Probablemente conozcas o te resulten familiares algunos neurotransmisores como la adrenalina, la serotonina, las endorfinas, el GABA, la dopamina o el glutamato. En mis libros anteriores traté ampliamente sobre dos de ellos: el cortisol y la oxitocina —ambos hormonas y también neurotransmisores—; en este voy a desarrollar el funcionamiento de la dopamina.

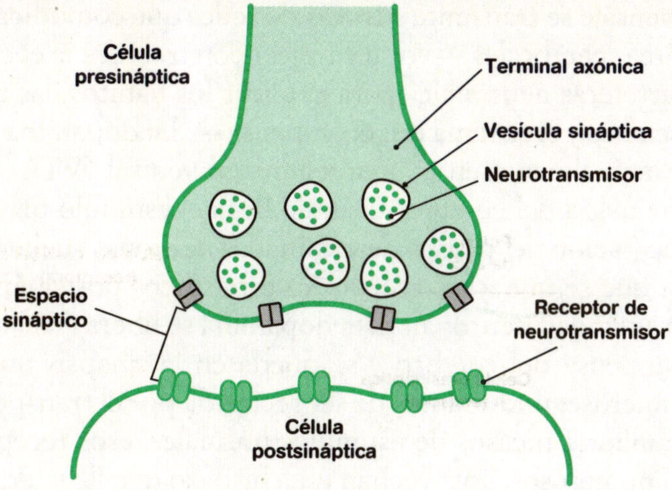

Sinapsis

LA DOPAMINA, UNA MOLÉCULA VITAL PARA LA SUPERVIVENCIA

Se la denominó dopamina porque deriva del aminoácido tiroxina y su precursor sintético es la L-DOPA (L-3,4-dihidroxifenilalanina). Fue descubierta a finales de los años cincuenta por dos investigadores que llegaron a ella de forma independiente: Arvid Carlsson y Kathleen Montagu.

Ya hemos dicho lo que es la sinapsis, la manera en que los impulsos nerviosos viajan por las rutas neuronales. Esa comunicación es fundamental, entre otras cosas, para el aprendizaje y la memoria. Hablaremos de esto y del espacio sináptico en las próximas páginas, de momento quiero que entiendas que los niveles de dopamina en esos espacios interneuronales van a ser determinantes para la conducta, las emociones o el desarrollo de adicciones. Pero vayamos despacio, por ahora solo me interesa que te quedes con un concepto sencillo: las sinapsis comunican unas neuronas con otras a través de los mensajeros —los neurotransmisores—.

El mensaje se transmite a través de redes que comunican diferentes áreas cerebrales —voy a emplear con frecuencia el concepto de carreteras neuronales para explicar los hábitos, las rutinas, las adicciones y el sistema de recompensa—. La dopamina se produce principalmente en el área tegmental ventral (VTA) y en la sustancia negra del cerebro. Cuando llega el estímulo placentero o la anticipación del placer, determinadas neuronas sueltan la dopamina, que se une a los receptores específicos postsinápticos y surge la actividad neuronal. Esta dopamina se libera en el circuito de recompensa del cerebro y se queda en la sinapsis unos cincuenta microsegundos antes de ser reciclada por el transportador de dopamina. En casos de estímulos normales, esos receptores [a], que son numerosos, aprovechan ese chispazo que llega de disfrute avisando: «Atento, viene algo bueno».

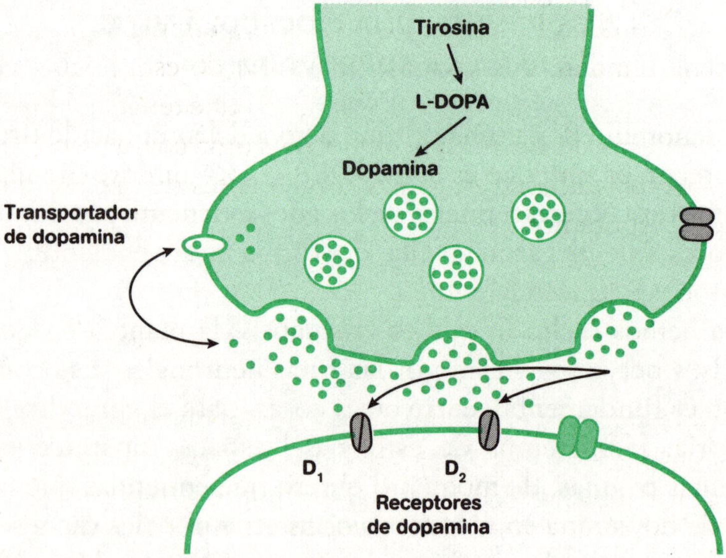

[a] Los receptores específicos dopaminérgicos —los postsinápticos— pueden ser D_1, D_2, D_3, D_4 y D_5. Según al que se una, las funciones serán diferentes. Los más conocidos son los D_1 —postsinápticos— y D_2 —pre y postsinápticos—.

La dopamina es una hormona muy importante en la conducta humana, diría que incluso para nuestra supervivencia como especie. Es el neurotransmisor que se encarga del placer, pero que en niveles inadecuados provoca infelicidad y sensación de vacío. También está presente en la ilusión; y en la motivación, nos ayuda a arrancar y a alcanzar las metas marcadas. Influye poderosamente en el estado de ánimo y está muy relacionada con el sistema de recompensa y la formación de los hábitos. Durante muchos años se pensó que el placer dependía únicamente de la dopamina; hoy en día sabemos que no es así, es algo más complejo, pero al ser su principal componente nos centraremos en esta hormona.

Quiero recalcar una cosa: la dopamina se libera no solo a través del objeto o estímulo placentero, sino simplemente con imaginarlo, anticiparlo o mirarlo. Esto es clave para entender cómo funciona la mente. He insistido en muchas ocasiones en la idea de que mente y cuerpo no distinguen lo real de lo imaginario. Así funciona también lo concerniente a la dopamina. Fantasear con una cena familiar, con la relación sexual de esta noche, con la compra de unos zapatos, con el concierto que tengo en unos días, con el partido de fútbol que voy a disfrutar con amigos… todo ello provoca la liberación de dopamina antes de que eso que deseamos y esperamos ocurra.

La dopamina se encarga no solo del placer, también del deseo de experimentarlo. Es un motivante que nos impulsa a actuar para conseguir los objetivos planteados.

Por otro lado, tiene un papel fundamental en el sistema de recompensa. Esto es esencial para comprender qué está sucediendo en tu estado de ánimo y en tu sistema de gratificación.

Vivimos en la era de la gratificación instantánea; recibimos múltiples estímulos y sensaciones dopaminérgicas a cualquier hora del día. Esa lluvia fina, pero constante de emociones, caprichos y sensaciones está modificando la forma de disfrutar, de experimentar dolor, de relacionarnos y de relajarnos.

> Había quedado con mi familia y unos amigos para visitar Ávila. Desayunamos poco y alrededor de las dos de la tarde todos teníamos hambre. De repente, de alguna de las chimeneas de los asadores abulenses, nos llegó un aroma a cordero y cochinillo intenso. Nos miramos a la vez, empezamos a salivar y se nos abrió el apetito y con él el deseo de cambiar las murallas por una buena comida; y ahí comenzó a liberarse dopamina.
>
> Llegamos al restaurante, pero al ser los últimos en sentarnos, íbamos viendo cómo servían a otros comensales, lo que acrecentaba nuestra sensación de hambre. En cuanto nos pusieron el rico manjar delante, nos lanzamos todos a probarlo. Tras unos bocados, aperitivos, vino y postres, la señal de placer había disminuido y fue reemplazada por saciedad y empacho.
>
> Hubo liberación de dopamina cuando olimos el aroma del asador, cuando acudimos raudos con ganas al restaurante y también al comenzar a comer cada plato.

Voy a hablarte de pantallas, drogas, alimentación, y actividades y conductas dopaminérgicas. Es importante aclarar que las drogas o los alimentos que consumimos no introducen dopamina en el organismo —no nos comemos la dopamina—, sino que esas acciones activan su liberación en el sistema de recompensa del cerebro. Veamos brevemente situaciones y estímulos que liberan esta hormona:

— El placer y las recompensas naturales. La comida, la vida social, las relaciones sexuales y, en general, al realizar actividades que generan sensación de bienestar.

— El deporte. Seguro que lo has sentido en más de una ocasión. Tras un partido de tenis, una tarde en el gimnasio, una maratón, una competición de fútbol… te encuentras en un estado de euforia (al final del libro, en las rutinas vitamínicas, hablaré de sus efectos).
— La novedad. La dopamina está muy relacionada con el sistema de recompensa variable. Gran parte del poder adictivo de TikTok, Instagram o el porno se encuentra en la novedad constante, en la necesidad de experimentar y observar a través de la pantalla cosas nuevas, cada vez más emocionantes e intensas.
— La sorpresa. Todo aquello que es inesperado. Por ejemplo, si te llaman para ofrecerte un ascenso, el bonus o la propina que recibes es mayor de lo que esperabas, si te ponen una mejor nota en un examen o vas a tu médico y, contra todo pronóstico (esta es la clave), te comunican que estás mejor de lo que parecía por las analíticas.
— Alcanzar los objetivos. Puede ocurrir en diferentes parcelas de la vida, desde aprobar una oposición, conseguir perder peso o terminar la tesis doctoral, hasta cumplir alguna meta que te hayas propuesto.
— Las drogas. Este es el componente más peligroso y dañino de la dopamina. No solo se libera ante estímulos propios de la vida, también al consumir estupefacientes u otras sustancias: tabaco, alcohol, marihuana, cocaína, anfetamina, fentanilo… Cualquiera de ellas provoca un aumento de dopamina en el cerebro. Cuando la activación es demasiado intensa y rápida, el poder se incrementa y llega la adicción.

Llegados a este punto, quiero presentarte a la doctora Anna Lembke, psiquiatra y especialista en adicciones en la Facultad de Medicina de la Universidad de Standford. Ha participado en varios documentales sobre estos temas, entre otros el conocido *El dilema de las redes sociales.* Es también autora de un libro muy recomendable, *Generación dopamina,* donde trata las adicciones. En sus páginas expone un cuadro con los niveles de liberación de dopamina, extraído de varios experimentos realizados con ratas. Recurro a él para darte una idea de cómo influye según las conductas y adicciones. Para entenderlo mejor, pongo un ejemplo: una rata que «consume» cocaína incrementa su liberación basal de dopamina cerebral un 225 %.

— Chocolate: 55 %.
— Sexo: 100 %.
— Nicotina: 150 %.
— Heroína: 200 %.
— Cocaína: 225 %.
— Anfetamina (fármacos tipo metilfenidato): 1.000 %.

EL SISTEMA DE RECOMPENSA

Para avanzar en la compresión del funcionamiento de esta hormona necesitamos un concepto esencial: el sistema de gratificación. Este neurotransmisor estimula el circuito de recompensa, susurrándote: «Esto pinta bien, quiero más». Es un mecanismo muy diferente al de la serotonina —hormona de la felicidad, satisfacción o plenitud en términos más amplios—, que te dice: «Esto pinta muy bien, pero lo disfruto una vez y no necesito más». Este matiz es muy importante, ya que si tuviéramos que identificar una sustancia cerebral encargada del equilibrio interior y el estado de ánimo, esta sería la serotonina.

Placer: dopamina.
Plenitud y estado de ánimo adecuado: serotonina.

El sistema de recompensa es necesario. Si no recibiéramos ciertos incentivos en el día a día, no nos levantaríamos de la cama. Lo hacemos para ir a trabajar, para ver a nuestra familia, para alimentarnos, para que nos paguen, para aprender en el instituto o en la universidad... Es decir, algo que nos estimula de alguna manera. Se han realizado experimentos en animales transgénicos, modificados genéticamente a los que se alteraba o incluso privaba de su sistema de gratificación. El resultado era que morían, pues no tenían una razón por la que vivir. Necesitamos el circuito de recompensa para la supervivencia.

Por otro lado, gracias a este sistema se forman los hábitos. El cerebro no entiende ni distingue entre buenos o malos. Sí entiende de conductas repetidas que generan esa rutina. Pueden ser mejores o peores, que perjudiquen la salud o que potencien el organismo. Entender esto va a ser clave.

Los hábitos y las rutinas

Al recibir un estímulo externo percibido a través de los sentidos, este puede generar una respuesta que en ocasiones estará condicionada por nuestros hábitos, las conductas que hayamos repetido muchas veces ante el mismo estímulo. Te doy un ejemplo. Si cuando llegas a casa cansado después de trabajar te abres una cerveza y te tomas unas patatas fritas —acción que, por supuesto, te alivia y libera dopamina—, tu cerebro, a lo largo del día, querrá sentir esa sensación. La reiteración de esa conducta, unida al placer que experimentas, harán que tu mente quiera revivir esa impresión siempre. Si estás saliendo del trabajo tarde, tu cerebro —ante el deseo de tener esa sensación placentera— empezará a liberar dopamina.

Fátima me reconoció un día que quedaba con sus clientes en un bar cerca de su despacho para poder pedirse un vino.

—Creo que soy alcohólica, me paso la jornada esperando ese vinito —me dijo—. Si no tengo reuniones, me bajo sola. Lo necesito, me alivia y me da fuerzas para seguir trabajando.

Fátima había generado ese hábito en su conducta y su cerebro le recordaba todas las mañanas que llegaba «su hora de alivio».

La dopamina consolida esa conexión neuronal que intensifica las ganas de repetir esa conducta en el futuro. Y ese bucle se retroalimenta. Cuanto más lo reitere, más necesitaré sentir y repetir el hábito. Poco a poco se irá forjando una carretera neuronal, conexión vinculada a esa emoción o conducta concreta, a ese hábito dopaminérgico.

Cómo interviene el circuito de recompensa en el cerebro

Ya sabes que cuando hay placer o deseo de placer se libera dopamina en el sistema de recompensa a través del área tegmental ventral, que envía su mensaje a otras zonas del cerebro —amígdala, hipocampo, núcleo accumbens, corteza prefrontal…—. Veamos otro ejemplo y fíjate en los actores neurológicos que participan en cada instante: sales de trabajar y al volver pasas por una pastelería cerca de casa. Entras y compras un pastel, un helado o un sándwich. Se produce lo siguiente:

- La amígdala es la responsable del sentir (hambre, ansiedad, miedo…).
- El hipocampo guarda la información, memoriza (me he comido la magdalena, estaba rica, la he tomado con un café…).
- La neurotensina es la encargada de que el cerebro almacene los recuerdos en el «departamento» positivo o negativo. A través de este neuropéptido, el cerebro es capaz de asignar un valor emocional a la información. Se la compara al maquinista del tren que transporta esas experiencias

hacia la selva de lo complicado o hacia la isla paradisíaca del bienestar.

— La corteza prefrontal piensa y analiza, ejerciendo de contrapeso (el sitio está bien, no me vale la pena engordar por esto, es mejor que vaya al gimnasio, están más ricas las magdalenas caseras de mi madre...).

Después de repasar cada uno, mira ahora los pasos que la mente da para que entiendas su funcionamiento:

— Estímulo (señal).
— Ganas.
— Conducta (respuesta).
— Recompensa (consecuencia).
— Posrecompensa.

Te pongo varios casos:

1. Estímulo. *Estoy saturado de trabajar.*
2. Ganas. *Tengo ganas de sentirme bien y con claridad de ideas.*
3. Conducta. *Me marcho al gimnasio.*
4. Recompensa. *Libero dopamina endógena «buena».*
5. Posrecompensa. *Me encuentro mejor, más conectado, menos saturado.*

1. Estímulo. *Llego un viernes a casa y me siento solo.*
2. Ganas. *Tengo ganas de estar con alguien, de compartir la noche* (se empieza a liberar dopamina).
3. Conducta. *Me descargo Tinder y comienzo a chatear* (más y más dopamina, hay novedad, gente nueva, dos conversaciones abiertas interesantes).

4. Recompensa. *Me invita a su casa a tomar una copa. Sé que pasará algo más. ¿Cómo sucederá?* (más novedad, más incertidumbre y ganas...). *Allí voy. Mantengo relaciones sexuales.*
5. Posrecompensa. *Al día siguiente me dice que no ha significado nada, que espera que me vaya bien. Vuelvo a casa* (sensación de vacío, de tristeza. ¿Ha valido la pena?). O bien: *Me siento a gusto ya que cuando me siento solo puedo encontrar a alguien con quien pasar un rato.*

1. Estímulo. *Me llama mi jefe y me dice que me baja el sueldo porque no cumplo con los objetivos* (sensación de desamparo, tristeza y miedo). *No puedo perder el trabajo.*
2. Ganas. *Tengo ganas de sentir algo positivo, pero me he quedado sola en la oficina llorando con ansiedad.*
3. Conducta. *Me meto en Glovo y pido comida rápida* (novedad, dopamina). *Busco algo que tenga sal y azúcar* (es una respuesta instintiva. En ese momento el cerebro no pide judías verdes ni brócoli, me pide una subida de dopamina para paliar esa sensación de miedo e incertidumbre).
4. Recompensa. *Me llega una hamburguesa con patatas fritas, helado de postre con* brownie *y una bebida azucarada. Me lo tomo todo* (se libera mucha dopamina).
5. Posrecompensa (bajón anímico). *Me duele la tripa. Me siento hinchada. Más triste aún* (se ha inflamado más el cuerpo). *No soy consciente de lo que me está sucediendo en el organismo, pero algo está pasando y mi voz interior me machaca más.*

Si el estímulo «me siento solo, con ansiedad, triste, angustiado, con hambre, etc.» es frecuente y lo trato siempre con la misma recompensa, se generará un hábito mediante cambios neurobioquímicos. Voy acostumbrando al organismo y a la mente a recompensas fuertes. Si se repiten esos estímulos, el cerebro querrá repetirlos.

CIRCUITO DE RECOMPENSA EN EL CEREBRO

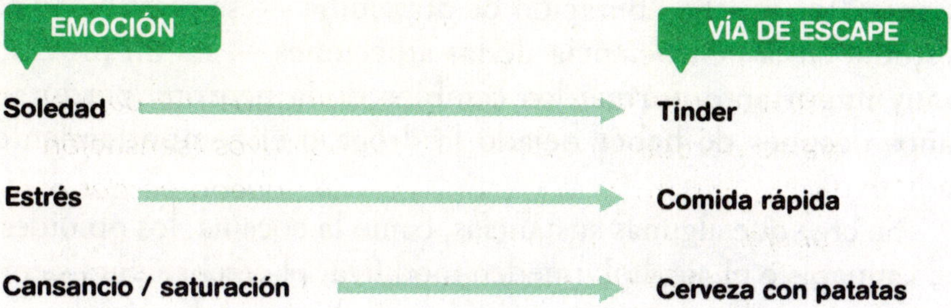

La dopamina es la responsable de consolidar y reforzar las conexiones neuronales que nos llevan a repetir conductas en el futuro.

Nuestra atención está muy condicionada por la suma de todas las recompensas que vamos experimentando a lo largo de la vida.

EL CEREBRO RECUERDA LO QUE LE CALMA

Te presento uno de los conceptos más importantes del libro: el cerebro recuerda lo que te calmó. La mente tiene una memoria prodigiosa para saber cuáles son las sensaciones que te alivian, que te quitan tensión o que puntualmente te alegran.

Quiero que pienses en tus hábitos y rutinas. Qué conductas y recompensas traes a tu cabeza y a tu cuerpo cuando te ves envuelto en emociones que no puedes gestionar. El cerebro relaciona y asocia en el tiempo el estímulo con la recompensa posterior, y esto impacta de manera directa en las neuronas dopaminérgicas. Las dendritas crecen en respuesta a las recompensas con mucha liberación de dopamina —esa plasticidad se estudia en la neurociencia de las adicciones—. Es un proceso muy importante porque los cambios de la neurona perduran años después de haber dejado la droga o el comportamiento adictivo.

Se cree que algunas sustancias, como la cocaína, los opioides, el cannabis o el alcohol, pueden modificar el cerebro para siempre. Esto explica por qué pacientes que han pasado décadas sin consumir recaen un día y vuelven a hacerlo de forma compulsiva. Es como si el cerebro de estos sujetos se hubiera quedado tocado e incluso el simple recuerdo de lo que fue reabriera las puertas de la adicción. Esa es la razón por la que no debes tontear ni una sola vez si estás dejando, por ejemplo, el tabaco.

Si te ves envuelto en un hábito negativo y pretendes liberarte de él, necesitas analizar el estímulo o señal que lo desencadena, y observar la recompensa que le das al cerebro cuando pasas por esos momentos. Sé sincero contigo mismo. Muchas de tus rutinas las tienes incluidas en tu día a día sin darte cuenta desde hace mucho tiempo. Observa cuáles de esos hábitos potencian tu ansiedad, malhumor o irritabilidad. Durante la observación, tu mente se rebelará con excusas. No pasa nada, acepta la resistencia al cambio como parte del punto de inflexión en tu vida —al final del libro desarrollaremos mecanismos para ayudarte a salir de esos hábitos negativos y generar lo que a mí me gusta llamar rutinas vitamínicas—.

ESTÍMULO / EMOCIÓN	RECOMPENSA / VÍA DE ESCAPE

Ejercicio. Analiza la emoción y qué recompensa sueles asociar con ella.

Te cuento algo que me sucede a mí. Me apasiona el chocolate, en todas sus vertientes, texturas y mezclas. Durante el embarazo de mi segundo hijo, me prohibieron el dulce, y solo podía tomar negro con más del 80 % de cacao. Al principio no me gustaba, pero al ser el único que me permitían, acabó por encantarme. Tengo muy identificado cuándo lo quiero por placer, cuándo por vía de escape y cuándo es por terminar una comida con mi onza —¡aunque suele ser más de una!—.

Me chiflan las palmeras de chocolate de Morata de Tajuña. De vez en cuando me escapo para visitar a las pasteleras y llevarme una cajita. Veamos qué sucede en mi cerebro cada vez que entro en la tienda —ahora, en frío, soy capaz de analizarlo, pero en ese momento no tengo tanta conciencia—. Entro a la pastelería. Loli de la Torre, la dueña, me saluda, me da un abrazo y veo en el mostrador las palmeritas de chocolate y glaseadas recién horneadas. Empieza a activarse la dopamina en el cerebro —«Va a llegar algo rico al paladar, es de mis dulces preferidos»—. Se pone en marcha el circuito de recompensa. En este instante, la amígdala cerebral —centro de las emociones— se alegra ante la posibilidad de lo que está por llegar. El hipocampo —zona de la memoria— recuerda las veces que he estado ahí y he tomado esas palmeras deliciosas. La corteza prefrontal va calibrando el momento según mi fuerza de voluntad. Déjame que te adelante aquí un concepto fundamental que trataré después, pero crucial para entender muchos temas de la mente: la batería mental. Es la energía que tenemos para gestionar los impulsos según el cansancio, la saturación, el estado de ánimo o la fuerza de voluntad de un determinado momento.

«No debes, acabas de desayunar, vas a comer en poco rato, vas con los niños, si tomas ellos también querrán, si comes una te costará no tomarte dos o tres…».

La corteza prefrontal nos ayuda a gestionar los impulsos, planifica porque ve el largo plazo —volveremos más adelante a ella para entender su funcionamiento—. Si cada vez que entro en la pastelería me tomo la palmera, mi cerebro asocia mi presencia ahí con probarlas. Si yo empiezo a tomármela, se activa el núcleo accumbens, que me recuerda lo muchísimo que me gusta y me muestra de forma intensa y obsesiva el resto de palmeritas para comerme otra. Se libera mucha dopamina, siento placer y por eso me cuesta frenar. Seguramente, esa activación del núcleo accumbens te ha sucedido al ingerir alguna comida procesada, con abundantes hidratos de carbono y con mucho azúcar o mucha sal. De hecho, el azúcar y la sal son dos de los ingredientes más comunes de prácticamente cualquier alimento que compres en un supermercado.

La dopamina es la sustancia que hace que relacionemos el estado de ánimo con la conducta y la recompensa buscada.

No soportamos el aburrimiento y el estrés

Si hay algo que influye y altera el sistema de recompensa, además de los hábitos, es el estrés. Hemos acostumbrado al cerebro a que ante la mínima sensación de angustia, ansiedad o tensión interna active un mecanismo fácil como vía de escape.

¿Cuándo cogemos el móvil?
Cada vez que estamos aburridos o estresados.

Nuestra carretera se ha consolidado con estas dos emociones: el aburrimiento y el estrés. Ambas tienen que ser eliminadas en cuanto aparecen y la dopamina de la pantalla tiene la capacidad de aliviarlas en cuestión de segundos.

Quizá me hayas escuchado decir en alguna ocasión que tener constantemente el teléfono en la mano es como llevar un minibar a cuestas. Cada vez que te sientes mal, raro o incómodo, un chupito. El cerebro funciona con el mecanismo *use it or lose it,* o lo usas o lo pierdes. Cuanto más se utiliza una zona cerebral, más se potencia, y las conexiones neuronales aumentan. En cambio, cuando dejas de emplearla, esa zona baja de intensidad. Si cada vez que sientes tensión facilitas al cerebro dopamina a través de la pantalla, el alcohol o las drogas, vas a desarrollar una baja tolerancia a la frustración. El cerebro perderá la capacidad de gestionar el sufrimiento por vías normales, puesto que lo habrás habituado a recurrir a «chutes» dopaminérgicos para escapar de lo negativo sin afrontarlo. Ese recurrir a conductas adictivas tendrá también otra consecuencia negativa: una necesidad cada vez mayor de emociones o sustancias intensas, puesto que le habrás habituado y vuelto insensible a las más suaves.

Si ante cualquier atisbo de aburrimiento, huyes de él con la pantalla, evitas activar el *flow*, el aburrimiento sano, tu divagación mental o la capacidad de contemplar. Aunque te parezca contradictorio, pronto entenderás la razón por la que aprender a aburrirse puede ser una gran herramienta para mejorar las capacidades cognitivas.

¡Cuidado con los cazarrecompensas!

Se ha descubierto que en las personas que viven en relativa paz y con una buena autoestima las concentraciones de dopamina basal en la amígdala son bajas, a diferencia de las que sufren mucho estrés o miedo, con tendencias a niveles más elevados de dopamina. Esta hormona, por lo tanto, está involucrada en muchos temas de desarrollo, placer, sexualidad, alimentación y, cómo no, educación.

Paloma era incapaz de gestionar el conflicto y la tensión en casa. Es PAS —persona altamente sensible— y no soportaba ver sufrir a sus hijos. Su padre fue muy duro con ella y se crio en un ambiente exigente y sin apenas afecto. No quería replicar ese modelo. Recuerda que cuando era pequeña en muchos momentos acudía a sus padres para pedirles cualquier cosa —afecto, cariño, celebrar el cumple con sus amigas...—, pero la respuesta era siempre negativa.

—Tienes que hacerte fuerte, no queremos una hija consentida.

Como consecuencia, Paloma arrastraba una herida y desde que fue madre, como reacción ante lo que sufrió, intentó cubrir las necesidades de sus hijos desde críos.

Hace dos años, su marido le fue infiel y su matrimonio se rompió, lo que le hizo sufrir enormemente. Como no quería que los niños detectaran su vulnerabilidad, les cubrió de atenciones. Cualquier capricho era satisfecho. «Toda mi clase tiene cromos de Pokémon», Paloma salía a buscarlos; «No me gusta la verdura», hacía patatas fritas; «No quiero ir a fútbol», les recogía antes del colegio...

Álvaro, uno de sus hijos, comenzó a bajar en las calificaciones, y para animarle le dijo que si sacaba más de un notable le daba cinco euros.

Ahora solo estudiaba porque con ese dinero que ahorraba se iba al supermercado cerca de su casa para darse cualquier capricho.

Un día Paloma me reconoció que su hijo era un consentido y que se había convertido en un tirano.

—Ayer fue su cumpleaños y me dijo que la comida no estaba rica y que había pocos regalos.

En esa sesión hablé a Paloma acerca del circuito de gratificación en los niños. Álvaro tenía su sistema de recompensa alterado. Necesitaba picos de dopamina a todas horas y cualquier estado de malestar lo quería paliar con alguna sensación, regalo, comida o dinero que liberara su dopamina.

En la educación es muy importante —¡y nada fácil!— intentar que los niños vayan diseñando este sistema no solo basado en premios y castigos, sino porque van interiorizando lo que está bien y mal. Soy consciente —y más siendo madre de cuatro niños— que en muchas ocasiones es casi imposible, pero al menos debemos tener claro lo que funciona para sus cerebros y luego ir adaptándonos lo mejor que podemos según sus personalidades, circunstancias y necesidades. No niego que existen épocas en la vida de un niño en las que los castigos son necesarios, o en las que los premios pueden ser un arma que nos permita sacar a los pequeños del bucle negativo en el que se encuentran. El problema es adoptar esa conducta binaria, premio-castigo, como sistema educativo por defecto, porque los convertimos en unos cazarrecompensas sin responsabilidad.

VIVIR SIN SUFRIR

El dolor ha estado muy presente en la cultura desde que el hombre es hombre. En las películas nos sorprendemos al ver imágenes que, con nuestros ojos y mirada de hoy, parecen una barbarie. Cuántas veces visualizamos escenas recreadas en tiempos pasados y nos resultan increíbles las condiciones en las que se vivía. En pleno siglo XXI hemos cambiado nuestra tolerancia al dolor. Queremos creer que cualquier asunto susceptible de generarlo o sufrirlo debe tener solución, nos cuesta entender y aceptar que el dolor forma parte de la vida. No podemos huir constantemente de él porque el sufrimiento sigue siendo y será siempre una realidad.

El origen del dolor puede ser externo o tener razones endógenas. En estas últimas influyen la personalidad, las heridas psicológicas y la manera en que afrontamos el conflicto y las decisiones que tomamos. Es cierto que en la actualidad huir de él es relativamente sencillo. Vivimos en un mundo en el que muchos tenemos un acceso fácil e ilimitado al placer instantáneo en sus múltiples variantes. Por muy puntual e insustancial que sea, ese pico de dopamina nos hace disfrutar por un período corto de tiempo y nos abstrae de los problemas reales, pero cuanto más explosiva sea la subida, más vertical será la caída, y concluido el efecto dopaminérgico acabaremos confrontando el mismo problema al que hemos añadido la sensación de vacío y, quizá, la semilla de una adicción.

Una sociedad adicta al placer —y con adicta me refiero a que consume productos dopaminérgicos de modo constante, inconsciente e ilimitado— tendrá serias dificultades para gestionar el dolor, el sufrimiento o el malestar. En nuestro entorno, desde la publicidad y las redes sociales nos llega un mensaje: ¡consume este producto y serás más feliz! Pero el organismo no funciona así. Cuanto más estimules la dopamina, más difícil te resultará llegar a conseguir la ansiada felicidad. Al contrario, te provocará una búsqueda constante de placeres, a diferencia de lo que podría generarte la serotonina.

Todas esas realidades negativas nos van a afectar tarde o temprano. Cuando lleguen, huir de ellas recurriendo a satisfacciones puntuales —y, además, cada vez más adictivas— no será la solución. La táctica del avestruz no ha dado buenos resultados desde el punto de vista evolutivo. La tristeza, la tensión interna, la angustia, la incertidumbre y el miedo son inevitables y, en muchas ocasiones, puntos de inflexión que, si se superan, nos pueden hacer crecer como personas. No existen los tratamientos instantáneos e infalibles. No nos vamos a curar de todo dolor en minutos.

Lo que cura de verdad requiere tiempo, y en lo psicológico, espacio para el silencio; parar y entender que el organismo necesita reposo para recuperarse.

De alguna forma, todos vamos por la vida huyendo de cualquier tipo de malestar. Sin embargo, la realidad es tozuda, el dolor existe —en ocasiones es ineludible—, y conviene mirarlo a la cara, analizarlo para ver qué información nos proporciona. Surge en respuesta a algo y es un indicador que nos avisa de que algo no funciona correctamente. Si huimos a toda velocidad de cualquier molestia o dolor, incluso el psicológico, si los aplacamos y enterramos sin estudiarlos antes, estaremos volando a ciegas, prescindiendo de un mecanismo fisiológico que nos puede proporcionar información esencial sobre el estado del cuerpo.

PLACER Y DOLOR, DOS CARAS DE LA MISMA MONEDA

Durante mi residencia, acudí a una conferencia en Londres sobre las redes neuronales que conectaban el dolor y el placer. Me impresionó mucho, pero no ha sido hasta ahora cuando he sido capaz de comprender el impacto tan importante que esto tiene en nuestra salud física y psicológica.

El organismo busca constantemente alcanzar una armonía interior gracias a complejos sistemas de control y de autorregulación —presión arterial, temperatura y balance de pH, glucosa, oxígeno, proteínas o electrolitos—. A esto se denomina homeostasis. Si el organismo se encuentra en equilibrio, cualquier intento de modificación genera una resistencia, y esto sucede inconscientemente e involuntariamente por parte de la persona en cuestión. Al alterarse alguna condición interna, el cuerpo envía una señal para reaccionar frente a ese cambio y volver al equilibrio natural, que es cuando se funciona de forma más optimizada. Existen tres factores necesarios en este proceso:

- El receptor, el sensor que percibe los cambios y modificaciones que se producen en algún parámetro del cuerpo.
- El centro de control, puede ser el sistema de glucosa, de sodio/potasio, del pH o de la temperatura.
- El efector, el órgano o glándula que genera la reacción contraria a la percibida por el receptor para así mantener la situación anterior al estímulo o cambio.

Este sistema de autorregulación existe también en la esfera de la dopamina y el placer. ¿Con qué se regula el exceso de placer? ¿Cuál es la reacción fisiológica que se genera para contrarrestar ese exceso? El dolor.

Cuando le intentaba explicar este concepto a mi marido, se me ocurrió un símil que quizá puede ayudarte a ti también a comprenderlo mejor. Le comparaba el equilibrio del placer-dolor con una cuerda. La clave es saber que el organismo busca que esa cuerda tenga estabilidad, esté centrada, por lo que tanto el dolor como el placer no deben alejarse demasiado de los extremos.

P: placer. D: dolor.

Pongamos un ejemplo. En un momento determinado sentimos un intenso placer que libera gran cantidad de dopamina en una cena abundante con amigos y mucho alcohol. Al experimentar todos esos placeres combinados, la P tira con fuerza hacia su lado, pero el organismo quiere evitar a toda costa ese desequilibrio y para ello empieza a segregar sustancias del dolor —pequeñas d— que tiran hacia el lado contrario, el de la D, para centrar la cuerda.

Cuanto más placer, más sensibles al dolor.

El dolor surge para recuperar el equilibrio tras un exceso de placer. Necesitamos sentir dolor y placer para tener mente y cuerpo en armonía.

Un apunte sobre la cuerda. No todos nacemos con la misma capacidad de buscar el equilibrio y encontrarlo. La genética influye. Vamos avanzando en comprender cómo funciona el organismo. No solo es necesario tener ciertas nociones de fisiología y medicina, aquí la antropología es fundamental.

La evolución del ser humano ha estado muy ligada a evitar el dolor y acercarnos al placer. Nuestra fisiología tiene un diseño inteligente, un sentido, no se creó por azar. El organismo posee circuitos muy perfeccionados con una finalidad. Encontramos placer en actividades relacionadas con la sexualidad —reproducción, sin la cual habríamos fracasado como especie— y la nutrición —alimentación y bebida, ambos necesarios para la supervivencia—. El circuito del placer ha sido de ayuda a lo largo de la historia para sobrevivir en épocas de escasez en las que resultaba difícil conseguir comida —guerras, pandemias, sequías...—.

Ha sido una constante en la evolución humana la carrera por mitigar el dolor y proporcionarnos placer. Actualmente, la medicina, la farmacología, la química y la tecnología han logrado en gran parte ese objetivo. Cada vez es más sencillo esquivar el dolor y acceder a actividades o estímulos placenteros. El cerebro se adapta progresivamente para vivir en ese mundo de sobreabundancia de placeres instantáneos.

Las redes neuronales del placer y del dolor se encuentran íntimamente relacionadas. Nuestro instinto de supervivencia explica por qué es fundamental sentir placer y dolor de forma intensa para poder sobrevivir. La intensidad en el placer es fácil de comprender y a ninguno se nos escapa. Del mismo modo, el dolor tiene que activarse con fuerza, por ejemplo, para que así seamos capaces de percibir el peligro y huir. Si tu pie pincha algo que duele, hay que salir corriendo, hay que sacar el pie de ahí. Si bebes agua ardiendo, los receptores de la lengua y la garganta reaccionan con fuerza para evitar que te abrases. ¿Y cómo se activa ese dolor? Cuando llega la señal, las vías del dolor detectan el malestar y en ese momento segregan neurotransmisores para mitigarlo. Esto funciona gracias a que existen opioides endógenos[b] —endorfinas, encefalinas y dinorfinas— que alivian esa molestia. Al mismo tiempo, al activarse el dolor, el cerebro envía un mensaje al organismo para que luche o se aleje del peligro.

El dolor y el placer nos ayudan a detectar posibles amenazas o bien a satisfacer una necesidad.

Voy a explicarte este concepto placer-dolor con un término cuyo origen se remonta al siglo XIX y que tenía que ver con la percepción visual. Seguro que te ha sucedido en alguna ocasión. Estás mirando de forma intensa algo de color verde, cambias la vista hacia una pared o superficie blanca y ves algo parecido a una mancha roja. Este hecho fue descrito por el fisiólogo alemán Ewald Hering. En 1978, Richard Solomon y John D. Corbit denominaron esta teoría como proceso oponente para poder aplicarla en otros aspectos de la vida, a las emociones y motivaciones.

Uno ingiere una droga y ello provoca sensación de alegría y felicidad, euforia y cierta desinhibición. ¿Qué sucede al cabo de

[b] Péptidos sintetizados por el sistema nervioso. Su estructura química es similar a la morfina. Alivian el dolor, modulan la temperatura corporal, mejoran el estado de ánimo y disminuyen la ansiedad.

unos instantes o de unas horas? Surgen el dolor de cabeza, el malestar, las náuseas, la tristeza y la ansiedad. Una comida copiosa en un restaurante de comida rápida con bebida gaseosa, patatas, postre edulcorado... y después de no mucho tiempo será inevitable un bajón anímico, probablemente acompañado de ardor de estómago y una incómoda sensación de saciedad. A veces serás más consciente y otras menos, pero si te observas en ese tipo de ocasiones, notarás ese proceso oponente: cuanto más intenso y puntual sea el placer, más rápido y peor será el bajón y el malestar posterior.

Siguiendo con el ejemplo de la cuerda, el placer libera dopamina y esta se lanza hacia P. Pero mi interior, mi organismo, mi mente, están en constante búsqueda del equilibrio. Entonces D, dolor, tira y va en busca de refuerzos para equilibrar la cuerda. Es decir, con el consumo constante de una droga o sustancia dopaminérgica la cuerda se inclina hacia la D.

Si estás enganchado al porno, las primeras semanas habrá un gran aporte de dopamina —cuerda tirando hacia el placer—. Si los meses siguientes repites el mismo contenido —no hay novedad, pero sí activación de dopamina—, no tendrás la misma sensación que al inicio, más bien terminarás con sensación de bajón y cierto malestar. Querrías revivir la emoción que sentiste al ver en los primeros vídeos —la mente recuerda lo que te hizo sentir bien—, pero no serás capaz y por ello tu cerebro te pedirá novedad. Buscarás maneras diferentes de ingerir la misma droga notando una intensidad similar a la primera vez.

Al vivir enganchados al placer dopaminérgico «malo» de forma crónica, la sensibilidad al dolor se modifica.

Cómo evita el organismo el desequilibrio entre placer y dolor.

En el momento en el que aparece el estímulo, los neurotransmisores realizan su función. Al cabo de un tiempo surge la reacción antagónica/oponente, que puede prolongarse, aunque el estímulo inicial haya desaparecido. Ello es debido a dos factores:

— Empieza a disminuir el primer estímulo.
— Comienza a surgir ese proceso oponente para lograr el equilibrio.

Un ejemplo: te tomas un *gin-tonic,* el alcohol te llena de una sensación positiva, de alegría, relajación, desinhibición y mayor sociabilidad. Pasadas unas horas aparece la sensación de bajón, dolor de cabeza o malestar.

Otro ejemplo. Las patatas fritas de bolsa. ¿Quién no ha dicho en alguna ocasión «es mejor no abrir la bolsa»? Es casi imposible tener un bol de patatas delante y tomar solo una. La primera está deliciosa, el placer es inmenso. Las siguientes no generan el mismo, pero no puedes dejar de tomarlas.

Un ejemplo más: te fumas el primer cigarrillo. Este quizá sea placentero, pero en muchas ocasiones se combina con tos, malestar, mareo y náuseas. En ese contacto no existe la adicción. El proceso oponente no será grande. Cuando una persona lleva años fumando y no puede dejarlo, si un día intenta hacerlo de la noche a la mañana, el proceso oponente será fuerte y le generará un malestar importante.

En algunos casos de adicciones agudas ese proceso oponente puede ser considerado como *craving*. Este estado se define como el deseo imperioso y compulsivo de consumir una sustancia. Incluye pensamientos intensos que acompañan a esa necesidad de consumir. Es un factor relevante en sustancias de abuso y va acompañado de ansiedad, tristeza, irritabilidad y malestar importante.

El *craving* también está presente en el síndrome de abstinencia, cuando alguien cesa de consumir de golpe o se encuentra en fase de desintoxicación, no solo de drogas, también de algunos fármacos.

Cuanto más tiempo se ha consumido una droga, más durará el efecto oponente al dejar de tomarla —un día, unas horas o unas semanas, variará según el tiempo que se ha estado enganchado a la droga—. Por ello, las terapias enfocadas a dejar una adicción pueden ser radicales —dejarlo de golpe— o paulatinas —poco a poco y/o alternándola con un fármaco que ayude a reducir la necesidad de consumir—.

CARRETERAS NEURONALES

Te dije al principio del capítulo que hablaríamos de esto, y ha llegado el momento. Me gustaría explicarte el símil de las carreteras y la dopamina. Creo que puede ser una manera interesante para entender mejor los hábitos y las adicciones.

La mente va consolidando sus vías, sus caminos, según lo que vamos experimentando y nos gusta, nos disgusta, nos genera placer o alivio. Como hemos visto, aquí nacen los hábitos. Una zona del cerebro —el cuerpo estriado— valora las sensaciones y el placer que estas producen. Es como si puntuara y recordara lo que nos va sucediendo y el impacto que tiene en el sistema de placer y recompensa. ¿Qué tendrá más valor en nuestra escala de placeres? Lo que nos libere más dopamina. Tenderemos a repetir aquello que nos haya hecho segregar mayor cantidad de esa hormona y esa carretera se irá asentando, es decir, seremos más susceptibles de recurrir a ella, a ese hábito o actividad. Cuanta más dopamina se segrega, más ganas tendremos de repetir y perderemos interés en otras actividades menos dopaminérgicas —¡que muchas veces son más saludables!—. Te pongo ejemplos. Un día te pones a jugar con tus hijos al parchís. Todos lo pasáis bien: «Hay que comerse al rojo», «seis que son doce», «hay que comerse a papá que si no gana», «no me sale el cinco y sigo con mis fichas en casa»… Quién no ha tenido una partida divertida, con risas, hasta quizá con algún llanto, pero de gran disfrute familiar. Imagina que por esa carretera circulan siete bolitas de dopamina[c].

Llega el cumpleaños de uno de tus hijos y su padrino les regala la Play. Al día siguiente la descubren y lo pasan en grande. En la carretera de los videojuegos circulan muchas bolitas de dopamina. Cuando al cabo de unos meses se te ocurre plantear una partida de parchís, tus hijos no quieren, no les apetece. Su mente desea lo nuevo, lo gratificante, y lo otro les resulta completamente aburrido.

Vamos a ver un partido de fútbol con amigos, nos lo pasamos muy bien. Al cabo de unos meses, cada vez que vemos un partido

[c] Estas cifras son un ejemplo, pero aclaran muy bien el funcionamiento de la dopamina, la conducta y las adicciones.

con ellos, apostamos. Ese sistema de recompensa variable genera más dopamina que si realizamos la actividad sin apostar. De esta manera el cerebro nos pide ver fútbol a la vez que apostamos. En la carretera de ver fútbol con amigos circulan diez bolitas de dopamina; si apostamos circulan veinte. Preferimos, por lo tanto, la segunda opción.

Damos a nuestros hijos fruta, les gusta. Empiezan a comer a todas horas caramelos de sabores, galletas y yogures azucarados. Cada vez quieren menos fruta porque su cerebro prefiere el azúcar «sintético». La fruta activa cinco bolitas de dopamina y las chuches y derivados, quince, veinte, treinta... Por ello, un niño que acostumbra su paladar y su cerebro a lo dulce, rechazará mucho más esa manzana, pera o mandarina que le ofreces. Si añadimos que ese caramelo viene para animarle o porque está triste, tenemos el combo hecho: emoción —tristeza—, recompensa —azúcar—, posrecompensa —no quiero fruta para la merienda—.

Podría seguir con ejemplos similares que nos ayudan a entender el funcionamiento de muchas de las conductas hoy en día. Mantenemos relaciones sexuales con nuestra pareja, nos encanta. Un día nos enganchamos al porno y lo vemos de forma constante. Al cabo de unas semanas o meses notamos que tenemos menos libido y que disfrutamos menos de las relaciones —de hecho, el porno es una de las principales causas de disfunción sexual en los hombres—.

Leemos una novela y la disfrutamos. Descubrimos el mundo de las series y alguna de las plataformas se convierte en nuestra mejor amiga. Cada vez nos cuesta más prestar atención a los libros. Antes leíamos y nos deleitábamos en ello, pero ahora no nos llena en absoluto y nos produce desgana.

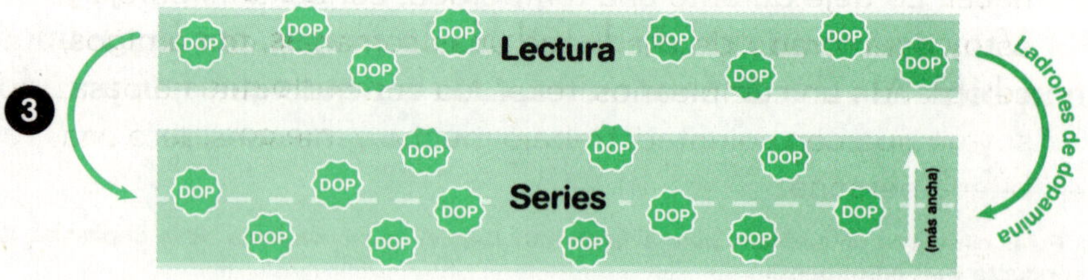

A las adicciones o aquello con gran poder de enganche las suelo llamar ladrones de dopamina. La carretera del porno, de los videojuegos, de las series, del azúcar… se va haciendo cada vez más ancha, robando la dopamina de las vías más sencillas. A la larga, cuando el consumo se hace crónico, las carreteras pequeñas —las costumbres menos adictivas y más saludables— llenan menos, generan apatía y desgana y el cerebro solo consigue disfrutar de los hábitos más dopaminérgicos y adictivos.

1 + 1 puede ser más de 2

Rubén era consumidor de cocaína y alcohol. Su relación de pareja se había deteriorado, en su trabajo sabían que tenía un problema y había pedido la baja de su puesto. El día que le conocí mostraba gran nerviosismo y se encontraba angustiado.

—Estoy metido en un bucle del que no sé cómo salir. Comencé a tomar cocaína de forma esporádica en la universidad y creía que lo tenía controlado. Una noche, en la despedida de soltero de mi mejor amigo, nos fuimos a un prostíbulo. Bebí mucho, consumí cocaína y acabé con una chica del local. A la mañana siguiente me sentí muy culpable, pero me dije que no iba a volver a suceder. Desde entonces siempre que bebo más de seis copas necesito cocaína, es como que mi cerebro me recuerda que con ello disfruto mucho más, y cuando comienzo me voy a un club o me meto en alguna web y contrato los servicios de una chica. No sé qué hacer. Lo dejé durante una temporada, conocí a mi pareja y estoy enamorado de ella. Hace unas semanas, con amigos, celebrando un cumpleaños, recaí. No entiendo qué me pasa, soy un tipo con voluntad, trabajo mucho y me considero una buena persona.

El caso de Rubén es lo que yo denomino 1 + 1 no son 2. El cerebro liga emociones fuertes y la dopamina asocia sensaciones diferentes y las potencia. Hay personas que tienen estímulos encadenados. Una cosa lleva a la otra. A partir de cierto estímulo, la mente poderosamente pide otro y luego otro —recuerda que mezclando «carreteras» se potencia la liberación de dopamina—.

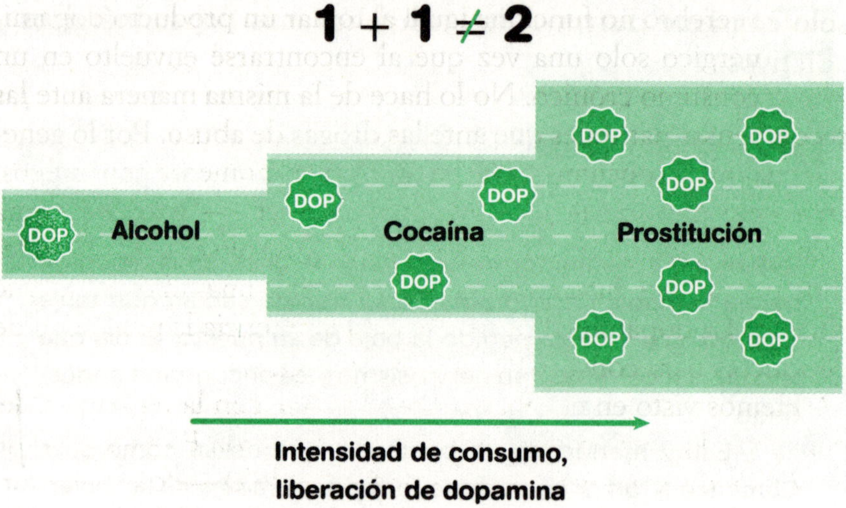

La mezcla de «carreteras» potencia la liberación de dopamina.

Las personas que desean frenar hábitos tóxicos encadenados necesitan eliminar el primario negativo de raíz. Rubén intentó dejar la cocaína, pero el alcohol en dosis altas le impulsaba a recaer. Tuvimos que hacer antes de nada un tratamiento de desintoxicación de este, porque solo suprimiendo desde el inicio su autopista de consumos fue capaz de frenar el hábito tóxico completo.

2. ¡Más dosis!

El cerebro no funciona igual al tomar un producto dopaminérgico solo una vez que al encontrarse envuelto en un consumo crónico. No lo hace de la misma manera ante las recompensas naturales que ante las drogas de abuso. Por lo general, cualquier consumo surge en un primer momento con amigos, en un entorno social —fiesta, concierto, bar…— y no de forma solitaria. Cuando uno comienza a ingerirlos solo es cuando podemos pensar que hay, en muchas ocasiones, una adicción. ¿Qué sucede? La dopamina liberada facilita y potencia la repetición de conductas para conseguir más y más placer.

Hemos visto en el capítulo anterior que con la repetición del consumo, la presión sobre la zona de la cuerda P —placer— se debilita y dura menos, y la zona de la cuerda D —dolor— se fortalece y se intensifica. Esto se conoce como neuroadaptación. Es decir, cuanta más exposición a la droga, las P se van haciendo más débiles y menos numerosas y, por lo tanto, se necesita más para sentir el mismo placer. A esto se le llama tolerancia, muy relacionada con la dependencia física y psicológica.

Cuando el organismo necesita de un producto o fármaco para funcionar, ya que no tomarlo le ocasionaría síntomas físicos o psicológicos, se produce esta tolerancia de la que te hablo. Esta se genera con drogas, medicamentos, videojuegos, etc. El consumo de alcohol es otro ejemplo: si lo ingieres de forma frecuente, necesitarás cada vez más dosis para disfrutar, relajarte o evadirte.

Con la adicción al porno sucede algo similar: ves un vídeo, te excita y te gusta. Al día siguiente quieres sentir lo mismo; abres tu pantalla y si vuelves a ver el que ya viste ayer, ¡no te excita de igual manera! ¡Tu cerebro quiere novedad! Si insistes en ver el mismo todos los días, notarás hasta cierto malestar e insatisfacción. Volver a sentir placer intenso está relacionado con lo nuevo y distinto que puede aparecer. Parte fundamental de esa excitación radica en lo novedoso. Si estás enganchado y decides quedarte con el contenido anterior o la misma dosis de alcohol, tabaco, marihuana o cocaína una y otra vez, el placer no será igual e incluso aparecerá una sensación importante de vacío.

Esa oleada de dopamina modifica el sistema de recompensa y disminuye la capacidad de sentir placer. Es por ello que los adictos sienten menos alegría en las recompensas naturales. Consumen únicamente para salir de ese sentimiento de tristeza. Al existir tanta dopamina en la carretera de la adicción, no «queda» más espacio para los placeres cotidianos. Reunirse con amigos, hacer una excursión o el deporte ya no generan placer. La persona se siente desganada, apagada y pierde la ilusión por las pequeñas alegrías del día y se incrementan el dolor y el malestar. Llega un momento que consumen para salir de la tristeza.

Cuanta más intensa es la búsqueda de placer, más vulnerabilidad al dolor. Si en cambio paras o frenas ese consumo adictivo de golpe, aparecerá el síndrome de abstinencia. El cerebro tarda aproximadamente cuatro semanas en recuperarse de una abstinencia. Durante las primeras, la sensación de ansiedad y la sintomatología física propia de la privación son fuertes.

La tolerancia es un paso previo a la adicción.
Sin tolerancia, no hay adicción.

Si te enganchas al mismo estímulo de forma crónica, el placer será cada vez menor y te costará más disfrutar de esa situación, pues el organismo se habrá acostumbrado, y con las dosis habituales ya no sentirá lo que al principio.

Ángel sufre de ansiedad elevada.

—He tenido diferentes psiquiatras durante años, pero no acabo de estar bien —me confiesa la primera vez que acude a consulta—. Desde hace unos meses la ansiedad ha activado en mí un estado de tristeza profunda. Estoy muy cansado y me veo incapaz de seguir luchando contra ella.

Le pregunto si toma medicación en ese momento.

—Sí, veinte miligramos de lorazepam, sesenta de fluoxetina, quetiapina de veinticinco miligramos tres veces al día y alprazolam de un miligramo de rescate si tengo un pico de ansiedad —me contesta—. Últimamente he tenido que recurrir a esa medicación y, aun así, no consigo encontrarme bien. Nada me hace efecto, pero si no lo tomo, estoy mucho peor.

Las dosis son altísimas. Ha adelgazado mucho —pesa en torno a setenta y cinco kilos y mide un metro noventa— porque la ansiedad le consume y, aun con esas dosis, no logra estabilizar su malestar.

En mi experiencia, en estos casos los receptores neuronales involucrados en la ansiedad están exhaustos y saturados. Es decir, llega un punto en el que la persona se medica no por bajar la ansiedad, sino para dejar de sentir el desasosiego que le genera el no tomarla. Yo suelo ir retirando las pastillas muy poco a poco, dejando la psicoterapia y al ejercicio físico como pilares del tratamiento, para ir recuperando el equilibrio ansiedad/dolor-bienestar —equilibrar la rueda— y conseguir que el paciente pueda abandonar parte de la medicación y, sobre todo, vivir con cierta paz interior. Cuando alguien se engancha a las benzodiacepinas, la tolerancia a la ansiedad —a largo plazo— se convierte en algo complicado y difícil de gestionar.

Las benzodiacepinas[d] son las sustancias de mayor consumo adictivo en nuestro país, incluso por encima de la marihuana. Ciento diez dosis al día por mil habitantes, que se dice pronto. Bélgica —con ochenta y cuatro dosis— y Portugal —con ochenta— nos siguen. Según las últimas cifras, el 7,2 % de los españoles afirma tomarlas a diario.

Si este tratamiento no está asociado a una psicoterapia, existen muchas posibilidades de que te enganches a la pastilla y no sepas vivir sin ella por miedo a tener ansiedad o porque resurjan los síntomas. El síndrome de abstinencia a las benzodiacepinas genera una ansiedad muy fuerte.

RELACIÓN ENTRE ADICCIONES Y PATOLOGÍA MENTAL

Martina tiene treinta y cinco años y lleva tiempo en terapia por depresión. Sufrió un abuso sexual de pequeña y desde entonces arrastra su herida. Toda la vida ha sentido que la tristeza y la ansiedad son parte de su personalidad. Cuando cortó con su pareja, los síntomas empeoraron.

—El día que me dejó, llegué a casa, abrí una botella de *whisky* que tenía guardada y comencé a beber. Yo apenas bebía por entonces, y me sentó fatal. Al levantarme al día siguiente, terminé lo que quedaba. Desde entonces me encuentro en una espiral en la que no me reconozco. Me despierto y solo pienso en beber. Me siento avergonzada, pero no puedo salir del hoyo.

Martina padece lo que denominamos patología dual. Esto sucede cuando una persona presenta un trastorno psiquiátrico y un

[d] España es el país del mundo con mayor consumo de benzodiacepinas según la Junta Internacional de Fiscalización de Estupefacientes (JIFE). https://diariofarma.com/2023/03/14/espana-lider-mundial-en-consumo-de-benzodiacepinas

trastorno adictivo a la vez. Esta combinación empeora el pronóstico y dificulta el tratamiento de los pacientes.

Una de las grandes especialistas en este campo, el de las adicciones y la patología dual, es la doctora Nora Volkow. Nació en el barrio de Coyoacán, en Ciudad de México, y durante su juventud, en los años setenta, dedicaba muchas horas a hacer de guía turística de su propia casa. ¿La razón? En 1940 habían asesinado en ella a un líder de la Revolución rusa. Es la bisnieta de León Trotski.

Pasaron los años, Nora hizo Medicina en la Universidad Nacional Autónoma, optó por la rama de psiquiatría y se especializó en tomografía de emisión de positrones (PET) para estudiar algunas enfermedades de la mente y el efecto de las drogas. Hoy es una de las grandes expertas en el estudio del cerebro, de las adicciones y de la dopamina en el mundo. Es directora del Instituto Nacional sobre Abuso de Drogas de Estados Unidos —NIDA, National Institute on Drug Abuse—.

Durante mi residencia, acudí a varios congresos suyos en los que tuve la suerte de escucharla y aprender mucho —tengo todavía guardados los apuntes de una sesión magistral impartida en Madrid—. Desde entonces sigo sus escritos e investigaciones. Sus estudios generan un gran impacto en los profesionales de la salud mental. Postula ideas muy interesantes sobre adicciones que quiero plasmar de la forma más sencilla y divulgativa posible.

Ya he comentado que solo con ver o pensar en el producto que deseamos se produce una liberación de dopamina. Este sistema ha sido necesario para la supervivencia, pero tal y como leo en los apuntes que entonces tomé en la sesión de la doctora Volkow, «las drogas esclavizaron el sistema y lo desnaturalizaron. Hackearon el sistema y crearon la adicción». Una de las ideas más importantes que divulga es que consumir de manera continuada sustancias dopaminérgicas deriva en una pérdida de dopamina, lo que lleva a que el cerebro no la sintetice normalmente. También ha descubierto que ese consumo constante de las drogas implica una disminución de los receptores de dopamina —en concreto los D_2, los encargados de inhibir y frenar los impulsos—. De hecho, lleva años investigando si tener menos receptores influye en cómo disfrutamos de la vida, e intuye que esas personas tienen mayor vulnerabilidad a hacerse adictos. Eso no significa necesariamente que esa disminución los lleve a serlo. Según cumplimos años, los vamos perdiendo también. La clave es buscar estrategias para aumentarlos y evitar con ello caer en la adicción. En definitiva, el consumo crónico de drogas inhibe la capacidad del cerebro para liberar, de forma natural, la dopamina. Si encima hay pocos receptores D_2, la posibilidad de adicción es mucho mayor.

La neurociencia lanza una pregunta: ¿tener menos receptores D_2 es lo que lleva a la adicción o es consumir sin cesar lo que influye en perderlos? La investigación es muy amplia, pero hoy, mientras reviso este texto, no hay una conclusión clara. Probablemente en los próximos años sí se descubra qué es antes, el huevo o la gallina. Lo que sí sabemos es:

Personas adictas que presentan disminución
de los receptores de dopamina
+
disminución en la liberación de dopamina
=
Menor disfrute cuando uno se topa con los estímulos
placenteros naturales de la vida

En otras palabras: las personas adictas sufren un robo de la dopamina circulante por sus carreteras de placer natural. Dejan de disfrutar y solo buscan la adicción. Te lo explico con un símil relacionado con el sonido: por un lado, el volumen en una discoteca o de fiesta y, por otro, el sonido normal. La recompensa natural sería escuchar música de fondo suave. La droga sería esa música pegada a un altavoz con mucho volumen. Ante la saturación de ruido —dopamina—, los receptores disminuyen para evitar la saturación, produciendo menos neurotransmisores en el circuito de recompensa, y al apagar el altavoz, escuchas los sonidos muy bajitos, tus receptores siguen inhibidos y tienen que acostumbrarse durante un tiempo a la recompensa natural —volumen normal—.

El cerebro busca siempre el equilibrio: intenta compensar la excitación fuerte de dopamina con una bajada de receptores y la neurona se desensibiliza.

CAMBIOS CEREBRALES Y ADICCIÓN: UNA RELACIÓN ESTRECHA

Las adicciones generan alteraciones importantes en el cerebro, en el funcionamiento de los neurotransmisores, en las redes neuronales, en la conducta y en los vínculos. Preocupan mucho a los médicos y hay que entender qué subyace en estos trastornos para poder ayudar, apoyar, prevenir y tratar. Es un tema muy serio de salud pública y, por lo tanto, tiene que ser motivo de prevención y divulgación.

Seguramente puedes intuir cómo surgen las adicciones en la vida de una persona. El cerebro está diseñado para repetir aquello que le genera placer. Si las drogas de abuso están presentes de forma continuada, el riesgo de hacerse adicto es mucho mayor.

Victoria era adicta a la cocaína desde joven. En su barrio el consumo era muy frecuente. Su pareja trabajaba de camionero y estaba fuera de casa muchos días a la semana. Tenían un bebé de nueve meses cuando la conocí en el hospital hace unos años.

Su madre falleció de cáncer y le regaló su reloj —único objeto de cierto valor económico que poseía—. Estaba tan enganchada a la droga que se pasaba el día buscando dinero para consumir. Una mañana se levantó con gran necesidad de tomar cocaína, cogió el reloj y lo llevó a un lugar de venta. Dejó al bebé solo en casa y volvió cinco horas más tarde. Al abrir la puerta, escuchó a su hijo llorando, y en ese instante se dio cuenta de las horas que llevaba fuera y de que había abandonado a su pequeño, ¡tuvo miedo de hasta dónde había llegado su adicción y pidió ayuda!

—Llegué colocada —me dijo entre lágrimas—. Me encontré a mi niño llorando en la cuna, ahí supe que tenía que reconocer mi problema y curarme.

Aquí te lanzo una idea sobre las adicciones: una persona adicta y con mono no ve más allá, no planifica, solo necesita saciar su necesidad de consumo. A veces pone en riesgo su vida, toma decisiones inadecuadas o, como en este caso, incluso abandona a su bebé.

La corteza prefrontal de los adictos pierde la capacidad de funcionar de forma adecuada. Como ya sabes, es la zona encargada de prestar atención, de planificar, de ver a largo plazo y de frenar los impulsos. Y es la que me interesa que potencies y protejas.

Quiero añadir un matiz a los descubrimientos de Nora Volkow de los que he hablado anteriormente: los pacientes adictos tienen niveles bajos de dopamina y de receptores D_2 en la CPF —es importante puntualizar que estos cambios no son iguales en un fumador compulsivo, en un adicto a la cocaína, a la marihuana o a los videojuegos—. De hecho, Volkow descubrió[1] que las personas obesas también presentaban la misma característica: niveles bajos de receptores D_2 en su corteza prefrontal. Esta es la razón por la que actualmente muchos profesionales abordamos la obesidad como un trastorno que surge por ser adictos a ciertos alimentos —al azúcar o a preocesados— asociado a un problema en la CPF para gestionar el impulso por comer.

Una persona cae en la adicción porque su corteza prefrontal no le permite controlar sus deseos e impulsos.

Un adicto pierde la capacidad de gestionar su vida. No tiene control y no puede planificar ni ver las consecuencias que tienen sus actos a largo plazo. Y ya no se trata de buscar placer, se trata de huir —como sea— del malestar, del dolor y de la abstinencia. Por ello una adicción comienza por la búsqueda de placer y con el tiempo deriva en la búsqueda de evitar esa inquietud. El adicto repite sin cesar una conducta hasta poner su vida en riesgo. Es fundamental que lo tengamos en cuenta a la hora de tratar a las personas adictas, ya sean familiares, amigos o pacientes. Puede ser que el origen y el primer consumo fuera en un contexto de desahogo o social, pero según Volkow «el consumo crónico los convierte en víctimas». Esto es importante a la hora de plantear la prevención y el tratamiento: a partir de cierto momento no son viciosos, sino víctimas de su propia droga. Con la droga ni se juega ni se tontea, porque cuando llega la adicción, la salida es muy complicada. Existen tratamientos, pero seguro que conoces a alguien a quien le esté resultando muy difícil conseguirlo.

La explicación anterior es esencial para comprender la relación que existe entre la dopamina y las adicciones. La mayor parte de las drogas intervienen sobre el sistema de recompensa, generando dopamina a través de las neuronas del área tegmental ventral, tal y como ya hemos visto. Es decir, cuanta más cantidad se segregue y a mayor velocidad —en el núcleo accumbens, hipocampo y corteza prefrontal—, mayor será su poder adictivo. Por otro lado, en los últimos años se ha constatado que existen otros factores biológicos y neurobioquímicos involucrados en las adicciones, pero quiero intentar hacer sencillo lo complejo con los conocimientos que ya están demostrados y son conocidos.

Cada droga tiene un mecanismo de acción diferente, pero todas afectan directa o indirectamente al sistema de recompensa. Las drogas de abuso ahogan este circuito liberando dopamina de forma inmensa, al menos diez veces superior a un orgasmo. Si la manera de ingerirla es vía nariz o endovenosa, la señal llegará al cerebro de modo inmediato. Ningún placer natural genera esa sensación tan rápida; tan brutal, tan eufórica. Esa saturación y liberación intensa nos lleva a querer repetirlo constantemente y el cerebro —ya lo conoces— se va adaptando a esos excesos de dopamina.

Según la doctora Volkow, las drogas más adictivas son las metanfetaminas. Tanto estas como la cocaína inhiben la eliminación de dopamina en la sinapsis —proceso necesario para poder equilibrar el organismo—. El alcohol, el cannabis, la nicotina y los opioides actúan con mecanismos indirectos —a través de la modificación de mecanismos de retroalimentación, a través del glutamato en el área tegmental ventral o modificando la acción del GABA—.

LA NICOTINA

Esta es una sustancia química presente en el tabaco con un enorme componente adictivo. Al fumar, la nicotina inhalada se une a los receptores de dopamina en el sistema de recompensa y otras áreas cerebrales liberando dopamina. En ese instante, el sujeto siente una sensación de euforia leve. Es bastante menos intensa que el de otras drogas conocidas, pero la probabilidad de generar un hábito adictivo es muy alta.

Fumar alivia los momentos de malestar y ansiedad. Así comienza la adicción: el cerebro asocia el cigarrillo con la sensación de bienestar y vincula ese momento con paz, placer o vía de escape —no olvides uno de los conceptos más importantes de este libro: el cerebro recuerda lo que le calmó—. El tabaco produce circuitos adictivos en el que el individuo tiene ansiedad si no está con su cigarro en la mano o tiene la posibilidad de poder fumar con facilidad —dentro de un avión o en un viaje en tren—.

¿Cómo funciona la nicotina? Cuando el humo es inhalado, pasa a los pulmones y de ahí a la sangre, desde donde llega en menos de quince segundos al cerebro. Sus efectos son rápidos, pero tan rápido como llegan se van. Ya sabes que las adicciones tienen su base en la rapidez de actuación en el cerebro y la intensidad de liberación de dopamina. Esa es la razón por la que una persona puede fumar varios cigarrillos seguidos a lo largo del día. El tabaco se asocia también a otros rituales y hábitos, como el del café, después de una comida, en el descanso laboral de la mañana...

Haber fumado durante años implica soportar las primeras semanas síntomas de abstinencia —ansiedad elevada, irritabilidad, fallos de atención, insomnio, ganas de comer...— si uno decide dejarlo. Estos se producen cuando hay dependencia, cuando el cuerpo y el cerebro se han habituado a que exista droga en el organismo. Dejar de fumar es todo un reto y debe ser apoyado con algún tipo de tratamiento que palíe la sensación de angustia. Existen métodos, fármacos —parches, chicles de nicotina, inhaladores— e incluso libros[e] para salir de esa relación física y psicológica.

SOCIEDAD ESPAÑOLA DE EPIDEMIOLOGÍA

- En 2022, algo más del 33 % de personas de entre quince y sesenta y cuatro años reconoció fumar a diario, según una encuesta que el Ministerio de Sanidad lleva a cabo cada dos años.
- De media, según el mismo informe EDADES, en el 37,8 % de fumadores en España fueron hombres y el 28,3 % fueron mujeres.
- Aproximadamente sesenta y nueve mil personas mueren anualmente en nuestro país por consumo de tabaco.

[e] *Es fácil dejar de fumar, si sabes cómo,* de Allen Carr, es uno de los que recomiendo a menudo.

Hay un factor muy importante que influye en los fumadores. La dopamina no solo se libera al consumir, también en el cortejo previo. Oler el tabaco, tocar la caja, encender el cigarro... En las terapias de deshabituación se trabajan esas sensaciones que pueden ser las que dificulten el abandono por completo del hábito.

Se ha observado que la nicotina no es la única sustancia que interviene en el comportamiento adictivo. Fumar está relacionado con una bajada de la monoamino oxidasa (MAO), una enzima que se encarga de degradar y eliminar neurotransmisores monoaminérgicos como la dopamina, la serotonina y la noradrenalina. Esta disminución de la MAO potencia el efecto adictivo de la nicotina, ya que la dopamina puede mantenerse más tiempo en el espacio entre las neuronas, generándose un aumento del efecto placentero. Con lo cual, tanto la alteración de esta enzima como la activación de la dopamina influyen en que la adicción al tabaco sea tan intensa.

LA MARIHUANA

> Carmelo lleva años fumando porros y enganchado a los videojuegos. Empezó con la marihuana a los quince en el instituto con compañeros de clase. Al principio era algo puntual, pero ahora consume a diario. Se nota triste y apagado.
>
> Trabaja en un periódico *online* y, debido a su bajo rendimiento, ha recibido varios avisos hasta que finalmente le han echado.
>
> —Es lo único que me relaja y me quita la ansiedad —me dice—. De vez en cuando dejo de fumar para ponerme con algún videojuego. No quiero volver. No quiero curarme. No sé si soy capaz de seguir con mi pareja, pero ella quiere ayudarme y cree más en mí que yo mismo.

La marihuana es, con diferencia, la droga más consumida del mundo. Según un informe de 2023 de la Oficina de Naciones Unidas contra la Droga y el Delito (UNODC), un 4,3 % de la población tomó esta sustancia a lo largo de 2021. Los *rankings* varían de un año a otro, pero los datos más actualizados muestran a Israel en primer lugar, con casi un 27 % de consumidores. Tras él está Estados Unidos, con un 23 %, y Canadá, con un 21 %. En América Latina, Jamaica, con un 18 % —¡comienzan a consumir a los doce años!—, Uruguay y Chile son los países que tienen las tasas más altas.

En Europa, veintidós millones de personas fuman a diario: Francia (11 %), España y Mónaco (10,5 %) e Italia (10,2 %). Según un estudio realizado por el Observatorio Europeo de las Drogas y las Toxicomanías sobre las aguas residuales de setenta y cinco ciudades, la población con más consumo en 2021 fue Barcelona. La investigación halló cuatrocientos cincuenta miligramos de restos de cannabis al día por cada mil habitantes, tres veces más que en Ámsterdam —ahí fue de ciento cincuenta miligramos al día—. En 2019 las cifras fueron de ciento cuarenta y nueve, lo que demuestra que el ascenso ha sido fuerte.

Fumar o ingerir marihuana provoca cambios en el humor, en la concentración, en la motivación, en la sensación de dolor y en el apetito. Esta sustancia contiene más de cien compuestos químicos, siendo los principales cannabinoides psicoactivos el delta-9-tetrahidrocannabinol (THC) y el cannabidiol (CBD). Al consumir, estos se unen a los receptores[f] CB1 —que fundamentalmente están en el cerebro— y CB2 —una gran mayoría están en el aparato digestivo—.

Las regiones con la mayor concentración de receptores cannabinoides son: cerebro —sistema nervioso central—, hígado, aparato reproductor, sistema cardiovascular, piel, tracto gastrointestinal, sistema inmunitario y sistema nervioso periférico.

— El THC afecta en especial a la memoria, la atención, la concentración, el movimiento, la coordinación, el estado de ánimo, el nivel de pensamientos y el placer. Estimula al

[f] Interfiere en el sistema endocannabinoide de forma importante. Este sistema tiene funciones físicas, emocionales y cognitivas importantes.

sistema de recompensa, liberando grandes dosis de dopamina.

— El CBD influye en el estado de ánimo y la ansiedad. Ha demostrado tener propiedades antiinflamatorias y antioxidantes. Hoy en día se investiga para fines terapéuticos y su comercialización se encuentra legislada de diferente manera en los países.

El sistema endocannabinoide (ECS) tiene relación con la dopamina. Los neurotransmisores y las proteínas receptoras funcionan de forma similar a esta. La diferencia es que la dopamina envía su mensaje directamente a través de la sinapsis y los endocannabinoides los transmiten cuando se unen a sus receptores, que ya hemos visto se encuentran diseminados en muchas zonas del organismo. Al interaccionar, se cree que se modifica la señalización de las neuronas y se alteran muchas funciones. Esto depende de qué cannabinoide esté uniéndose a qué receptor.

Los receptores CB_1 se encuentran involucrados en el sistema de recompensa, en particular, en el núcleo accumbens y en el hipocampo. Al ser activados pueden liberar dopamina. Si la marihuana se une a estos receptores, los efectos aparecen en la memoria, atención, motricidad, percepción del dolor y estado de ánimo. La interacción con los receptores CB_2 forma parte de un sistema biológico complejo, pero la influencia más importante sucede en el sistema inmune.

Porros y corteza prefrontal

Las personas que fuman porros habitualmente tienen alteradas funciones superiores. Ya he señalado algunas: la memoria de trabajo, la concentración, la capacidad de tomar decisiones y la atención, todas ellas de la CPF. Por lo tanto, el consumo crónico afecta a la corteza prefrontal. Si esto sucede desde la infancia, interfiere en la manera que tienen los jóvenes de aprender, estudiar y concentrarse. Sabemos que la corteza prefrontal se encuentra en pleno desarrollo en la adolescencia y fumar marihuana influye en la formación de esa zona del cerebro.

A mis pacientes les suelo explicar esto con un símil. Les digo que la CPF es la casa definitiva donde van a vivir y desde la que van a tomar decisiones. Ahí existirán diferentes estancias: placer, deporte, motivación, voluntad, flexibilidad cognitiva. ¡Fumar porros es como poner, en vez de cimientos fuertes y ladrillos que aguanten, plastilina! La estructura del edificio es más endeble y la vivienda más débil y vulnerable, y esta puede darnos un susto —en forma de brote psicótico, ansiedad, obsesiones…— en cualquier momento.

He escuchado muchas veces en consulta afirmaciones de este tipo: «¡Mi amigo lleva años fumando porros y es el mejor de la clase y deportista!». En efecto, existe la posibilidad de que esto suceda y de que este amigo, por razones que la neurociencia aún no conoce, tenga su cerebro protegido. Pero hay otra frase que se repite mucho: «Sí, Marian, te reconozco que en mi grupo ya no existe la alegría de antes, veo las miradas de mis amigos… hemos cambiado… ¿Cómo dejamos de fumar porros?».

La marihuana, a través de su mecanismo de acción, afecta tanto al sistema de recompensa como a la corteza prefrontal, lo que lleva a que el disfrute y el placer se vean menguados. Al estar dañada la CPF, la toma de decisiones será más primitiva, por lo que es típico que exista descontrol de impulsos y decisiones poco meditadas. Lógicamente, las consecuencias del consumo en la corteza prefrontal y en el sistema de recompensa variarán de unas personas a otras. Existen estudios muy interesantes que investigan el componente genético de los individuos y su relación con los receptores cerebrales y el sistema endocannabinoide.

Durante una estancia en el CAID (Centro de Atención Integral a Drogodependientes) de Majadahonda aprendí mucho de la doctora Lola Baño, experta en adicciones. Hablamos durante horas sobre la marihuana y sus secuelas en diferentes pacientes. Debatíamos sobre numerosos temas: ¿qué va antes, la droga o la patología psiquiátrica?, ¿hay predisposición?, ¿por qué a algunos les afecta la marihuana desde un primer momento y otros tardan años en presentar síntomas?

En una de mis primeras guardias en el hospital ingresó Pablo, un chico de veintidós años con un brote psicótico. Esa tarde había probado por primera vez los porros con su grupo de amigos, ¡era el único que nunca había consumido! Tras un rato, comenzó con alucinaciones, ansiedad elevada y no paraba de gritar. Al llegar al servicio de urgencias, sus amigos me explicaron que todos habían fumado y que todos se encontraban «bien». Me interesó mucho su caso, quería entender la razón por la que los efectos habían sido tan drásticos. Supe finalmente que tenía dos tíos maternos con trastorno bipolar —uno de ellos había requerido de varios ingresos por brotes maniacos severos—. Es probable que Pablo tuviera una mayor vulnerabilidad genética. Nunca volvió a fumar porros y dejó el tabaco —«No me fío de mi cerebro», me decía en consulta—. Recomiendo a mis pacientes, cuando tienen familiares con patología psiquiátrica, que sean muy cuidadosos y prudentes con los porros. Yo suelo definir la marihuana como un activador de enfermedades y síntomas psiquiátricos.

Síndrome amotivacional

En el CAID del que te hablaba hice una presentación sobre algo que llevaba observando en muchos fumadores crónicos de marihuana y que tenían una base sintomatológica común: la falta de motivación. Estos referían una disminución en el interés por actividades que antes sí eran capaces de disfrutar. Se denomina síndrome amotivacional, y se trata de un cuadro físico y psicológico que se mueve entre la pasividad y la indiferencia.

Fue descrito por primera vez en 1968, a pesar de que la OMS no reconoce su existencia como entidad médica, pero existen numerosos artículos y publicaciones al respecto. En el *Manual diagnóstico y estadístico de los trastornos mentales (DSM-5)* no se detalla como tal, pero sí apunta a que las personas pueden llegar a un estado de «falta de motivación que se asemeja a un trastorno depresivo persistente —distimia—». Los síntomas son carencia de ilusión, tristeza y cansancio. Tiene la capacidad de producir alteraciones en diferentes parcelas, desde cambios en la conducta, déficits cognitivos y síntomas psicopatológicos de distinta índole.

> Concha tiene treinta y dos años y acude a la consulta acompañada de su pareja, Víctor. Trabaja en una inmobiliaria y es la encargada de los apartamentos turísticos. Desde los dieciséis fuma porros de forma habitual. No ha sido capaz de frenar el consumo, a pesar de que lo ha intentado en varias ocasiones. Cuando más cerca estuvo de poder conseguirlo fue cuando supo que esperaba mellizos. Leyó sobre el efecto de la marihuana en el desarrollo de los bebés, pero, aun así, no pudo lograrlo.
>
> Al poco de nacer los niños, observaron en uno de ellos que tenía cierto retraso del desarrollo.
>
> —Durante meses me sentí culpable por no haber sido capaz de dejar de consumir en el embarazo. He leído mucho y quizá la droga influyera en el cerebro de mi hijo —me reconoce—, pero lo que ahora me sucede es distinto. No es tristeza, me siento rara, es difícil de explicar. Todo se me hace cuesta arriba, no me concentro bien, duermo a trompicones, y lo que más me preocupa es que nada me ilusiona. Creo que tengo depresión. No me quiero morir, pero no puedo disfrutar con nada.

Concha se planteó dejar el trabajo, pero necesitaban el dinero. ¿Cuáles son sus síntomas para reconocer el síndrome amotivacional?

— Apatía. Estado de desinterés con tintes de tristeza sin llegar a ser una depresión.
— Bajada de concentración con dificultad para prestar atención a lo que le rodea. Le cuesta centrarse en los estímulos externos.
— Pasividad ante lo que sucede a su alrededor.
— Ganas de estar sola, ha perdido el interés por los demás.
— Falta de voluntad, abulia.
— Dificultad para sentir emociones. Aunque le dieran buenas o malas noticias, le costaba vincularse emocionalmente con otras personas.
— Incapacidad de sentir placer, anhedonia.
— Disminución y fallos de memoria. Sufre deterioro de la memoria a corto plazo.
— Dificultad para realizar tareas complejas.
— Pocas ganas de trabajar o de hacer una actividad.
— Inhibición de la vida sexual.
— Imposibilidad de planificar, debido a que la corteza prefrontal no funciona como debe.
— Peor cuidado del aseo personal.

Repito de nuevo, es importante señalar que, a pesar de que este síndrome tenga rasgos y síntomas similares a la depresión, no se trata de lo mismo.

Durante mi residencia, roté en la Unidad de Adicciones en el Hospital del Mar en Barcelona. Tuve la fortuna de aprender de la doctora Marta Torrens y de su equipo. En una sesión que impartieron sobre antidepresivos y adicciones nos contaron que existían pocos medicamentos que ayudaran en los síntomas depresivos de las adicciones. La doctora Torrens me explicó que era un tema que se estaba investigando en profundidad. Las personas que consumen pueden padecer una depresión concomitante, que confluye con la adicción —haya sido previa al inicio del consumo o sea su desencadenante—, pero muchas drogas que generan ese estado de falta de motivación responden mal a los antidepresivos.

Después de lo leído, sabes que cuanta más dopamina, más tristeza, infelicidad e incapacidad de disfrutar. Las drogas ocultan y diluyen la conciencia, reduciendo la capacidad que tiene la mente de percibir su estado de adicción y malestar. Cuando uno se encuentra en ese estado, el inconsciente vuelve una y otra vez al consumo. Es más fácil abandonarse a las drogas que lidiar con la vida.

No se sabe exactamente la causa del síndrome amotivacional, pero los terapeutas reconocemos esta relación con las drogas, especialmente con el cannabis. Se cree que puede ser debida —yo opino de esta manera— a una alteración en la CPF que impide disfrutar, planificar, tomar decisiones y razonar. La curación comienza cuando cesa el consumo. Existen algunos fármacos que podrían ayudar, pero no suelen ser muy efectivos. La psicoterapia cognitiva es un tratamiento que beneficia y refuerza a la persona a tomar conciencia, cumplir objetivos y reilusionarse por la vida.

El consumo de marihuana y su interacción con el síndrome amotivacional sigue siendo motivo de debate al no conocerse bien la neurofisiología que subyace.

LAS ANFETAMINAS

Las anfetaminas se recetan para el TDAH, la obesidad y la narcolepsia, estimulan la liberación y aumentan la concentración de dopamina y adrenalina en el cerebro. Los efectos a corto plazo son una mejoría del estado de alerta, una disminución de la sensación de fatiga y un incremento en la concentración; de esta manera sube el rendimiento tanto físico como mental y se reduce el apetito.

Estas sustancias estimulan el sistema nervioso central, generando una mayor sensación de energía. Se unen a los trasportadores de dopamina y noradrenalina, actuando como inhibidores competitivos de los neurotransmisores. Es decir, la anfetamina se coloca en el mismo lugar que la dopamina, compitiendo con ella y bloqueando su entrada en la terminal sináptica.

Al administarse dosis altas, la dopamina se acumula en cantidades masivas en el terminal presináptico, generando euforia. Son muy adictivas, muchas no están aprobadas para el uso médico y se elaboran de manera ilegal. Se pueden consumir por vía oral, esnifar, fumar o incluso inyectar, y vienen en polvo y pasta, cristal, líquido, pastillas o cápsulas. Las más habituales son:

- Dextroanfetamina. Se utiliza como tratamiento para el TDAH y la narcolepsia. Algunas personas abusan de su consumo y sin prescripción médica para obtener el efecto estimulante, y esto puede derivar en consecuencias perjudiciales para la salud.
- Anfetamina. En jerga, entre las más conocidas, *speed.*
- Metanfetamina. Si es sólida, se conoce como cristal, *fast,* hielo, *wax*... Si es líquida, entre otros nombres tiene el de *speed* rojo.

La metanfetamina es un polvo blanco, cristalino y amargo que se puede diluir en agua o en alcohol, se puede fumar, inhalar, tomar por vía oral o inyectar. Es más potente que la anfetamina, ya que los efectos son más duraderos y daña más al sistema nervioso central. Cuando se fuma, llega a la sangre y al cerebro con mucha rapidez —gran liberación de dopamina—, acompañada de placer fuerte e inmediato. Al aspirarse, los efectos se notan en tres minutos; al ingerirse en forma de pastilla, tarda unos quince o veinte.

Recuerdo a Fran, un chico que conocí en la universidad. Le habían recetado Concerta para tratar su TDAH. Una noche se quedó estudiando en la biblioteca veinticuatro horas, y notó que le daba un gran bajón. No conseguía seguir, pero el examen era al día siguiente a primera hora y tenía pensado acudir «de empalmada». Salió a fumar y vio que varios compañeros se reían a carcajadas. Se aproximó y uno de ellos le dijo que si quería aguantar y continuar empollando tenía que probar un *high*. Lo hizo, y así se metió en el mundo de las metanfetaminas. Se dio cuenta de que el efecto era mucho mayor que el de sus medicinas, pero la caída era intensa y necesitaba cada vez más.

Una tarde, en la facultad, noté que temblaba. Yo por entonces no sabía mucho de drogas, pero percibía que algo le estaba sucediendo. Al preguntarle si se encontraba enfermo, me dijo que necesitaba su pastilla. Conseguí que me contara lo que le pasaba. Estaba enganchado, no podía decírselo a sus padres ni a su psiquiatra. El *high* le duraba cada vez menos y no sabía cómo poner freno a aquello.

Los atracones de anfetaminas generan subidones fuertes, pero los efectos del *high* bajan de forma inmediata y por ello los que se enganchan consumen más y más, saltándose comidas y descansos. Dura entre doce y cuarenta y ocho horas y termina con el agotamiento del sujeto, que precisa varios días para recuperarse. En esta fase los niveles de dopamina están muy disminuidos y se cree que en ese momento existe una alteración de las neuronas y los circuitos cerebrales.

La metanfetamina, al igual que lo hace la cocaína, provoca una gran liberación de dopamina, pero las neuronas funcionan de forma diferente con cada droga. Por ejemplo, la cocaína inhibe el transportador activo de dopamina —DAT, enzima cuya función es la de regular la dopamina en el cerebro—, aumentando la acción de la dopamina evitando que se reabsorba. La metanfetamina también inhibe la reabsorción de dopamina, pero a la vez activa la liberación del neurotransmisor, generándose cantidades más altas en el espacio sináptico —algo que puede resultar tóxico y dañino para los receptores y las neuronas—. Quienes la toman, llegan a tener paranoias, ansiedad elevada y alteraciones fuertes de la percepción de la realidad.

En cuanto a la dependencia, al principio se consume en dosis pequeñas y produce euforia y refuerzo —fase de inicio— debido, sobre todo, a su capacidad para liberar dopamina en los terminales dopaminérgicos —núcleo accumbens y corteza prefrontal—. Al aumentar el consumo —fase de consolidación—, aparece la tolerancia, que puede superarse con incrementos de las dosis o cambiando la vía de administración. Ahí es cuando comienzan los atracones para poder mantener la euforia.

No existe un tratamiento farmacológico específico para la dependencia de anfetaminas. Como parece que podría existir una disminución de dopamina durante la abstinencia, se han utilizado desde agonistas dopaminérgicos —sustancia que estimula los receptores de dopamina— hasta antidepresivos, y los resultados con psicofármacos son desalentadores. La psicoterapia puede resultar de utilidad. Los trastornos inducidos por anfetaminas se tratan de forma sintomática: los antipsicóticos para las manifestaciones psicóticas y los ansiolíticos para la ansiedad y la crisis de angustia o trastorno de angustia.

EL ALCOHOL

> Luis tiene cuarenta años y trabaja como ejecutivo en una empresa multinacional. Viaja todos los meses a América y a Asia. Su mujer, que le acompaña, me cuenta que desde hace tiempo no controla el alcohol, consume todos los días y en una ocasión se puso agresivo con ella al acabarse el que había en casa.
>
> Su padre y su tío tuvieron el mismo problema, pero nunca se trataron. Luis comenzó a beber en el instituto y recuerda varias ocasiones en las que llegó inconsciente —traído por amigos— a casa sin recordar lo que había sucedido.

El alcohol es una sustancia de abuso depresora del sistema nervioso central. De primeras genera euforia y desinhibición, por lo que algunos, al comenzar a consumirlo, especialmente los jóvenes, lo confunden con un estimulante. La administración aguda produce un aumento de la liberación de dopamina en las sinapsis del estriado ventral —núcleo accumbens—, y esto ha sido relacionado con su efecto de recompensa cerebral y refuerzo conductual.

El alcoholismo empieza de manera voluntaria —por pertenecer a un grupo, por sentir el alcohol en la juventud, para perder timidez…—. Uno decide que quiere comenzar a beber y probar la sustancia, pero con el tiempo la voluntad queda comprometida. Las personas con problemas severos de alcohol no son capaces de controlar el consumo.

La adicción afecta a varios circuitos del cerebro relacionados con el sistema de recompensa, el control de impulsos, la memoria y la motivación. La administración aguda produce un refuerzo positivo —activando el circuito de recompensa—, pero es importante saber que el alcohol engaña. Buscando esa sensación de euforia deprime la función cerebral, alterándose el equilibrio entre la neurotransmisión inhibitoria y excitatoria. Algunos de sus efectos depresores se han relacionado con ciertas manifestaciones comportamentales como son la disminución de la atención, las alteraciones en la memoria, los cambios de humor y la somnolencia. Cuanto más intenso sea el refuerzo, más ganas por consumir. No olvides que el cerebro recuerda lo que te hace disfrutar. Ahí surge el *craving,* el deseo de volver a consumir es muy elevado.

Al beber de forma compulsiva, se activa el GABA con su acción inhibitoria, con una disminución de la actividad del glutamato y la noradrenalina entre otros, lo que ralentiza el sistema nervioso central. En casos de intoxicación grave, puede aparecer el coma etílico y la muerte por parada cardiorrespiratoria. El alcohol afecta a los receptores de dopamina D_1 y D_2 —el primero se encarga de arrancar; el segundo, de frenar—. Cuanto más consumo, menos D_2 y, por lo tanto, resulta más fácil recaer.

Luis me reconoce a solas que hay días que no va a su trabajo porque la resaca no se lo permite. Entonces se va a casa de sus padres, se encierra en su antigua habitación y finge que teletrabaja, pero en realidad lo que hace es meterse en la cama y dormir. Cree que se está haciendo mayor y que su cerebro ya no soporta el alcohol. Los síntomas que presenta Luis son:

- Menor ejecución en el trabajo.
- Consumo excesivo.
- Mentiras y engaños al entorno.

— Pérdida de memoria, concentración y atención.
— Aburrimiento, vacío y desmotivación.
— En muchos momentos del día, se activan las ganas de beber.
— Le ha costado mucho, muchísimo, reconocer que tiene problemas.

El alcoholismo es una enfermedad del cerebro donde existe una búsqueda compulsiva de bebida. La cuerda tira constantemente hacia el placer, generando un síndrome de abstinencia fuerte. Las consecuencias son muy graves. En muchas ocasiones coexiste otro trastorno psiquiátrico, depresión, ansiedad, TDAH, bipolaridad, esquizofrenia... Por ello, el tratamiento tiene que ser multidisciplinar. La medicación en algunas situaciones es clave, tanto para el trastorno de base, si existe, como para el consumo y el síndrome de abstinencia. La terapia conductual es importante también. A veces el proceso empieza con la desintoxicación, después continúa con la deshabituación y gestión del síndrome de abstinencia y le sigue una gran ayuda para prevenir las recaídas. Eso sí, ha de ser individualizado, pues cada paciente tiene su propia historia.

He seguido y ayudado a numerosos pacientes con problemas de alcohol y me sigue impresionando cómo ciertos sujetos son capaces de superarlo, otros de seguir manteniendo una doble vida, he visto a otros con un deterioro muy rápido y otros con caídas y recaídas constantes. Una persona en estado de embriaguez toma peores decisiones —son más primarias, más arriesgadas— y le cuesta la resolución de problemas. El alcohol no afecta por igual a todos. La cantidad, el tipo de sustancia alcohólica, la frecuencia, la genética y otros factores —estrés, soledad, tipo de apego...— influyen en la manera en la que deteriora la CPF. En los alcohólicos lo que se busca es explotar el lado eufórico, el refuerzo positivo, y evitar la abstinencia.

Una de las características propias de las personas que lo consumen es que no reconocen que tengan una adicción. Uno se imagina que ser alcohólico es el caso extremo de estar en la calle, inconsciente, con una botella en la mano. El alcoholismo está mucho más presente de lo que nos imaginamos. Cada país tiene sus propias costumbres, pero en España el vino y la cerveza forman parte de cualquier comida o cena de amigos.

En consulta pregunto siempre cuánto bebe el paciente. «Lo normal», suelen decirme. Los rangos de bebida son diferentes para cada uno, y el metabolismo del alcohol es distinto. En mi experiencia, si una persona está atravesando un momento complicado de estrés, ansiedad, depresión, insomnio o trastornos de tipo TOC, bipolaridad o esquizofrenia, el consumo empeora todos los síntomas.

> Felipe lleva meses con sensación de angustia constante derivada de pensamientos intrusivos que no puede controlar. Trabaja en una empresa de automoción como gerente, está casado y tiene una niña pequeña. De puertas para afuera, su vida es fácil y feliz.
>
> —Vivo en un infierno desde hace un año —me confiesa—. Se me cruzan pensamientos de hacer daño a otros constantemente. Veo un cuchillo y creo que puedo herir a mi mujer. Veo una ventana y pienso que puedo tirarme. Voy mucho en AVE y miro las vías del tren y me vienen pensamientos terribles de hacerme daño. Jamás me lo haría ni a mí ni a otros, pero la cabeza no me deja en paz.

Felipe tiene una personalidad obsesiva y han surgido las fobias de impulsión. Estos pensamientos intrusivos se cuelan en la mente con contenido agresivo hacia uno y/o hacia los demás. Comenzamos con medicación, un fármaco que funciona muy bien para este tipo de pensamientos rumiativos de impulsión. Este le ayuda a disminuir enormemente los síntomas, pero lo que en realidad elimina el problema es dejar el alcohol.

Al pasar unos meses me reconoce que erradicarlo le ha cambiado la vida y que bebía más de lo que imaginaba. Como antes tenía los niveles de estrés tan alterados, se desequilibraba con mucha frecuencia cada vez que consumía. Ahora tiene mayor sensación de control sobre sí mismo.

LOS OPIOIDES

Un riesgo de la medicina moderna es el mal uso o abuso de los opioides, tales como la morfina, la metadona o el fentanilo, que son utilizados fundamentalmente para paliar el dolor crónico grave. No por casualidad son guardados bajo llave en los hospitales y solo tienen acceso a ellos contados profesionales, principalmente los anestesistas.

La doctora Blanca Martínez Serrano, del Hospital de La Paz de Madrid, es especialista en Medicina del Dolor. Ella me ha informado cómo se encuentra este tema ahora mismo en España, y la preocupación entre los médicos es importante. Se ha observado que el tratamiento paliativo mediante la exposición continuada a ellos provoca, paradójicamente, un aumento de la sensibilidad a ese dolor. Es lo que se denomina hiperalgesia inducida por opioides. Los pacientes se vuelven más vulnerables al dolor en lugar de sentir alivio. Se cree que el origen de esta reacción puede deberse a un desequilibrio dolor-placer en el sistema nervioso.

Los tratamientos con estos medicamentos exigen estar muy pendientes de ajustar constantemente las dosis. Si la hiperalgesia se activa, se descontrolan los patrones del dolor y se hace necesario cambiar por completo el enfoque para aliviar la enfermedad. Para afrontarlo, al igual que con las benzodiacepinas, hay que reducir, poco a poco, las cantidades y, en muchas ocasiones, tener un apoyo psicoterapéutico. Todo esto se tiene que realizar con seguimiento médico cercano, ya que el síndrome de abstinencia puede ser muy fuerte.

Pese a todo, no hay que demonizar a los opioides; son una herramienta médica adecuada y muy útil para dolores agudos, pero conviene ser conscientes de que la tolerancia que genera su consumo continuado y su alto potencial adictivo desaconsejan su uso de forma prolongada.

El fentanilo

El fentanilo es un derivado del opio. Fue sintetizado en 1960 por el químico Paul Janssen y es uno de los analgésicos más potentes conocidos. Se emplea para tratar dolores crónicos o algunos tipos de cáncer. El ser humano tiene más de veinte péptidos opioides endógenos —encefalinas, endorfinas...—, cada uno con sus propios receptores. Ello facilita mucho que opioides externos como el fentanilo accedan al organismo y produzcan sus potentes efectos. La presencia de este fármaco estimula el sistema nervioso central, que a su vez activa el circuito de recompensa, liberando grandes cantidades de dopamina. Y ya conocemos lo que sucede ante una liberación masiva de esta hormona: se genera una obsesión por volver a consumir. Más consumo, menos CPF —menos capacidad de gestionar los impulsos y decidir de forma adecuada lo que nos conviene sin poder frenar ni gestionar ese impulso—. La subida es tan intensa y súbita que el riesgo de tolerancia y adicción a esta sustancia es muy grande.

Ángela sufre de dolor crónico de espalda provocado por una lesión que se hizo esquiando. Se ha operado en tres ocasiones, pero el resultado no ha sido el esperado. Toma diferentes medicaciones, ahora está usando parches de morfina. Aun así, sus dolores monopolizan su vida, su pensamiento y su conversación, por lo que además de sufrir, se ha convertido en alguien con quien resulta difícil convivir. Intenta conseguir dosis cada vez más altas de opioides, y el médico le ha planteado comenzar con parches de fentanilo.

—Cada vez es más complicado gestionar sus altibajos y toda la casa gira en torno a su dolor —refiere su marido que está con ella en esta primera visita.

Ángela al principio siente un alivio inmenso con el fentanilo; sin embargo, al cabo de unas semanas se da cuenta de que el bajón después del tratamiento le reactiva el dolor con mucha intensidad y acude al médico solicitando más dosis. Todo ello le genera una ansiedad elevada y gran inquietud, ¡incluso rabia!, y es entonces cuando su médico le recomienda acudir a un psiquiatra para que le haga una valoración.

El problema fundamental del fentanilo es que sus efectos son descomunales. Es cincuenta veces más potente que la heroína y hasta cien más que la morfina. Si a eso le sumamos que su síntesis es relativamente sencilla y barata —las dosis en Estados Unidos se venden entre tres y cinco dólares—, ello explica la crisis de salud pública que está generando en el mundo. Un kilo de fentanilo en China vale cinco mil dólares y puede generar un millón y medio en ganancias al venderlo ilegalmente en Estados Unidos. La mayoría se sintetiza por los cárteles mexicanos, con químicos provenientes del país asiático. El fentanilo fue responsable en 2022 de tres cuartas partes de las muertes por sobredosis en Estados Unidos, en torno a dos mil fallecimientos a la semana.

El sistema de salud norteamericano da una gran autonomía a los centros privados para prescribir estos fármacos. Existe menos regulación y supervisión de la que sería necesaria, visto lo que está sucediendo. Además, durante décadas la industria farmacéutica presionó a los médicos para fomentar el uso generalizado de opioides como el fentanilo como primera barrera contra el dolor, lo que provocó que muchos pacientes desarrollasen adicción a una medicación que bien podría haber sido otra menos potente y peligrosa. Esta crisis no ha llegado todavía a España. Aquí, su consumo precisa receta y hay una regulación estricta para combatir el abuso de esta clase de fármacos. No obstante, según un informe de la Junta Internacional de Fiscalización de Estupefacientes de 2019, ocupamos el cuarto lugar en el mundo en el uso de fentanilo —nos adelantan Alemania, Reino Unido, y, por su puesto, Estados Unidos—. Los opioides más utilizados son la codeína y el tramadol.

La realidad es que es un fármaco que puede ser muy útil, pero hay que llevar un estricto seguimiento por el riesgo tan inmenso de dependencia. Aquí te dejo la escala analgésica de la OMS, es decir, cómo ir introduciendo los medicamentos para manejar el dolor en los pacientes.

Escala analgésica de la OMS

ESCALÓN I	ESCALÓN II	ESCALÓN III
No opioides	Opioides débiles + no opioides	Opioides potentes clásicos + no opioides
AINE * Diclofenaco Ibuprofeno Metamizol Paracetamol Coadyuvantes	Pentazocina Petidina Tramadol Coadyuvantes	Buprenorfina Fentanilo Hidromorfona Morfina Oxicodona Coadyuvantes

* Medicamentos antiinflamatorios no esteroides

EL GLUTAMATO

Vuelvo a la dopamina, la encargada de adquirir hábitos y engancharse a las drogas. El glutamato es un neurotransmisor que se ocupa de la búsqueda, aprendizaje y memoria, e influye en el sistema de recompensa. Cuando este se ve alterado por las drogas, pueden producirse cambios profundos en las neuronas y en los circuitos cerebrales, comprometiendo gravemente la salud mental del sujeto con fallos cognitivos severos. Este neurotransmisor interactúa con la dopamina en el sistema nervioso central; ambos, glutamato y dopamina, operan de forma complementaria, trabajando en la neuroplasticidad —capacidad del cerebro para adaptarse y cambiar según lo que nos va sucediendo—.

En un estudio llevado a cabo por investigadores del Instituto de Biología de París-Seine (Francia) y del Universitario de Salud Mental Douglas de la Universidad McGill de Montreal (Canadá), se vio que el glutamato influía en la liberación de dopamina en ratones. Se comprobó que al bloquearlo los animales se enganchaban a la droga —cocaína— con más facilidad y eran más vulnerables en la recaída.

El consumo crónico de drogas altera los receptores del glutamato, lo que deriva en una mayor tolerancia a estas. Se cree que el neurotransmisor interviene tanto en la reincidencia como en la necesidad de consumir compulsivamente. En muchas áreas del cerebro las neuronas de glutamato y las dopaminérgicas están conectadas. Es un campo de investigación interesante. De hecho, los estudios han ido más allá y dicen que si se inhibe el gen encargado del glutamato, VGLUT3, los ratones son más susceptibles a engancharse a la cocaína. Los pacientes adictos tienen mutaciones en este gen diez veces más presentes que los sujetos sin patología psiquiátrica. Por otro lado, el consumo de drogas genera una mayor activación de los sistemas glutamatérgicos, potenciando las respuestas dopaminérgicas. Se puede explicar de esta manera: la dopamina se ocuparía de todo aquello relacionado con la motivación y recompensa de las drogas, mientras que el glutamato consolidaría las alteraciones cerebrales potenciando la adicción.

3. Dispensadores automáticos de afectos

TikTok ha dado con una fórmula que engancha, seguro que en algún momento lo has experimentado. Quizá no solo con esta plataforma, también con Instagram, YouTube, Snapchat u otra aplicación que tenga vídeos, *likes* y chats.

¡DAME *LIKES*!

En sí, ver vídeos no es malo, pero ya sabes que cualquier exceso nos altera. Lo malo, lo perjudicial, es no poder controlar el deseo de verlos, y estos tienen la capacidad de influir en el estado de ánimo y la conducta. Al ver esos *reels,* el cerebro libera dopamina, pues tienen un contenido y un formato altamente adictivo. Estas aplicaciones afectan de nuevo a nuestros dos protagonistas del libro: la dopamina y la corteza prefrontal.

Por un lado está la dopamina. Las imágenes contienen novedad, sistema de recompensa variable… y enganchan. Uno puede acostumbrarse a buscar ese rato en los momentos de aburrimiento, de estrés, de preocupación, al caer la noche, al sentirse solo, cuando está cansado… y el cerebro, no olvides, recuerda lo que le calma.

Si le preguntas a un joven cuándo mira TikTok y analizas la respuesta, te darás cuenta de que lo hace cuando siente ciertas emociones o necesita evadirse. El problema es que al hacerlo anula el poder que tiene la mente de gestionar la soledad, el estrés, el aburrimiento o las situaciones complicadas. El cerebro buscará siempre la vía fácil en la pantalla. Y, por supuesto, esa dopamina liberada reforzará la conducta para seguir viendo más imágenes, para seguir segregando dopamina. Los usuarios son capaces de pasar horas deslizando el dedo, vídeo tras vídeo. ¿Qué es lo que hace que sean tan adictivos, aparte de la dopamina liberada?

— Los algoritmos están diseñados para cubrir tus intereses y debilidades.
— El contenido es completamente personalizado (¡saben más de ti y de tus gustos que tú mismo!). El algoritmo de las redes te personaliza exactamente lo que quieres: deporte, cocina, maquillaje, bailes, moda, vídeos de motivación…, y hace que tu cerebro encuentre vídeos adecuados a ti y los visualices sin parar.
— Se genera un refuerzo intermitente, un sistema de recompensa variable («No te preocupes si esto no te gusta, en milésimas de segundo encontrarás otro contenido que sí libere la dopamina que necesitas. Estás a punto de encontrarlo, no me sueltes»). Siempre hay algo nuevo que te puede interesar.

Están creados para no darte la opción de descansar entre un contenido y otro. Si lo haces, corres el riesgo de que la CPF te avise de que deberías parar. Para evitar que lo dejes, siempre te van a ofrecer información que tu cabeza cree que necesita saber. Están diseñados para anular tu capacidad de decisión, bloqueando la corteza prefrontal. Y así consiguen que evites cuestionarte si quieres hacer otra cosa —ponerte a leer, a trabajar, a estudiar, a hacer deporte…—. Con el *scroll* infinito —también llamado desplazamiento continuo y del que te hablaré en profundidad más adelante—, el posible enemigo que podría aparecer sería el aburrimiento, pero el propio algoritmo se encarga de que el contenido siempre sea interesante para ti, incluso antes de que termines de ver el vídeo anterior.

Estas aplicaciones alteran el funcionamiento del sistema de recompensa, ya que se trata de gratificaciones instantáneas («No sufras, estoy aquí para suplir cualquier malestar que sientas»). La pantalla, especialmente en los jóvenes, se convierte en la herramienta perfecta para obtener el refuerzo de manera rápida y fácil. Nos aleja de luchar por todo aquello que requiera tiempo y esfuerzo, eliminando la perseverancia.

Seguro que ya lo vas intuyendo. Para que el circuito de recompensa sea sano hace falta generar un hábito, con orden y constancia, y con capacidad de decidir qué es lo mejor para él. Si es débil, lo único que se busca es sentir, tener una emoción, y entonces te acabas convirtiendo en un drogodependiente emocional. Si no sientes, te enfadas, y eso te genera una nula tolerancia a la frustración. Y la vida es una gran batalla que muchas veces no sale como queremos. Cuantas más herramientas tengamos para gestionar momentos malos, mejor conectaremos con lo que nos vaya surgiendo.

El otro gran protagonista es la corteza prefrontal. La mente se ve expuesta a diario a un montón de distracciones de luz-sonido-movimiento. Todo ello la deteriora con las consecuencias que conoces: menor atención, concentración y gestión de impulsos.

NO OLVIDES

Estar sometido a un consumo dopaminérgico constante, contribuye a tener ansiedad e inestabilidad emocional.

Suelo denominar a estas aplicaciones como dispensadores automáticos de afectos, como tiendas de chuches al alcance de un clic, como máquinas tragaperras portátiles. En cualquier momento puedes obtener tu sorpresa, tu dopamina…, y tu sistema de recompensa está ávido de sentirlo. ¿Qué me llegará en el próximo *scroll*? Como ese premio es impredecible —como en el casino—, hay que seguir probando, y cuanta más dopamina, más adicción y menos reflexión —menos CPF—, por lo tanto, menor posibilidad de decir: «¡Déjalo, que llevas mucho tiempo enganchado!». ¿Te quieres divertir? Ahí están las redes para aportar algún contenido que te distraiga.

Este sistema de refuerzo y recompensa intermitente basado en la novedad tiene un enorme poder adictivo. Los vídeos de estas aplicaciones han cambiado la forma de funcionar del cerebro y nuestra manera de comunicarnos. Como decía al principio, no es malo, lo perjudicial es cuando vivimos enganchados a ellos. Y es muy fácil engancharse.

Como ya he comentado, otra consecuencia de navegar así en las redes es que hemos perdido la capacidad de asombrarnos. La curiosidad está dañada. Hace unos años usábamos internet de otro modo. Uno leía la información de una web y a través de esa página navegaba según sus gustos e intereses. Ahora el sistema ha cambiado: es la red social la que elige qué contenido quiere que veas. El algoritmo es el que «piensa» y te presenta lo que considera que es atractivo para ti. Con el *scroll* infinito la única decisión que tomas es mover el dedo, y la consecuencia es que se elimina de la sociedad el deseo de profundizar en los temas. Y sin interés, lo que hay es mera ociosidad. Nos encontramos, como dice mi padre, en un momento de la historia en el que estamos envueltos en muchísima información y poca formación. La información es infinita, viene en forma de algoritmos y, en ocasiones, de baja calidad o incluso falsa —las famosas *fake news*—. Este tipo de redes se han convertido en el nuevo *fast food* de la cultura. Lógicamente, soy consciente de que existen contenidos que aportan. Yo misma empleo algunos de estos canales para divulgar información que nutre y enseña. No pretendo demonizar las redes, pero sí manifestar el poder adictivo que tienen.

PORNO SIN FRONTERAS

La pornografía y la prostitución me afectan especialmente. Conozco ese mundo de cerca y soy consciente de las miserias, dramas y tristezas que generan tanto en los que actúan y participan como en los que se limitan a observar. Mi experiencia en Camboya me abrió los ojos a los horrores del abuso, la violencia y del tráfico sexual. Allí comprobé de primera mano lo destrozada que queda el alma de las víctimas y lo difícil que es reconstruirla. Es un tema del que hablo de manera recurrente, tanto en mis libros anteriores como en los *podcasts* y en las conferencias que doy.

He tratado en consulta a prostitutas de alto y de bajo nivel, a actrices porno, a mujeres que han padecido abusos y violaciones, a consumidores de pornografía y a sujetos que han participado en manadas o agresiones colectivas. Tener esa visión transversal me ayuda a comprender y a tratar este asunto tan sensible desde múltiples puntos de vista.

Hace tiempo una exactriz porno que había vivido situaciones terribles me dijo que el jefe de una productora me quería conocer. Le había hablado de mí y tenía interés en charlar conmigo sobre pornografía. Me resultó cuanto menos curioso; sinceramente, tenía pocas ganas de encontrarme con este individuo, pero quedé con él en mi afán por comprender mejor a cada persona, incluso a alguien que se dedica a algo tan turbio. Quizá incluso pudiera sacarle de ese mundillo. Pero me equivoqué. Me topé con un tipo de mediana edad, alto, extranjero, con una mirada oscura. Tenía muy claro el mensaje que quería transmitirme.

—Déjame hacer mi trabajo y deja que mis chicas sigan trabajando para mí, no les metas ideas raras en la cabeza —me soltó en cuanto nos vimos.

Varias de sus chicas habían abandonado el negocio tras comenzar la terapia y para él lo único importante es que estas mujeres que trabajaban en su empresa no le dejaran. Tras intercambiar varias frases, intenté profundizar en él como persona, en lo que consideraba sus logros, quería saber de qué se sentía orgulloso, profesionalmente hablando.

—He conseguido bajar la edad de inicio del consumo de mi porno en niños de los doce a los once años. Gracias a eso he ganado mucho dinero.

Me quedé impactada, sin palabras. No había nada que hacer. Le dije que me parecía horrible, me despedí y mi marché, triste y apesadumbrada, sin poder continuar con la conversación. Me di cuenta de que, de forma consciente, esta industria busca directamente captar la atención de los pequeños y modificar sus sistemas de recompensa. Necesitan que los menores consuman pornografía y se hagan adictos a ella para meter dinero en sus cuentas corrientes.

Esto pasó antes de la pandemia. No quiero imaginar cómo habrá evolucionado su negocio ahora que las cifras de consumo se han disparado. Pretenden convertir a los jovenes —y no tan jóvenes— en simples objetos de un placer instantáneo y vacío, adictos a esos subidones de dopamina. Quieren generar adeptos desde niños para tener un negocio global y duradero. El porno inunda el cerebro y el corazón de los niños con la visión más egoísta, narcisista, hedonista, agresiva e irresponsable de la sexualidad.

«¿Cuánta pornografía ves a la semana?». Esta pregunta se la hago a menudo a mis pacientes en la primera consulta, a pesar de que no me hayan comentado nada al respecto. Soy consciente de que forma parte de la rutina de muchos, y me gusta poder ayudarles a entender cómo ver porno les influye en su vida sexual, personal, cognitiva y de pareja.

Quiero mostrarte algunos datos que quizá te sorprendan:

- Uno de cada siete adolescentes consume porno de forma frecuente. El 94 % lo hace desde el móvil (Save the Children, 2020). Según el mismo estudio la mayoría de los niños se iniciaron entre los seis y los doce años, y el primer contacto llegó mayoritariamente a través del intercambio con sus amigos de fotos o vídeos por WhatsApp o redes sociales.
- Las agresiones sexuales cometidas por menores han aumentado un 116 % en los últimos cinco años, según datos de la Fiscalía de Menores (2023).
- El 88 % del contenido sexual que circula por la red muestra agresiones físicas o contenido delictivo[2], y el 39 % es

contenido verbal agresivo. Han pasado muchos años desde esta publicación, no cabe duda de que las cifras hoy habrán aumentado.

— El 76 % de los adolescentes consume, sobre todo, porno duro (según el Instituto Balear de la Mujer, 2023).
— Uno de los portales más importantes del mundo, Pornhub, publica cada poco tiempo datos actualizados[3]. En 2022, Estados Unidos, Reino Unido, Francia, Japón y México fueron, en este orden, los que más visitas realizaron. España se encuentra en el puesto décimo primero[4].
— Según el doctor Miguel Ángel Martínez-González, catedrático de Salud Pública en la Universidad de Navarra y profesor en Harvard, existen unos ciento cuarenta millones de búsquedas al día de porno en internet (un tercio de las búsquedas totales en el año 2021).
— Según el informe de Save the Children, el 54,1 % de los adolescentes cree que a través del porno tendrá mejores ideas para sus experiencias sexuales y a la mitad le atrae ponerlas en práctica.
— Según la web Geoviolencia Sexual, una de cada cinco búsquedas en el móvil en 2019 fue sobre porno. Probablemente después de la pandemia estas cifras sean mayores.
— Los ingresos de la industria pornográfica ascendieron a 1,1 billones de dólares en el año 2023[5]. En torno al 10 % de esa cantidad corresponde a Estados Unidos[6].
— Según el portal Dale Una Vuelta, la edad de inicio son once años. El 93 % de los chicos y 62 % chicas consume contenido pornográfico con frecuencia.

Vistos estos números, hay una preocupación creciente entre padres y educadores, y parece que por fin también los gobiernos se han puesto a pensar en leyes para regular el uso, sobre todo, entre los más jóvenes. Creo que es un error tratarlo como un tabú, hay que hablar de ello, es un problema real y muy importante que, además, va en aumento. Esta es la razón por la que es fundamental divulgar al respecto. Hay un documental muy interesante para cualquiera que quiera conocer el alcance y las consecuencias del consumo reiterado de pornografía. Lo ha producido la organización Dale Una Vuelta y se titula *¿Cómo afecta el porno a nuestras vidas?* —si quieres profundizar aún más sobre este tema, al final del libro te dejo unos títulos prácticos y muy útiles—.

Hay que ser conscientes, estar alerta y avisar de lo que está ocurriendo, ya que la hipersexualidad se ha extendido a todos los aspectos de la vida. Estamos saturados de mensajes sexuales que hemos normalizado. Actualmente, llevamos un cine porno en el bolsillo. El acceso es muy sencillo y el contenido es ilimitado, hay miles de categorías distintas. No tenemos que ver lo mismo dos veces, no lo tenemos que buscar, se dirige a nosotros a poco que naveguemos por internet.

Una paciente me contaba que le habían dado a su hijo mayor de once años un móvil porque era el único de clase que no tenía. Ya le habían hablado del porno en varias ocasiones y unos días después de regalárselo llegó diciendo que alguien le había metido en un chat lleno de vídeos e imágenes de este tipo de contenido. Se salió y al poco le metieron en otro. Más tarde le empezaron a llegar sugerencias de vídeos porno. El padre se alegraba de que fuera un niño sincero, pero le preocupaba. ¿Cómo era posible que su hijo no pudiera ir a un bar y pedir un *whisky,* ir al supermercado y comprar cerveza o ir a un estanco y comprar tabaco, pero pudiese, sin consentimiento y aviso, recibir material explícito en su pantalla?

Seguro que ya lo intuyes. Tras descargarte algún vídeo o pinchar algún *link,* los algoritmos te sugieren contenido similar. Esto puede ocurrirnos incluso sin nosotros quererlo, y eso es lo grave. No hace mucho me ocurrió algo precisamente sobre esto. Fui a cenar a casa de una amiga. Sus padres viven en el mismo edificio y vinieron a saludarme. El padre, de unos setenta años, se incorporó a la conversación, donde tratábamos sobre temas de educación, y nos enseñó su móvil.

—Un amigo me ha pasado un teléfono antiguo que tenía de uno de sus hijos porque se me había roto el mío —nos dijo—. Quiero que me solucionéis un problema, y es que cada vez que me meto en esta web de noticias que me interesa me deriva a una página erótica. No sé cómo evitarlo. Yo no lo busco.

Él no entendía la razón por la que sus búsquedas le conducían a un contenido que él no deseaba. Con su CPF madura, lo cerraba, pero se preguntaba si el chico del que había heredado el móvil sería adicto a este tipo de contenido. Lo único que quería el padre de mi amiga era que las imágenes desaparecieran de la pantalla.

Si quieres dar un móvil a tu hijo, ten en cuenta que va a estar expuesto a contenido explícito, y mucho de lo que vea marcará su cerebro de forma indeleble y tendrá un enorme poder de atracción para buscar cosas similares.

Un policía experto en jóvenes, en concreto en temas de violaciones y manadas, me dijo hace tiempo que a un hijo le tienes que dar un móvil cuando creas que está preparado para ver porno y pueda gestionar la cantidad de vídeos que le llegan sobre ello. Estoy de acuerdo con él.

De la misma forma que cuidamos que los chicos no beban alcohol a los doce años, tenemos que cuidar su «alimentación» visual y mental. Y verás en el capítulo de la adolescencia cómo la corteza prefrontal de los adolescentes en esta época no está madura del todo, sus hormonas sexuales están revolucionadas y a su edad tienen un deseo inmenso de experimentar y demasiada facilidad para dejarse llevar por impulsos. Es lógico que tengan ganas y curiosidad, pero el 88 % del contenido sexual que circula por las redes tiene material agresivo, violento y denigrante para la mujer.

La clave del éxito del porno es la variabilidad, lo que lleva a unas características propias de las adicciones: una escalada en el contenido cada vez más potente y la tolerancia. Tu mente desea contenido mejor y más intenso. La pornografía ha existido siempre, es verdad, pero en la actualidad se ha incrementado al facilitarse el acceso gracias a internet.

Distorsión de la realidad

El porno es ficción. ¡Cuidado! Si practicas en el mundo real lo que ves en la pantalla, puedes estar cruzando la línea de la violencia.

> Raúl tiene una fuerte discusión con una chica con la que ha mantenido relaciones sexuales. Esta, al marcharse de su casa, le increpa, reprochándole que lo que necesita es ir a terapia porque tiene la cabeza destruida por el porno. Él piensa que está dolida, ya que tras pasar la noche juntos, no muestra mayor interés por ella.
>
> A los dos días conoce a otra por una red social, quedan en un bar a tomar una copa y se acuestan. En medio de las caricias y besos, cuando ya entran en materia, le dice, seria, alejándose de él:
>
> —¿Qué te pasa? ¡Vete a hablar con alguien que te explique cómo funcionamos las mujeres!
>
> En muchas de sus juergas tiene un compinche, su primo Daniel, que es paciente mío. Un día le comparte estos dos encuentros y los comentarios posteriores. Daniel me pide que hable con su primo, por si puedo orientarle.
>
> Raúl acude a la consulta sin grandes expectativas. Considera que el problema lo tienen las mujeres, pues las percibe como inseguras. Él es alto, atractivo y con mucho éxito entre ellas.
>
> —En muchas ocasiones —me dice— se quejan de cómo las trato. Yo nunca he tenido pareja, desde los dieciocho mantengo relaciones con desconocidas. Me encanta la conquista y luego poder llevarlas a mi casa. Eso sí, nunca vuelvo a quedar con la misma después.

Raúl admite que consume porno fuerte a diario, es lo que le excita, y que replica con las chicas lo que ve en pantalla porque cree que las actrices gozan muchísimo y llegan al orgasmo con facilidad. Reconoce también que en alguna ocasión acude a prostitutas porque siente que ellas sí disfrutan más rápidamente. Según él, las mujeres que no gozan con la penetración tienen un problema físico y sexual. Con Raúl hay que comenzar con un aprendizaje de afectividad y sexualidad básico.

La pornografía distorsiona cómo los usuarios perciben la sexualidad de la pareja. Una de las grandes mentiras de esta industria es simular que las mujeres funcionan como se ve en la pantalla. El porno no entiende de mundos emocionales femeninos y no respeta sus tiempos de excitación. Estos —en la mayoría de los casos— son más lentos que los de los hombres. En nosotras la afectividad y los preliminares son importantes. Una educación sexual pobre consiste en pensar que la mujer, con tener sexo rápido y agresivo, llega al orgasmo con rapidez —lo que se ve justamente en los vídeos porno—. Esto es lo que tanto nos preocupa a psiquiatras y psicólogos y lo que está «educando» a una gran parte de los adolescentes de hoy. Y también la razón por la que se han incremento los abusos, las agresiones, las manadas y demás barbaridades. Como dice el doctor Miguel Ángel Martínez, «la pornografía es gasolina para manadas cada vez más jóvenes».

El porno es el culto a lo inmediato. Si se ve de forma frecuente, influye en cómo uno se enamora y en cómo vive su sexualidad.

Una adicción que entra por los ojos

Ya habrás deducido que la dopamina y el porno están íntimamente relacionados, pues tiene todos los ingredientes para generar placer, y la novedad y la curiosidad se activan de manera muy potente. El sistema de recompensa variable, es decir, la incertidumbre en la búsqueda de material erótico, ejerce una estimulación inmensa en el cerebro.

En la adolescencia, el porno es la puerta de entrada a un placer rápido, diverso y accesible. Por otro lado, la curiosidad propia de la edad en temas de sexualidad abre un abanico infinito de posibilidades a través de la pantalla. La dopamina se activa en el ritual previo, se libera ya solo con la idea de acceder a un contenido excitante. Me decía un paciente que siempre que veía una escena pensaba que la siguiente sería incluso mejor.

Conocemos cómo funciona la dopamina liberada de forma instantánea e intensa. Las neuronas se desensibilizan y los receptores están «tocados». Así llegamos a la tolerancia. Hay que añadir más intensidad, más novedad y, casi siempre, más agresividad. Por eso se da el binomio placer y violencia en los consumidores frecuentes, el binomio adrenalina y dopamina incrementa el riesgo de convertir el porno en un hábito adictivo. Si toda la dopamina se va a la autopista del porno, las pequeñas carreteras de los placeres cotidianos se quedan vacías de esta sustancia.

Héctor lleva solo un año casado, y, a pesar de querer mucho a su mujer, no disfruta acostándose con ella.

—Es muy activa sexualmente y se queja de que estoy poco cariñoso. No sé qué me está sucediendo. Siempre me ha atraído, pero últimamente llego cansado a casa y no me veo con ganas. Jamás he sido así con mis parejas, y me preocupa que me esté pasando algo.

La cuestión planteada por Héctor la he escuchado en innumerables ocasiones. Al preguntarle sobre el consumo de porno, reconoce que lo ve casi todos los días porque le libera. Dibujo en un folio la carretera neuronal —te lo explico en la página 54 y siguientes— y le explico cómo la pornografía va aumentando su anchura, liberando más y más dopamina, y restándola de la carretera de relación sexual con su pareja. Lo hemos visto con las sustancias y en el porno sucede igual. Las adicciones crean carreteras en el cerebro fuertes e intensas. Tras cuatro semanas sin visitar esas webs, la vida de pareja de Héctor mejora mucho.

NO OLVIDES

La pornografía recablea el cerebro de sus consumidores.

El porno no es una droga que se consuma por la boca, la nariz o las venas, sino que entra por los ojos. De esta manera reconecta circuitos neuronales relacionados con la gestión de impulsos, la memoria y la corteza prefrontal. Existen todavía pocos estudios que evidencien las consecuencias, pero los especialistas nos encontramos con esta realidad con frecuencia, por eso hay un amplio debate para incluir la adicción al porno en los manuales de psiquiatría.

Los pacientes acuden y solicitan terapia por problemas derivados del consumo o por reconocer en algún momento que la pornografía les está afectando en ciertos aspectos de sus vidas. No solo hay una disfunción sexual, también hay desajustes en el funcionamiento del cerebro, ya que este cambia fisiológicamente al igual que ocurre con el resto de adicciones. Las consecuencias de vivir enganchado al porno son varias:

— La más habitual para los hombres es la disfunción eréctil, lo que genera mucha frustración.

En el libro del psicólogo inglés, Gary Wilson, *Your brain on porn,* se muestra que existe en la actualidad entre un 14 y un 35 % de trastornos en disfunción eréctil cuando hace pocos años estas cifras se encontraban en torno al 2 %. De hecho, tiene un nombre: disfunción eréctil inducida por la pornografía. El sujeto se acostumbra a la excitación con cuerpos, movimientos e imágenes intensas y poco realistas, la liberación de dopamina es rápida y la satisfacción inmediata. Cuando se encuentra con los cuerpos de sus parejas y el ritmo normal del acto, el organismo no responde igual y le cuesta más llegar a la erección.

— Cambia la percepción del acto sexual. Las imágenes que se muestran están alejadas de la realidad. Como decía, es ficción. Esta es una de las razones por las que las expectativas se frustran.
— El sistema de recompensa y de gratificación varía, liberando grandes cantidades de dopamina, pero, como ya sabes, se genera tolerancia y se necesita más dosis, más cantidad y más intensidad para la excitación. Esto hace que el umbral de dopamina —de placer— sea tan alto que la realidad ya no aporte ese placer necesario.
— Cuesta más disfrutar de los pequeños placeres del día a día. La adicción al porno, como buena ladrona de dopamina, arrebata la de las alegrías cotidianas.
— Se altera la respuesta al estrés, sintiéndose a la larga los consumidores cada vez más vulnerables e irritables, lo que deriva en un incremento de la ansiedad.
— Se reduce la CPF, lo que afecta a la concentración, atención, estudio y memoria. Si uno vive enganchado al porno, tiene menos empatía, por lo que conecta peor con las emociones de los demás.

Eduardo, de dieciocho años, es un joven callado y poco expresivo que acude a la consulta obligado por sus padres tras haber repetido curso y mostrar una total apatía hacia los estudios.

—Era un chico muy listo y capaz, pero desde hace un año nada le gusta, nada le apetece y no consigue atender en clase. Le ha tratado un neuropediatra que quiere medicarle para el TDAH, pero necesitamos otra valoración —me dice su madre.

—No voy a hablar, mis padres pretenden que me convierta en alguien que no soy.

He ayudado a muchos jóvenes a salir de adicciones, abusos y depresiones, y en el caso de Eduardo sé que algo subyace a su conducta tan apagada: o le han hecho daño, o se siente muy solo, o tiene miedo o está metido en algún lío. Cuesta mucho que se abra. En uno de los días le muestro unas imágenes del TAT[g]. Noto que en las que aparecen mujeres se siente incómodo y lo que expresa sobre ellas es poco congruente. Se pone muy nervioso. Tras preguntarle si ve pornografía, se sincera conmigo. Está enganchado, pero no quiere que sus padres lo sepan. Lleva meses consumiendo contenido, incluso en el baño del instituto entre clase y clase. No puede concentrarse ni aprender, su CPF está completamente aturdida. En este caso, antes de medicar por un posible TDAH, hay que frenar el consumo para conseguir recablear sus carreteras neuronales y hacer recapacitar al cerebro para que pueda volver a aprender y prestar de nuevo atención a las asignaturas.

— En hombres que consumen mucho porno puede cambiar y alterarse la manera de relacionarse con el sexo femenino (amigas, compañeras de trabajo o de clase o incluso familia). Se acostumbran a ver a la mujer como un objeto y les cuesta un trato cercano de cariño, amistad o cordialidad, por lo que la conquista y la seducción les supone más esfuerzo. Es algo que he observado con frecuencia en adictos severos.

[g] Este es un test de apercepción temática con treinta y una láminas desde las que el sujeto realiza narraciones. Puede ser muy útil para valorar a ciertos pacientes a los que les cuesta expresar sus emociones.

— Les cuesta también demostrar afectividad en las relaciones sexuales, convirtiéndose estas en encuentros con tintes impulsivos, agresivos y poco cariñosos.
— Muchas personas, tras consumir porno, no se sienten seguras de sí mismas ya que merma la autoestima al comparar sus cuerpos con los de las imágenes. Observan que no tienen la capacidad de seducir, de excitarse o de rendir sexualmente como los intérpretes de sus vídeos y se sienten frustradas.

La adicción es siempre una pérdida de libertad y el porno puede convertirse en una adicción. El individuo se ve envuelto en una conducta de la que no puede salir.

En los manuales de psiquiatría la adicción a la pornografía como tal no existe. Está siendo objeto de debate, pero en la última actualización del CIE-11 —acrónimo de Clasificación Internacional de Enfermedades— aparece el trastorno por comportamiento sexual compulsivo. No se refiere solo al porno, sino a cualquier comportamiento sexual repetitivo durante un tiempo prolongado que se convierte en el eje de la vida hasta descuidar la salud, el cuidado personal, las responsabilidades y otros intereses.

¿Quién pide ayuda? Aquellos que en un momento dado se dan cuenta de que esta situación está influyendo negativamente en su vida. ¿Y cómo saber si estás enganchado?, la línea entre el consumo ocasional y el adictivo es muy fina.

— Dejas de realizar actividades importantes para consumir contenido.
— Piensas constantemente sobre ello.

— Dejas de cuidar y atender a los cercanos.
— Estás más impulsivo e impaciente.
— Vas generando tolerancia, necesitas más dosis, más intensidad para excitarte.
— Si no consumes, surge la abstinencia y te sientes ansioso y nervioso.

No te angusties, no es que no tengas fuerza de voluntad, es que al otro lado de la pantalla hay miles de personas cuyo trabajo es destruir tu capacidad de autorregularte. Alguien se puede enganchar por aburrimiento, al sentirse vacío y triste, por tener ganas de experimentar, pero también por otras causas. Haber sufrido un abuso sexual es un factor que introduce a muchos jóvenes en esta adicción. Una situación difícil en la infancia, la patología psiquiátrica o algunos rasgos de personalidad incrementan el riesgo de comenzar. Las personas introvertidas y con dificultad para expresar emociones también tienen más probabilidades de caer. Y las que tienen baja autoestima o dificultades para entablar relaciones sanas tienen igualmente más riesgo.

Hace unos meses tuve una conversación larga con otro policía con el que coincidí dedicado a temas de violaciones, manadas y delitos sexuales. Me dijo algo que ya sabía: en la actualidad no existen manadas ni agresiones sexuales que no hayan consumido antes muchas horas de porno. Puntualizó algo importante: no todo el que ve porno acabará realizando —por fortuna— un acto violento, pero la pornografía se ha convertido en un factor muy relevante para cometer actitudes sexuales agresivas. He tenido que atender algunos casos de este tipo y son muy duros y delicados. Adolescentes de entre doce y quince años que agreden a chicas de su edad o menores.

Fíjate en las cifras de los algunos delitos sexuales cometidos por chicos que aún no han dejado ni siquiera el instituto:

2021	2022
291 abusos y agresiones a menores de 16 años	389 abusos y agresiones sexuales a menores de 16 años
176 abusos sexuales	134 abusos sexuales
3 violaciones	4 violaciones

En el libro *Los Reyes Magos al porno,* Beatriz Izquierdo presenta cómo muchos asesinos en serie han sido adictos al porno. Uno de los más famosos de Estados Unidos, Ted Bundy, se lo reconoció al doctor James Dobson en una entrevista antes de ser ejecutado.

Una escuela de violencia

Un programa de investigación lanzó un dato hace unos años: el vídeo porno más reproducido hasta 2020 era el de una violación múltiple… con más de doscientos veinticinco millones de visitas. En él se veía cómo cuatro hombres sujetaban a una mujer en contra de su voluntad y la violaban con agresividad y de forma explícita mientras ella gritaba desesperada intentando escaparse. Este vídeo se encuentra al alcance de un clic en internet. No hay más que decir. Existe una relación clara entre el porno y la violencia.

Me gustaría reflexionar sobre una cuestión que me parece fundamental: la sociedad fomenta lo que luego condena. No podemos permitir que los jóvenes tengan acceso a un contenido denigrante, sobre todo hacia la mujer —en la mayoría de los casos—, y luego sorprendernos de las salvajadas que escuchamos en las noticias, ¡y en mi caso veo en la consulta! Si este tema nos preocupa tanto como parece, y creo de corazón que estamos todos en lo mismo, necesitamos poder regular el acceso de los adolescentes a estas imágenes.

No hace mucho atendí a un chico que había estado involucrado en una manada. Estaba con sus amigos bebiendo, habían llevado a una chica a un parque… y todo acabó siendo terrible. Le convencieron de que ella disfrutaría y se dejó llevar. A partir de entonces empezó a ver contenido de sexo fuerte en redes y no creyó tan grave lo que había ocurrido. De hecho, le gustaba, le divertía, y tenía un chat con ellos para mandarse vídeos cada vez más novedosos.

Todos los que están envueltos en manadas y agresiones colectivas, ya lo he dicho, ven porno. Existen vídeos de un contenido ofensivo, degradante y terrible que el usuario acaba normalizando y queriendo replicar.

> Nicolás acude a terapia tras escucharme en una conferencia en Barcelona.
>
> —Me dedico al cine de adultos desde hace años. Soy actor y hago escenas de todo tipo, con hombres y mujeres. Llevo una temporada triste, hace unos meses falleció un amigo en un accidente de coche, conducía drogado con frecuencia. Desde entonces tengo miedo porque sé que he perdido las riendas de mi vida. Creo que no soy drogadicto, pero sí consumo de forma esporádica. He empezado a identificar mis heridas y la razón por la que estoy metido en este mundo.

Para Nicolás la pandemia significó un punto de inflexión. Pasó el covid y estuvo ingresado con muchos síntomas, se sintió muy vulnerable porque estaba solo en el hospital y veía a gente morir. Tras el alta, ya no tenía ganas volver de trabajar en lo suyo, pero las opciones que le ofrecían no le encajaban.

En una de las sesiones *online* que tuvimos confinados me aseguró que había llegado el momento de cambiar de vida. Hasta entonces nunca había hecho introspección y por primera vez se paraba a pensar y a entender su historia, y eso le aliviaba.

Durante mi baja maternal realizó el seguimiento con una psicóloga de su ciudad, a la que había acudido en alguna ocasión, y en cuanto me reincorporé, vino a verme. Recuerdo perfectamente ese día. Los dos con mascarilla, nos dimos un gran abrazo. Al sentarse, me miró a los ojos y me dijo que le ayudara:

—Marian, he encontrado pareja. Ella me dice que no sé hacer el amor, que solo sé follar. Nunca pensé, después de todo lo que he trabajado en mi vida, que tuviera que pedir ayuda por esto. No quiero perderla.

Trabajamos aspectos de su infancia, el abandono de su padre, el abuso de un primo mayor que vivía en el vecindario y una madre ausente que pasaba horas trabajando. Maduró físicamente pronto, era buen deportista y tenía buena apariencia, así que con diecisiete años comenzó de modelo y de ahí entró en el mundo del cine. Cuando hablábamos del amor, reconocía que hasta ese momento nunca había tenido parejas estables, siempre había alternado parejas sexuales.

Un día acudió a consulta su novia. Conocía su historia. Ella había vivido una relación muy tormentosa hacía tiempo y desde entonces había trabajado mucho su faceta afectiva. No quería aceptar las cosas que le hicieran sentir mal. Sabía dónde estaban sus líneas rojas y necesitaba que él aprendiera y cambiara. Su relación mejoró mucho con la ayuda de su psicóloga, una sexóloga y mi terapia. Uno de los temas que descubrimos era que Nicolás no sabía «usar las manos». Con él descubrí un tema muy interesante del porno. Cuando me lo explicó, me pidió que en mi próximo libro lo pusiera, porque lo que le había pasado a él les podía pasar a muchos chicos enganchados a la pornografía. Te lo transmito. Durante los rodajes, la clave es la penetración, es lo que el director quiere grabar, lo que el consumidor quiere ver, por eso las manos molestan, se esconden detrás para no tapar la escena y estropear la secuencia. No se usan para acariciar, sino que son tapadas o, en su defecto, se emplean para momentos agresivos.

Nicolás me recomendó una TED Talk, «Por qué dejé de mirar porno»[7], de Ran Gavrieli, activista contra el tráfico de personas y la prostitución, con cuarenta millones de visualizaciones en YouTube, en el que comparte que en el 80-90 % de las escenas explicitas, ¡no salen las manos! Las cámaras no quieren grabar besos, caricias, abrazos, mimos o detalles de ternura, solo les interesa la penetración. Refiere que hasta que los jóvenes comienzan a ver porno, su deseo sexual está más relacionado con tener un acercamiento de besos y abrazos. Cuando introducen el porno en sus vidas —sobre todo si se vuelve constante— el fin cambia, ya solo buscan la penetración. En los vídeos breves que circulan por internet no hay lugar para los preliminares, ¡no interesa! Y esos chicos y chicas aprenden sexo de una manera muy alejada del placer real.

Hay otro tema que he tratado también con frecuencia últimamente, y es el de consumidores habituales de pornografía que dicen que cuando tienen relaciones con su pareja a veces surgen imágenes que les paralizan o no les permiten disfrutar. Esta puede ser una de las razones por las que el porno se ha convertido en una de las principales causas de crisis en muchas relaciones.

Tampoco podemos olvidar la ética relacionada con este asunto y que tiene que ver con los valores de cada uno:

- No se puede garantizar que las personas que salen en el vídeo no estén siendo explotadas.
- No se puede garantizar que las personas que salen en el vídeo no sean menores de edad (he tratado niñas que son explotadas para grabaciones bajo amenazas o coacciones).

Hace unos años, una tarde de finales de diciembre, fui con mis hijos al centro de Madrid a ver los belenes y dar un paseo por la Puerta del Sol. Había muchísima gente y en un momento dado dos chicas jóvenes, de en torno a los dieciséis años, se me quedaron mirando. Tengo una sensibilidad especial para percibir el sufrimiento y observé la mirada perdida que reconozco en personas que están atravesando un momento duro. Una de ellas, la más alta, me dijo que mis vídeos le ayudaban mucho y me pidió que no dejara de hacerlos. Su compañera no levantaba los ojos del suelo. Les pregunté a qué se dedicaban. Lo que me respondieron me dejó paralizada:

—Somos Judith, pero esperamos salir pronto de esto.

Judith es el nombre ficticio del último caso de mi libro *Cómo hacer que te pasen cosas buenas,* en el que hablo de una joven que saqué de la prostitución y de la pornografía. Les pedí a las dos su número de teléfono. A los pocos días me vi con ellas a escondidas. Una es mayor de edad y la otra es su hermana pequeña, son de un país del Este y vivían amenazadas para trabajar en el porno y prostituyéndose. Existía un tema muy feo y complicado detrás. Me pidieron ayuda. Su supervivencia y la de su familia dependía de que hicieran lo que se les decía. Te transmito esta historia real para que tomes conciencia de que detrás de muchos de esos vídeos que circulan por las redes hay niñas con historias de gran dureza que no aceptan ni consienten lo que se les obliga a hacer.

Ten siempre en cuenta algo: el porno funciona de tal manera que si desde Palencia un usuario busca «asiática de quince años haciendo tal cosa erótica y sensual», el negocio hará lo que sea por sugerirte un vídeo de esas características en las siguientes horas. Lo que uno desea en Palencia, tiene sus consecuencias en Tailandia.

La mujer como consumidora

Hay diferentes causas por las que se han incrementado las cifras de mujeres consumidoras de este tipo de contenido. Tratando sin tapujos sobre el tema con mi amiga Ana Milán, le pregunté su opinión y me dijo:

—Marian, el problema del porno es que a las mujeres nos han enseñado a posar, a mostrar nuestros cuerpos con la tensión necesaria para subir el pecho, esconder la tripa y gemir ante cualquier roce mostrándole al compañero de cama un placer ficticio que hace que nos saltemos nuestra propia sensibilidad y nuestro propio ritmo.

Y aseguró que a menudo nos preocupa —con razón— que nuestros jóvenes aprendan del sexo a través de la pornografía, pero que deberíamos hacer un examen de conciencia y ver cuántos de nosotros hemos aprendido formas, modos y expresiones que damos por válidas sin serlo. Cuánta razón. Muchos han validado cosas a través de imágenes que han llegado a la retina y a la mente y, como consecuencia, se han convertido en conductas y prácticas de seducción.

La mujer que ve porno lo hace, en un alto porcentaje, para aprender cómo debe seducir a un hombre.

Recuerdo a Marcela, una paciente que veía porno desde hacía muchos años porque no quería que los hombres la dejaran por no ser buena en la cama.

—Aprendo mientras veo —me aseguró—. No busco tanto el disfrute como coger ideas y posturas. Lo malo es que he descubierto que me estoy anulando. Ya no pienso en mí, solo en mis parejas sexuales. Quizá el porno ha distorsionado cómo gestiono mi vida sexual.

Charlando con el filósofo José Carlos Ruiz sobre este asunto, me dijo que la pornografía sometía a la mujer a un código de simulacro que inhibía su placer. En vez de desinhibirlo, como aparentaba, lo que hacía era inhibirlo, porque al final se convertía en una emulación de lo que se consumía. Me gustó una puntualización que añadió:

—La realidad se convierte en una imitación de lo digital.

La autenticidad del placer parte de que se ejecute en la vida real como algo auténtico y no copiado.

La sexualidad debe ser un proceso personal donde uno va descubriendo lo que está oculto, lo que tiene interés, y que pertenece a lo más reservado y protegido. En los consumidores de pornografía, la intimidad y las ganas de descubrir lo secreto desaparece porque lo oculto está demasiado expuesto.

Hoy se está potenciando en nuestras sociedades el rol de la mujer, protegiéndola de la discriminación y fomentando su formación y su equiparación profesional al hombre. Es paradójico, sin embargo, que no haya una reacción potente de las mujeres en contra de la cosificación a la que se les somete en la pornografía. La trata de personas, la prostitución y la pornografía van de la mano. España se encuentra a la cabeza en el consumo de prostitución en Europa. La pornografía es la antesala de un comportamiento agresivo para con las mujeres. El 90 % de los clientes de la prostitución vienen de la pornografía. Una cosa llama a la otra. Muchos, al ver escenas en sus pantallas, consciente o inconscientemente, buscarán luego replicarlas en la vida real.

Javier sufrió un ataque de ansiedad en mitad de la noche. Desde entonces se encuentra desasosegado, inquieto y no consigue gestionar su día a día con normalidad. Hablamos de sus hábitos y rutinas, y me cuenta que lleva una temporada con bastante estrés.

—Tengo mucho trabajo. Al terminar por la tarde, salimos de la oficina y nos vamos de bares. Me encanta beber y a veces me meto algo de cocaína, me ayuda a sentirme mejor. No tengo pareja, pero me gusta el sexo y de vez en cuando quedo con chicas a través de aplicaciones. En otras incluso me voy a un sitio de pago.

Al preguntarle por el consumo de porno, me reconoce que le gusta verlo y que lo hace todas las semanas. Lo disfruta y le sirve para tener ideas y ponerlas en práctica cuando está con mujeres. Le pido que me dé un ejemplo.

—Hace unos meses nos fuimos varios amigos de despedida de soltero. Sabía que nos lo íbamos a pasar muy bien y en un momento dado me fui con una prostituta. En este caso no fue tan placentero como en otros, ya que le tuve que pagar por adelantado, y a medida que yo le iba sugiriendo peticiones de mi lista, me sacaba el datáfono y me decía: «Eso son cien euros más».

Le replico seriamente que no puede existir relación sexual placentera que tenga un datáfono de por medio.

—Lo sé —me contesta—, pero me gusta experimentar cosas nuevas y gracias al porno aprendo mucho. Las chicas normales me aburren.

Salir sí es posible

En ocasiones. los adictos al porno no lo saben y relativizan su consumo. De hecho, es muy similar a lo que les ocurre a los alcohólicos, piensan que todo el mundo lo hace, que simplemente es un rato de disfrute, que está controlado y ahí se queda. Esa dopamina que se libera en el sistema de recompensa, junto con una CPF bloqueada, anima a seguir navegando sin deseos de reflexionar. Para salir de esta adicción en primer lugar hay que reconocerla y dejarse ayudar. En mi experiencia, la terapia para conseguirlo dura entre uno y dos años, siendo las recaídas muy frecuentes. Yo intento que vayan dejándolo progresivamente, no de golpe, y mientras van cesando el consumo, vamos implementando hábitos saludables en su vida que les ayuden. Si existe una causa que subyace —soledad, ansiedad, abuso, depresión…—, ha de ser tratada para que la mejoría sea más efectiva.

Gonzalo recuerda a sus padres pelearse constantemente durante su infancia. Sufría mucho y acudía a casa de los vecinos, en el rellano contiguo, para no estar con ellos. Un día, con ocho años, el hijo mayor de esta familia abusó de él. Sabía que eso no estaba bien, pero no tenía a quién contárselo. Aquellos encuentros furtivos se fueron haciendo cada vez más frecuentes durante los años siguientes.

Al cabo de un tiempo, los vecinos se tuvieron que mudar a otro pueblo por el trabajo del padre, y de la noche a la mañana Gonzalo descubrió que se quedaba solo. Tenía pocos amigos y se dio cuenta de que estaba enganchado a esos momentos con su abusador. Echaba de menos esas sensaciones.

Un día en clase, ya con once años, un compañero le habló de pornografía y le invitó a ver unos vídeos. Desde entonces entró en una dinámica donde quedaba con amigos, se masturbaban y hablaban de sexo entre chicas y chicos.

A los dieciséis, sus padres le mandaron a Madrid a estudiar y a vivir con su abuela. Se estaban separando y el ambiente en casa era insostenible. En la capital descubrió la noche y cuando la abuela dormía, se escapaba y tenía sexo con alguien nuevo gracias a una aplicación de citas siempre que podía.

Decidió estudiar Periodismo, porque su sueño era ser comentarista deportivo. En la universidad conoció a una joven con la que empezó a salir, sin embargo, continuó con el porno y las aplicaciones y quedaba con chicos y chicas. Una noche, al volver a casa, recibió un mensaje de su novia, había descubierto su doble vida y cortó con él. Se hundió, no se lo esperaba, y horas más tarde cogió el botiquín de su abuela que sufría diabetes y de patología coronaria, e ingirió de golpe anticoagulantes, antidiabéticos y otros fármacos. Horas más tarde sucedió algo inesperado —¡coincidencias que a veces tiene la vida!— y un vecino que se había olvidado las llaves llamó a la puerta y la abuela acudió a abrir. Minutos más tarde se encontraron a Gonzalo tirado en el suelo del salón.

Ingresó en el hospital, primero en cuidados intensivos y luego en psiquiatría. Al darle el alta, en su informe ponía: «Depresión mayor con adicción severa y posible trastorno de personalidad».

Los padres y la abuela de este paciente me escribieron un *mail* para tratar a Gonzalo. Cuando le conozco, me reconoce que el porno potencia sus heridas afectivas más profundas. El sentimiento de abandono por parte de sus progenitores, el haber vivido gritos constantes en su infancia, el abuso sexual que se cronifica en forma de porno y el sexo casual genera un caos vital que necesita ser sanado y reconducido.

Con Gonzalo es preciso realizar terapia EMDR[h]. Es PAS, y sufre enormemente al recordar ciertos acontecimientos. Ha generado una personalidad dependiente y siempre necesita sentir que tiene a alguien cerca. Cuando está solo o angustiado, su cerebro le pide porno, sexo o masturbación. De pequeño, le «calmaba» acudir al vecino y no sabía equilibrar sus estados de tensión sin la pornografía o los encuentros casuales.

Una idea importante: la investigación y la experiencia han demostrado que los efectos negativos del porno pueden revertirse. La neuroplasticidad funciona, y dejar el consumo es una opción que puede ayudar a mejorar muchos otros aspectos de la vida. Como tantas adicciones, todo mejora a partir de las primeras cuatro semanas sin consumir. Ponerse una meta ayuda a recuperar la sexualidad y el control de la vida.

[h] El EMDR —*Eye Movement Desensitization and Reprocessing*— es una técnica empleada en psicología y psiquiatría para ayudar a resolver traumas o situaciones de alta carga emocional y ansiosa mediante los movimientos oculares o estimulación bilateral. Traté de ella con detalle en *Encuentra tu persona vitamina*.

Consejos para salir de la pornografía

— Sé sincero y responde a estas preguntas:
  - ¿Es tu vía de escape?
  - ¿Cuáles son los factores que te hacen querer desearlo?
  - ¿Te afecta en tus relaciones de pareja o encuentros sexuales?

Ideas importantes

— Que todos lo hagan no significa que sea saludable.
— Hay una fina línea entre lo sensual, lo erótico y la pornografía. No todo es lo mismo y tiene el mismo impacto. Hay gente a la que le gusta ver a mujeres en bikini, pero no la pornografía. Valora qué ves, qué buscas y para qué lo haces.
— Trata de identificar las situaciones, personas o emociones que buscan apagarse a través de la pornografía. Una vez que las tengas identificadas, lleva a cabo un plan de acción: en el caso de que haya heridas del pasado, busca ayuda, y cuando sean hábitos, tratar de hallar otras vías de escape sanas para sustituirlos. Por ejemplo, si ves pornografía antes de meterte en la cama como una manera de liberar la tensión acumulada del día, busca en ese hueco formas de meditar, estirar, la lectura... Si el motivo son carencias afectivas, recuerda que con el porno esos vacíos no se llenan a largo plazo, sino al revés, los aumentas con una afectividad deformada.
— Pregúntate por qué y para qué lo has hecho. Reflexiona sobre ello para fomentar la CPF y así poder trabajar

la voluntad la siguiente vez. Ejercita posponer esa recompensa en pequeñas cosas (comida, caprichos, redes...), para que en el porno también funcione.
- Busca algún filtro para el móvil o mételo por las noches (lo recomiendo muchísimo) en una caja de bloqueo con temporizador para que no puedas sacarlo hasta la mañana siguiente (puedes adquirirla fácilmente a través de internet).
- Ocupa tu tiempo con actividades que te llenen, recuerda que la soledad, la tensión y el aburrimiento son aliadas de la pornografía.

En plena crisis de valores, el porno no puede ser la pedagogía de la sexualidad. La educación tiene que ir enfocada a enseñar a mantener una relación sexual. Hay sexo, pero también hay relación. En esta industria está absolutamente eliminada la parte de la relación, el vínculo no existe. Los jóvenes son expertos en sexo e inexpertos en el amor. «Expertos» por el contenido y la cantidad de lo que ven, pero su aprendizaje surge de esos vídeos que encuentran o saltan en sus pantallas. Es lógico que cuando luego buscan introducir la sexualidad con sus parejas, haya cierta decepción y frustración.

El cerebro recuerda imágenes impactantes y las neuronas espejo juegan un papel muy relevante. El porno será el que influya en la visión de la sexualidad durante su adolescencia, momento clave en el desarrollo afectivo-sexual de los jóvenes.

Si no existe educación sexual adecuada, el maestro es el porno.

Hace unos años llegó a mis manos un documento de una organización internacional que en principio vela por los niños —evito citarla—, recomendando que vieran porno desde pequeños como método educativo para aprender. Todos los que nos dedicamos a la salud mental, sabemos que educar desde la infancia en valores es una vacuna para lograr un mundo mejor y más sano. La educación de calidad influye poderosamente en el mañana de esos niños. Una sociedad que enseña a los jóvenes es una sociedad que protege el futuro.

En menores no hay una dosis de porno saludable. Italia, Reino Unido o Francia están intentando limitar el acceso a contenido explícito en la web. Como en todas las preocupaciones de salud pública, hay que intervenir de forma macro y micro. Como explica Miguel Ángel Martínez-González, se debe actuar como en todas las drogas, reduciendo la demanda y también la oferta. En Francia, por ejemplo, en febrero de 2023 se implementó un sistema de identificación digital para evitar que los menores pudieran acceder a este contenido.

España también está trabajando en un proyecto para proteger a los chicos de las plataformas con contenido pornográfico. Entre otros requisitos se quiere verificar la edad del usuario por medio de un documento —carné de identidad, de conducir, pasaporte, etc.— que muestre los años que tiene para entrar en las webs, eso sí, sin que estas tengan oportunidad de acceder a los datos de los consumidores. A pesar de que ya existe una ley, la industria del sexo no pone mucho interés y con un simple «¿eres menor de edad?» lo resuelve todo.

Educar a los hijos, la mejor prevención

Hay que hablar en los colegios, los profesores deben formarse y los padres tener los ojos abiertos. Más de la mitad de estos viven ajenos a la pornografía, creyendo, por un lado, que sus hijos no consumen o al revés, si consumen, «es lo que hay». Algunas de las mejores herramientas para prevenirlo son:

— Fomentar la comunicación en familia. No tengas miedo de hablar sobre sexualidad con tu hijo. Puede que te resulte incómodo, pero si tiene una línea abierta contigo, es mucho más sencillo que comparta dudas e inquietudes.

Los míos todavía son pequeños, pero en el último año, a raíz de conversaciones con amigos o en el equipo de fútbol, han salido ya temas sobre esto en casa. Hace unos meses le expliqué a uno de ellos que la sexualidad era como una playa. Es preciosa, maravillosa, se disfruta y gusta. Este verano, estando en una playa familiar apareció en mitad de la tarde un grupo de jóvenes. Llegaron fumando tabaco y porros, con música altísima que salía de altavoces, comiendo, bebiendo y dejando restos de papeles y latas por la arena. Al cabo de unas horas, la zona estaba llena de suciedad y basura, se había convertido en un sitio insoportable y nos tuvimos que marchar.

—Ese mismo lugar maravilloso de la mañana se ha transformado en un lugar horrible —le dije a mi hijo—. Lo mismo pasa con el sexo mal cuidado, se puede convertir en algo feo que destruye una realidad bonita.

— Adelantar las conversaciones. Cuando me lo recomendaron en el colegio de mis hijos, pensé que exageraban, ahora lo entiendo perfectamente. Esto es lo que deben hacer los padres. Pregúntale de qué se habla en el patio, en la ruta, en la clase. Si él viene con algún tema, lo primero es: ¿qué sabes de esto?, ¿qué te han contado?, ¿qué intuyes?
— Hablar del sexo desde la parte bonita. Es una de las ideas más importantes que he observado en mis años de psiquiatra, divulgadora, hija y madre. Que la información que llegue sobre la sexualidad sea algo placentero, generoso y respetuoso. El sexo es maravilloso, pero mal orientado es un drama.
— Hablar con otros padres de amigos para estar en la misma onda y conocer qué sabe el resto. Muchos padres viven ajenos y si no lo enseñas en casa, lo aprenderán fuera.

— Con respecto a los móviles, es importante que tu hijo no tenga el dispositivo por la noche en la habitación. Es un momento neurofisiológico fundamental y debes proteger su sueño. Al ser horas de mayor cansancio y saturación, con poca capacidad de reacción y ganas de un chute de dopamina, es fácil ser tentado por las redes y el porno.

— Enseñarles a mirar. «Saber mirar es saber amar», dice mi padre. Saber mirar con ojos de bondad. La crítica constante o juzgar o hablar mal de otros influye en cómo mira a los demás. Enséñale a observar con respeto a todos.

— Educar en generosidad. En una sociedad egoísta y hedonista, solo importan los gustos y los deseos de cada cual. «Quiero esto cuando quiero». El porno fomenta el egoísmo. Nos hace creer que la otra persona se encuentra ahí para satisfacer nuestros gustos.

— Enseñarles a elegir. Desde pequeños, no todo vale. Si llevas a tu hijo a tomar un helado y puede tomar varios sabores, prueba a decirle que solo tome uno. Es un dato muy sencillo y casi imperceptible, pero su mente, desde niño, va ejercitando la elección y la renuncia. A mí me sirve como *tip* fácil. Si escribe la carta a los Reyes Magos, que pida tres cosas, esas son una elección y las diez restantes que no pide son la renuncia. Elegir sabiendo renunciar es, en mi opinión, una característica de la personalidad madura y en equilibrio; una gran vacuna para la salud mental.

— Educar en la belleza, la elegancia y la delicadeza. Ayuda a que tu hijo pueda enamorarse desde el corazón y el alma y no solo sentir impulsos genitales y pasionales. Como dice el filósofo José Carlos Ruiz, «hemos sepultado el misterio de la insinuación y el secreto de la capacidad de seducción». Pero hoy en día, si uno vive inmerso en el porno, no pone de su parte, el placer viene de forma rápida e inmediata. El encuentro íntimo requiere erotismo, intencionalidad e insinuación. Introducir la seducción en el cortejo sexual es clave. Con el porno se prioriza la activación del deseo y mucho de lo maravilloso se pierde.

Como he dicho, hay que volver a educar en intimidad. En una sociedad que muestra su vida en redes y en la que hay una sobreexposición de cuerpos en imágenes, ser capaces de proteger esa intimidad puede ser una vacuna para llegar a una relación afectivo-sexual adecuada. La clave es conseguir un buen canal de comunicación entre padres e hijos, algo no fácil, pero fundamental.

Y LLEGA... LA FALTA DE EMPATÍA

Hay trastornos, comportamientos o adicciones que influyen en la empatía. Es obvio que un mundo empático con herramientas de inteligencia emocional funciona mejor. Sabemos que la oxitocina, la hormona tan involucrada en la confianza y en el sentimiento de identificación con algo o alguien, desaparece con el miedo y los estados de alerta mantenido. He indagado mucho sobre la repercusión que tienen las drogas y las redes en ello, y aunque existe cierta evidencia de cómo la dopamina y las sustancias de abuso pueden influir en cómo nos conectamos con otras personas, esta relación no está clara y puede depender de diferentes circunstancias e incluso del tipo de droga que se consuma.

La empatía es la capacidad de ponerse en la piel del otro, sentir lo que los demás pueden sentir.

Llevo tiempo observando en pacientes —sobre todo en los que tienen entre dieciséis y treinta años, con diferentes problemáticas psicológicas, pero imbuidos en pleno mundo acelerado, distraído y enganchados a las pantallas— cómo los sentimientos son los que gobiernan muchas de sus decisiones. Sin embargo, ese sentimentalismo reinante no siempre va acompañado de un incremento de empatía. Cómo me siento yo es mucho más importante que cómo se sienten los de mi entorno. Por un lado es lógico, ¡nuestro instinto es prioritario!, pero no podemos perder la capacidad de conectar con las inquietudes y situaciones de los que nos rodean. Las redes nos polarizan, nos llevan al extremo de muchas ideas y de respuestas y conductas. Nuestra posición se eleva por encima de la de los demás y criticamos duramente si amigos, familiares, compañeros o conocidos no opinan como creemos que deberían. Esto se ve en el campo de la política, de la ética, de la economía, del deporte…, y también en el día a día con detalles pequeños.

Diego tiene veinticinco años, trabaja en una empresa de eventos y viaja mucho. En una de las fiestas organizada por su empresa, al terminar, consumió cocaína por primera vez. A las pocas semanas se reencontró en Barcelona con uno de los que estaban en ese evento y repitió el consumo. Días más tarde, probó un estimulante alucinógeno, MDMA, y disfrutó mucho del efecto, pues gracias a ello fue capaz de ligar con varias chicas.

Los siguientes meses se transforman en un ir y venir de viajes, drogas, porno, Tinder y mujeres. Su hermano es paciente mío y le recomienda que venga a verme.

—He conseguido empatizar con las mujeres —me dice la primera vez que nos vemos—. He sabido hablarles y conectar con ellas como nunca. Esta droga es maravillosa.

Ese día yo me encontraba en una situación personal complicada. Tenía a una persona muy cercana gravemente enferma en el hospital y estaba preocupada.

—Soy feliz —continúa—. Nunca lo he sido tanto. La gente de mi colegio y de mi universidad me aburre. He descubierto que hay sensaciones más intensas, que la vida se puede vivir de otra manera. No necesito ayuda, mi cerebro acepta bien las drogas.

Durante más de media hora no deja de hablar de sí mismo, de su capacidad extraordinaria de ligar y disfrutar, y de cómo espera triunfar en los negocios.

—Un tío mío está gravemente enfermo. Estoy yendo a verlo de vez en cuando y le he convencido para que me incluya en su testamento. Yo voy a disfrutar de la herencia más que mis primos y hermanos, que son aburridos y no sabrán gastarlo bien.

Mientras hablamos tiene el móvil en la mano y va contestando mensajes, mirando fotos en Instagram y contestando a varias chicas por Tinder. Le pido que lo deje de lado hasta que terminemos de hacerlo.

—No quiero desperdiciar ninguna posibilidad de conocer a chicas interesantes que me escriben por las redes —me responde.

En un momento de la sesión, suena mi teléfono y veo que me llaman del hospital. Me disculpo y le digo que va a ser una llamada breve, pero importante, me van a dar la evolución de mi familiar. Cuelgo. Las noticias no son buenas y me quedo preocupada y seria:

—El tratamiento médico no está funcionando —le comento.

Su respuesta me deja helada:

—No me importa tu vida personal, vengo a contarte yo cómo estoy y no quiero que me cuentes nada que perturbe mi estado de disfrute. El drama, para otros.

Pocas veces he tenido una sensación igual de desagradable en consulta. Tras quince años enfrentándome a terapias de todo tipo, intento ser siempre muy profesional y respetuosa con las sesiones, a pesar de mis propias preocupaciones. En ese momento Diego me resultó una persona fría y cero empática.

A los pocos días volví a ver a su hermano en terapia. Se interesó por mi opinión sobre Diego. Lógicamente, por secreto profesional, no podía compartir información, pero sí le pregunté cómo era él antes. Me aseguró que cuidaba de todos, que estaba pendiente de los demás, que era sensible; en definitiva, que era buena gente.

He querido investigar hasta qué punto la droga frena la empatía y cómo el placer constante puede transformar la capacidad de un individuo para conectar con las emociones de los demás. Es un tema neurobiológicamente complejo, porque detrás subyacen muchos factores. Por ejemplo, los estimulantes incrementan la energía y la sociabilidad en algunas personas, pero también conllevan conductas impulsivas. Los consumidores de LSD o la psilocibina comentan sentir un aumento de conexión emocional. Y, por otro lado, el mundo de las redes, las más adictivas, y su relación con la empatía está siendo un campo de estudio importante.

Las neuronas espejo

Giacomo Rizzolatti nació en Kiev, estudió Medicina en la Universidad de Padua y recibió el Premio Príncipe de Asturias de Investigación Científica y Técnica en 2011 —junto con Joseph Altman y Arturo Álvarez-Buylla— por el descubrimiento que hizo de forma casual hace unas décadas de las neuronas espejo.

Los estudios se realizaron en monos, y él y su equipo vieron que estas células se activaban en el sistema nervioso aunque los primates no estuvieran en movimiento, tan solo al ver a los investigadores coger un objeto. En un primer momento se creyó que se trataba de un error. Además, se dieron cuenta también de que no solo se activaban ante una acción concreta, sino al contemplar a otras personas hacer esos movimientos y gestos. Ellos reproducían lo que observaban como si de un espejo se tratara, de ahí su nombre —posteriormente se reveló que esas neuronas se encuentran tanto en animales como en humanos—. Estas son las células nerviosas claves en la empatía. Se encargan de comprender las emociones de los otros, de ponerse en el lugar de los demás, ayudan a sentir lo que otros sienten, y son la prueba de que somos seres sociales por naturaleza. Si yo como médico veo que alguien lo está pasando mal o me cuenta su drama, su abuso, su abandono, lo normal y lógico es que yo sufra.

Las neuronas espejo son esenciales en los vínculos y las relaciones. Es un mecanismo neuronal que nos ayuda a ponernos en la piel de los demás.

Este tipo de neuronas se activan en numerosos momentos. Por ejemplo, estás en el tren y observas que alguien quiere bajar su maleta y no puede, tu mente automáticamente te sugiere que le ayudes a coger su equipaje. Se produce una copia de lo que está realizando y, por lo tanto, sabes lo que tienes que hacer. Yo las tengo muy desarrolladas en el humor y las carcajadas. Si me encuentro con alguien que está contando algo gracioso, o llego tarde a un chiste, pero están todos riendo…, me río sola al observar al resto desternillarse.

Todos nacemos con neuronas espejo, pero van evolucionando según las circunstancias y los aprendizajes. Si juegas al fútbol y estás viendo un partido, captas más y mejor los movimientos y cómo juegan. La escuela es muy importante para los niños porque aprenden a defenderse, a hacer amigos, a enfrentarse a los retos. Pasar demasiado tiempo a solas delante de una pantalla resulta perjudicial para este tipo de células nerviosas. Quiero que tengas buenas neuronas espejo para que seas un buen individuo con tu entorno, y para ello es esencial que aprendas a interactuar. Y aquí introduzco una idea clave: la soledad inhibe ese desarrollo.

Rizzolatti afirma que mucha pantalla disminuye la empatía. Para él, en un mundo en el que los jóvenes se relacionan mejor con un dispositivo que con una persona, es fundamental vivir conectando, relacionándose con otros en la vida real.

Es más importante tener amigos
que el mejor videojuego, móvil o aplicación.

Vivir enganchados puede conllevar un deterioro considerable en la empatía, herramienta necesaria para tener una sociedad mejor. Encontrar el equilibrio entre *online-offline* protege el cerebro y ayuda a mejorar nuestra inteligencia emocional.

La doctora Sherry Turkle, especialista en sociología y psicología de la personalidad por la Universidad de Harvard y profesora del MIT, es autora del libro *En defensa de la conversación.* Ha realizado múltiples investigaciones sobre los efectos de la pantalla en los vínculos y en las relaciones. Muestra cómo en la última década los jóvenes han disminuido hasta un 40 % la empatía: les cuesta percibir el sufrimiento y ponerse en el lugar del otro. También ha observado cómo tienen cada vez más miedo a enfrentarse a una conversación, ¡les supone un gran esfuerzo!, y a recibir llamadas telefónicas ya que estas les desestabilizan. Me gusta su pensamiento, no está en contra de la tecnología, sino a favor de la conversación real, de tú a tú.

Cuanto más tiempo pasamos en la vida real,
más capacidad tenemos de ganar en herramientas
de inteligencia emocional, de empatía.

4. ¿Qué le hace el azúcar a tu cerebro?

Hace tiempo tuve una reunión con varios directivos de una red de supermercados. Quería saber qué opinaban sobre los alimentos saludables y cuáles recomendaban de sus tiendas, y les pregunté sobre ello.

—Muchas veces priorizamos el sabor a la calidad porque al consumidor le gusta más— me contestaron.

Al cabo de unos días decidí hacer un experimento. Fui entrando en diferentes establecimientos y me dediqué a leer las etiquetas de los envases. Buscaba en el contenido de hidratos de carbono los azúcares. Esta información aparece en el etiquetado de los productos, prueba a mirarlo. Da igual que sea una salsa de tomate, un yogur, una crema de verduras preparada, embutidos, mayonesa, patatas fritas de bolsa o un bote de guisantes, te puede sorprender encontrar que las cifras de azúcar están más disparadas de lo que nunca te imaginarías.

La OMS recomienda ingerir veinticinco gramos al día como máximo, sin embargo, se cree que la media de la población consume casi el triple. En niños las recomendaciones están entre quince y veinte gramos. Y lo deseable sería no tomar alimentos que contuvieran más de cinco por cada cien gramos del producto. En esa lista de ingredientes puedes encontrar términos relacionados con el azúcar menos conocidos para que la información no sea tan llamativa a ojos del consumidor. Ejemplos de estos son la glucosa, la maltosa, la fructosa, la sacarosa o la dextrosa, entre otros, o bien añadidos tipo miel, azúcar de coco, de malta o almidón de maíz.

¿Por qué se añade azúcar a tantos productos? Probablemente puedas intuirlo: porque gusta a las papilas gustativas y estimula el sistema de recompensa, liberando dopamina. Esta es la razón por la que el cerebro está constantemente buscando maneras de encontrar alimentos con sabor dulce, porque el azúcar y las comidas ultraprocesadas activan el sistema dopaminérgico.

Estamos diseñados para que nos encante el dulce. ¿Qué ha sucedido? Que la industria alimentaria lo sabe y ha secuestrado nuestras papilas gustativas por sus propios intereses económicos.

Ya sabemos lo que ocurre si le damos al cerebro la droga o la sustancia que quiere de forma constante. Las rutas, las carreteras neuronales, se recablean, se transforman. El cuerpo necesita cada vez más dosis, más comida, más azúcar para sentir lo mismo. Se regulan a la baja los receptores de dopamina y es cuando surge la tolerancia. Si no lo tenemos al alcance de la mano, sufrimos y aparece el síndrome de abstinencia. Este es un mecanismo muy similar al de la cocaína y al de otro tipo de drogas. La cantidad de dopamina que se libera con el consumo de anfetaminas o alcohol no es exactamente igual que con el azúcar, pero la mecánica es semejante. La diferencia es que esta sustancia se vende en todos los sitios, la tenemos al alcance en cualquier momento, en cualquier esquina, y a un precio muy asequible.

Muchos especialistas opinan que estamos sobrealimentados. El sistema de recompensa estaba diseñado para sobrevivir en la escasez. Nuestra identidad se fue forjando en un entorno con pocos alimentos y recursos. Hoy hemos pasado de recolectar, de buscar comida por medio de la caza, a abrir la despensa y encontrar de todo siempre que lo deseemos, y si falta, existen unas aplicaciones maravillosas que nos lo traen a casa.

Si notas que tienes ganas de comer dulce, espera veinte minutos para que se te pase el antojo. Te explico por qué dejar transcurrir el tiempo es una herramienta que sirve para controlar los alimentos gratos a tu paladar, esos que nos resultan muy apetitosos y agradables y que normalmente contienen mucho azúcar. En la época en la que el hombre recolectaba y cazaba, nuestros antepasados sabían que tocaba comer porque experimentaban una bajada en sus niveles de glucosa. Como respuesta, el cerebro les avisaba que tenían que elegir alimentos con una gran carga calórica. ¿Qué ocurre ahora? Que al sufrir esa bajada de glucosa, el cerebro nos dice que hagamos lo mismo, que busquemos comida con gran carga calórica, aunque no estemos hambrientos. Después de una bajada de glucosa, el hígado entra en escena, libera la glucosa que tenía almacenada y restablece los niveles. En esos momentos el antojo suele desaparecer. No siempre es fácil, por eso buscar distractores que nos alejen del antojo cuando lo tengamos es una manera de reeducar al cuerpo, generando un recableado más sano de las rutas neuronales y dopaminérgicas.

Vivimos en la era de la mala gestión de la abundancia con consecuencias para la salud física y psicológica.

MITOS DE LA ALIMENTACIÓN

Durante años nos han vendido la idea de que el cerebro necesita o de que es preciso tomar grandes cantidades de hidratos de carbono para funcionar correctamente. Algunas han ido calando en nuestra cultura alimentaria y han tenido sus efectos —muchos de ellos preocupantes— como es el inicio más temprano de enfermedades metabólicas o el auge de la obesidad en niños. En la actualidad, existe una preocupación creciente por la cantidad de personas que tienen problemas de obesidad en el mundo, así como trastornos relacionados con una dieta pobre. De hecho, se cree que solo el 12 % de los norteamericanos está, según las últimas investigaciones, metabólicamente sano. Es decir, redondeando, solo uno de cada diez tiene sus niveles de azúcar en sangre en orden. La realidad es que vamos enfermando desde la infancia porque nos convertimos en adictos al azúcar desde que somos pequeños debido a hábitos negativos, de recompensas en forma de dulces o de vías de escape relacionadas con la comida y las emociones.

El azúcar refinado es muy dañino para el cerebro, y aún más para el que está en desarrollo.

Aunque no es mi especialidad, quiero explicarte brevemente cómo funcionan el azúcar y la insulina. Lo que comemos produce una reacción en los treinta billones de células y en la misma cantidad de bacterias del organismo[8]. Parece ser que este puede quemar en un solo segundo nada más y nada menos que ocho trillones de moléculas de glucosa. No está nada mal, ¿verdad? El cuerpo la busca en lo que ingerimos, y si no lo encuentra, activa un proceso denominado gluconeogénesis, donde la produce a partir de aminoácidos —que provienen de las proteínas— y glicerol —que proviene de las grasas—. Este mecanismo fisiológico es clave cuando los niveles de azúcar son bajos —como el ayuno prolongado o la dieta baja en hidratos de carbono—. La glucosa que se produce por el proceso de gluconeogénesis se dirige a la sangre para ser fuente de energía.

Ya conoces y entiendes la homeostasis; hemos hablado de ella al tratar el equilibrio dolor-placer. Trayéndolo a este campo, la gluconeogénesis es fundamental para mantener los correctos niveles de azúcar. Aparece el estrés, el cuerpo libera nuestro conocido cortisol que, entre otras cosas, modifica el azúcar en sangre. Lo hace bajando los niveles de insulina y de glucagón mientras que se elevan las cifras de adrenalina, y es entonces cuando se libera más glucosa desde el hígado. Si el cortisol es alto, aumentará la glucosa, por eso durante situaciones de ansiedad y tensión las personas con diabetes pueden tener más dificultad para controlar el azúcar. Por otro lado, el consumo de alimentos ricos en esta sustancia conlleva un incremento del cortisol, ya que cuando uno ingiere carbohidratos refinados con azucares añadidos experimenta fluctuaciones en sus niveles de azúcar, algo que puede ser motivo de estrés para el organismo y generar otro pico de cortisol. Es la pescadilla que se muerde la cola.

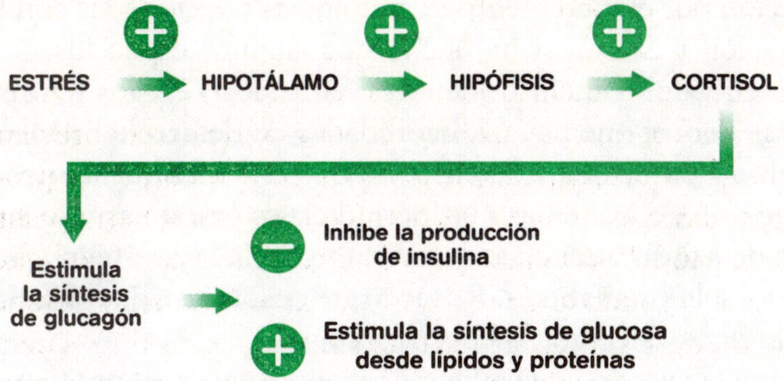

Cómo el estrés aumenta la glucosa.

Hay que evitar que durante los períodos de estrés, de rabietas o de tristeza de los niños paliemos estas situaciones con galletas y dulces —no siempre es fácil—. Les estaremos haciendo un flaco favor al ir modificando sus circuitos cerebrales de aprendizaje y de recompensa, saliendo de los momentos malos a base de azúcares y caramelos. Debemos conseguir desde pequeños que el organismo de nuestros jóvenes sea capaz de disminuir sus niveles de insulina para que oxide la grasa. Si esto no se logra, nunca conseguiremos que la grasa sea el pilar fundamental para nuestra energía, y necesitaremos constantemente ingerir azúcar para sentirnos con fuerza.

Obesidad

Ha aumentado una barbaridad la cantidad de azúcar que ingerimos. Se ha escrito e investigado mucho sobre él y la glucosa, y cada mes surgen nuevos estudios relacionados con este campo que nos están ayudando a entender la patología existente ahora mismo y su relación con la alimentación.

Según la Asociación Norteamericana de Diabetes[9], el nivel en ayunas, es decir, el de glucosa por la mañana, debería estar entre 60 y 100 mg/dL —entre 100 y 126 mg/dL indican prediabetes, y por encima del número mayor, diabetes—. Sin embargo, la preocupación por el incremento de patologías relacionadas con la alimentación y el azúcar ha hecho que algunos especialistas recomienden valores incluso menores. entre los 72 y los 85 mg/dL. Esto se debe a que hay probabilidades de desarrollar problemas de salud a partir de dicha cifra. Lo que está más que demostrado es que uno de los temas más perjudiciales en este asunto son los picos de azúcar, una cuesta deslizante hacia la resistencia a la insulina o a la prediabetes. Se sabe que cuantas más subidas experimentemos, más rápido envejeceremos.

Mucha gente en consulta me reconoce que siempre tiene apetito. Una de las causas clásicas es la ansiedad, que muchas veces se exterioriza con ganas constantes de ingerir alimentos. Hay otra cada vez más investigada: los altos niveles de insulina.

Cuanto mayor sea el nivel de insulina,
mayor será el hambre.

Si tenemos gran cantidad de insulina en el cuerpo, generada tras experimentar año tras año picos de glucosa, las hormonas se confunden. La leptina —hormona encargada de avisarnos que estamos llenos y que deberíamos dejar de comer— tiene la señal bloqueada, mientras que la grelina —hormona que nos dice que tenemos hambre— toma el control. Cuando el cerebro recibe la señal de la leptina, pide quemar energía, correr, hacer ejercicio, mover los músculos, ser activos y concentrarnos en lo que hacemos. Esta sustancia nos indica que tenemos suficiente energía para movernos. Si no recibimos esa señal, el cerebro cree que se está muriendo de hambre.

El doctor Robert Lustig es un endocrinólogo pediátrico de la Universidad de California y autor de varios libros de gran divulgación —entre ellos, *Metabolical*—. Es, además, especialista en nutrición, azúcar y alimentación, y ha observado que las personas obesas no reciben de forma adecuada la señal de la leptina, razón por la cual comen de manera compulsiva. Es como si su cerebro estuviera constantemente con apetito.

Al comer, tenemos más picos de glucosa, y la insulina se apresura a almacenar el exceso de estas grasas, aumentando la acción de la grelina. Es un círculo vicioso. Estados de tristeza, angustia o ansiedad asociados al hambre. En esos momentos el cuerpo no nos pide brócoli, nos pide hidratos, sal y azúcar. Cuanto más obedezcamos a ese impulso, más picos glucémicos iremos generando en el organismo.

El doctor Lustig explica cómo han cambiado nuestros hábitos relacionados con la comida en la historia. Hemos pasado de tomar fruta de temporada y cantidades minúsculas de sacarosa a comer, en la actualidad, más de cuarenta y dos kilos de azúcar al año por persona. Afirma que uno de cada tres adultos estadounidenses es obeso. Le preocupa que los niños de hoy sean la primera generación en tener una expectativa de vida menor que la de sus padres, algo que achaca en gran parte a la obesidad.

Este trastorno influye negativamente en otras enfermedades graves y genera un gran deterioro en el organismo, desde diabetes hasta problemas cardiovasculares, enfermedades inflamatorias, infecciosas y algunos cánceres —¡el azúcar alimenta a muchos tumores!—. Por eso, para mejorar los síntomas de muchas de estas patologías, se recomienda reducir el consumo de azúcar.

Los niveles elevados de insulina aumentan la tensión arterial y disminuyen la cantidad de colesterol bueno en sangre. Esto produce el denominado síndrome metabólico, una de las causas más importantes de obesidad.

Lo que nos engorda en el presente es comer hidratos de carbono en cantidades elevadas, no permitir que los niveles de insulina desciendan y se regulen, no dejar que el cuerpo aprenda a oxidar la grasa de forma adecuada y eficiente y restarle horas al sueño. Este es un factor determinante de nuestro deterioro físico.

MENS SANA IN CORPORE SANO

Se ha investigado mucho sobre cómo el azúcar influye en los procesos mentales y neurológicos. El azúcar afecta al hipocampo, razón por la que las personas que abusan de esta sustancia generan neuroinflamación cerebral y pueden tener problemas en el aprendizaje, la memoria, la atención y la concentración.

Sara, de treinta y seis años, sufría ansiedad desde que era joven relacionada con la comida y su físico.

—Nada más tener la primera menstruación, mi cuerpo cambió, y desde entonces comencé a engordar. En mi casa el ambiente no era bueno. Mi madre murió de cáncer cuando yo tenía ocho años y mi padre se casó con otra mujer que no nos trataba bien. Le tengo rabia. Vivimos en el mismo edificio y lo veo casi todos los días. Se me hace un nudo en el estómago todavía al cruzarme con él. Por entonces me refugié en la comida y engordé mucho. Tenía paquetes de galletes de chocolate en mi armario y me las comía por la noche. Siempre me notaba inquieta, desasosegada... Con el tiempo he sabido que eso era ansiedad. A los dieciséis años tuve mi primera migraña fuerte y esto es algo que se repite todos los meses. Sé que estoy en una espiral muy negativa, pero no sé cómo pararla. Estoy soltera y me angustia verme sola el resto de mi vida. A veces, los fines de semana tengo que trabajar y pido comida a domicilio con un postre dulce. Luego me siento culpable, pero no puedo dejar de pensar en qué voy a comer y qué voy a pedir. Los días que tengo migraña me quedo en casa, y, cuando se me pasa, me dan crisis de llanto. Necesito tu ayuda.

El caso de Sara era complejo, ya que manejábamos varios factores:

— personalidad ansiosa,
— mala percepción de su físico,
— adicción a la comida,
— adicción al azúcar,
— soledad mal gestionada,
— migrañas,
— rabia (herida) contra su padre.

Intenté explicarle que había que sanar la herida del pasado, pues el cerebro recordaba lo que le calmaba de pequeña —la comida—, y ahora, cuando sentía tristeza, ansiedad o soledad, su organismo le pedía hidratos de carbono y azúcar. Por otro lado, esa herida generaba un estado de alerta mantenido, incrementado por un físico que no iba acorde con sus amigas, lo que derivaba en no sentirse parte del grupo. Los chicos no se fijaban en ella. Su cuerpo somatizaba en forma de migrañas. Había acudido a diferentes médicos para resolver estos dolores, y en una de las revisiones le diagnosticaron resistencia a la insulina.

Los datos demuestran que las mujeres con resistencia a la insulina tienen el doble de probabilidad de padecer frecuentes migrañas a diferencia de las mujeres que no tienen resistencia a la insulina. Se ha visto que las personas migrañosas que son tratadas para regular sus niveles de insulina, tienen una mejoría de sus síntomas. En un estudio publicado en el año 2014[10] se administró un medicamento a ochenta y tres mujeres para reducir la insulina circulante y se observó que disminuía la frecuencia de sus migrañas. En el caso de Sara, ayudarle a gestionar los picos de insulina fue clave para mejorar su ansiedad y sus migrañas. Otro tema que trabajé con ella fue enseñarle a distinguir qué tipo de hambre se activaba en su interior.

Diferenciarlo ayuda enormemente en el tratamiento de alimentación y sobrepeso de muchas personas. En ocasiones, la tristeza o la ansiedad nos piden comida. En esos momentos, la gestión de ese instante y cómo educamos al cerebro va a ser fundamental para generar una clase de hábitos u otros.

Hay que distinguir el hambre real del hambre emocional.

Debemos escuchar al cuerpo, entender qué nos está pidiendo, tenemos que aprender a gestionar el estrés y la emoción que subyace. Identificándola, la ansiedad menguará y seremos más capaces de controlar el impulso por la comida.

¿CÓMO INFLUYE EN LA FERTILIDAD?

Otro asunto de máximo interés médico y científico ahora mismo es cómo el azúcar interviene en la salud reproductiva. Los niveles de insulina aportan unos datos vitales para el cerebro y los órganos sexuales. En cierta manera, influyen en si el organismo es un medio seguro en el que concebir. Si tu insulina está desajustada, a tu cuerpo le costará más el embarazo, ya que la información que recibe del azúcar sugiere que tu estado no es muy saludable. Yo misma lo sufrí y fui consciente de ello antes de quedarme embarazada de uno de mis hijos. Hoy sé que si no cuido la alimentación, mi salud femenina se altera enormemente y es algo que he investigado para entenderme mejor.

En mi experiencia, observando y acompañando a muchas mujeres en su deseo de tener un bebé, he visto que ante ciertas dificultades para concebir, cuidar la alimentación y los hábitos puede ser un punto de inflexión fundamental en ese camino hacia el embarazo.

Se han publicado varios estudios sobre esta cuestión. En uno de ellos[11] se vio que los hombres y las mujeres con altos niveles de insulina eran más propensos a la infertilidad. El número de mujeres con diagnóstico de síndrome de ovario poliquístico (SOP) está aumentando. Una de cada ocho lo padece, sus ovarios se llenan de quistes y dejan de ovular. Parece que se trata de un trastorno relacionado con un exceso de insulina que influye en que los ovarios produzcan más testosterona.

En los estados de hiperinsulinemia no se da la conversión de hormonas masculinas a hormonas femeninas —que sucede en condiciones normales y saludables— y la mujer tiene niveles más elevados de testosterona en su cuerpo. Esta es la razón por la cual mujeres con SOP tienen rasgos masculinos: exceso de vello —hirsutismo— en la barbilla, cuello, espalda, pecho, cara y abdomen, calvicie y acné. Además, pueden tener dificultades para perder grasa.

EL EJERCICIO TE SALVA

¿Y cuál es la mejor herramienta para controlar la insulina? No cabe duda que el ejercicio. Caminar tras una comida —los indios recomiendan dar cien pasos, ¡qué buena costumbre!— tiene sus razones. Si después de acabar nos quedamos sentados en la silla o nos vamos al sofá, la glucosa inundará las células y las mitocondrias se saturarán. Se producirán los radicales libres, la inflamación se incrementará y la glucosa que sobra irá a los músculos, al hígado y también a la grasa. Pero si tenemos un poco de fuerza de voluntad y nos levantamos y hacemos la caminata para la digestión —así la llaman los alemanes—, cuando la glucosa pase de los intestinos a la sangre las mitocondrias tendrán mayor capacidad de combustible. Así, podrán usar la que les quede para producir ATP e inyectar energía a los músculos. Por lo tanto, si tienes comidas copiosas durante el fin de semana, vuelve andando a casa o intenta hacer algo de deporte después. En mi caso, he comenzado con esta práctica, y si algún día tengo cena fuera con familia o amigos, vuelvo caminando. A veces llevo unos zapatos de recambio en el bolso para aguantar la caminata, pero compensa porque noto que se produce una sensación de bienestar maravillosa y descanso mejor cuando me meto en la cama.

Se ha visto también que los ejercicios aeróbicos y de fuerza son capaces de reducir el pico de glucosa hasta en un 30 %[12] y no solo eso, de atenuar o incluso disminuir las subidas en las veinticuatro horas siguientes en casi un 35 %. La actividad física acelera el proceso de desintoxicación del cuerpo de la fructosa —presente en muchos alimentos en forma de jarabe—, haciendo que los músculos sean más sensibles a la insulina, disminuyendo los niveles de esta en sangre. Al contraerse los músculos y captar más cantidad de glucosa sin necesidad de insulina, el pico será menor y el páncreas necesitará menos cantidad de esta para combatir la glucosa que queda.

Cuanto más ejercicio,
más se aplanan las curvas de glucosa e insulina.

Este tema daría para centenares de páginas, por lo que al final del libro te recomiendo algunas lecturas, para que puedas ampliar y profundizar si te apetece.

CORTEZA PREFRONTAL

5. Conoce cómo funciona tu batería mental

Me gusta trabajar la corteza prefrontal con mis pacientes a través de un ejemplo. Comparo los recursos de atención —la capacidad de la CPF— con una batería que se va gastando a lo largo de la jornada y se recarga por la noche con el sueño o con actividades reparadoras. Suelo dibujarla en un folio en el que vamos apuntando qué la carga y qué la descarga. Nuestro tiempo de atención es limitado, no dura eternamente, se puede ejercitar, potenciar o destruir. Algunas de las ocupaciones nos vacían y muchas personas carecen de herramientas para recargar dicha batería.

Existen situaciones en las que notamos que la atención, la paciencia o la gestión de impulsos son mínimas. Nos levantamos por la mañana, hemos descansado bien, tenemos por delante muchas tareas y nos sentimos ilusionados. Nuestra batería o capacidad de gestionarnos se encuentra en una situación inmejorable, tiene entre un 90 y un 100 % de carga. Sin embargo, el trabajo, los retos y los momentos de tensión irán reduciendo su carga y disminuyendo su potencia.

Cada ser humano disfruta de un estado cognitivo óptimo a ciertas horas, no siempre aguantamos igual. Existen variaciones dependiendo del individuo, de la época del año, de las hormonas, de la salud... Podemos aprender a fortalecer la CPF, nuestra capacidad de atender y enfocarnos en lo que hacemos, pero es fundamental saber que no podemos vivir en un estado de atención plena constante. Y aceptar que hay ocasiones en las que uno se concentra mejor y otras peor. ¡Cuidado con la culpa que nos lleva a pensar que debemos tener la batería al 100 % todo el día!

Debemos conocer cómo funciona nuestra batería mental para saber cuándo rinde más y cuándo se agota.

La batería se va descargando a lo largo del día.

¿Qué hace que baje la batería rápidamente? Aquí entran en juego múltiples factores. Trabajar, leer, estudiar, descansar poco, estar enfermos, el estrés, el ruido, el tráfico, tratar a algunos familiares y conocidos, visitar a tu madre en una residencia de ancianos, ir a las reuniones de los colegios de tus hijos, acudir a la revisión del médico, ver tus cosas desordenadas, comer mal, beber alcohol en exceso, abusar de las redes sociales, revivir momentos traumáticos, las personas tóxicas... todos estos elementos te absorben energía. Por cierto, la famosa multitarea, esa que creemos que es un avance de la humanidad, nos descarga la batería a gran velocidad.

PENSAR AGOTA

La falta de sueño reparador es una de las situaciones que más nos afecta. Un estudio publicado sobre insomnio y distracciones en una de las revistas de neurociencia más antiguas del mundo[1], afirmaba que las tareas delicadas y que precisaban más atención eran más sensibles al insomnio y a un sueño defectuoso. Las personas que descansan peor cometen más fallos, son menos lúcidas y más torpes, lo que les hace más vulnerables a las distracciones.

Voy a hablarte ahora de la fatiga mental. Recientemente, en 2022, se ha llevado a cabo una investigación por científicos del Hospital Universitario Pitié-Salpêtrière, en París. Mathias Pessiglione y Antonius Wiehler realizaron un estudio para profundizar sobre qué era realmente la fatiga mental. A través de resonancias magnéticas se hizo un seguimiento para ver la química cerebral en un día en dos grupos diferentes: los que tenían que pensar mucho y los que se encargaban de tareas cognitivas más sencillas. Aquellos que tenían que pensar, razonar y planificar con más intensidad reflejaban signos de fatiga mental —aparecían niveles más altos de glutamato en las sinapsis de las neuronas de la CPF—, señal que nos envía el cerebro para frenar y preservar la integridad de su funcionamiento.

La acumulación de glutamato en el cerebro está involucrada en la fatiga mental, es la que nos avisa de que nos estamos saturando.

El estudio demostró que el descanso era esencial para reparar este agotamiento —la batería descargada—, ya que el glutamato se elimina durante la noche. Los investigadores insistían, ¡ante el cansancio intenso de la mente, lo mejor es descansar! Es más, postulaban que analizando los niveles de este neurotransmisor en la CPF, en un futuro este podía ser un detector de agotamiento mental grave, ayudando a entender cómo una persona perdía la batería a lo largo del día, semana o mes.

¿QUÉ DESCARGA TU BATERÍA MENTAL?	¿QUÉ RECARGA TU BATERÍA MENTAL?
•	•
•	•
•	•
•	•
•	•
•	•
•	•

Ejercicio. Apunta los factores que descargan y recargan tu batería mental.

Es necesario buscar situaciones que recarguen nuestra batería como pueden ser pasear por el campo o la playa sin móvil, ir a un concierto de música clásica, meditar, rezar, cuidar de las plantas, correr, etc.

Marta es madre de cuatro niños y trabaja de profesora en la universidad.

—Desde hace un año noto que no soy capaz de conectar con mis alumnos, me cuesta mucho prepararme las clases. Corregir los exámenes se me hace un mundo —me dice—. A veces tenemos debates en el aula con los chicos y me pierdo en los razonamientos. Yo antes tenía una gran memoria, concentración y agilidad mental, no sé qué me está sucediendo.

Su hijo menor nació prematuro hace un año y medio y estuvo dos meses en la incubadora. Lleva mucho retraso madurativo y necesita terapias semanales, algo que a ella le hunde, ya que en la terapia hay niños mucho más graves y es un momento de enorme tensión para ella.

Cuando llega a casa, se encuentra a sus otros hijos. La mayor es preadolescente y está en un momento complicado.

—Cruzar la puerta me mete en el agujero, ir a la terapia del niño, también. No paro de discutir con mi hija mayor y últimamente me noto muy alejada de mi marido. En las últimas semanas a veces me encierro en el baño y me echo a llorar, me siento culpable porque no consigo llegar a nada bien.

En el caso de Marta, su batería se agota de forma drástica y a diario. Es una persona muy exigente y nota que no rinde bien y eso agudiza su malestar. Sus factores de descarga de la batería son:

— Tener una personalidad exigente.
— Ir a la terapia de su hijo pequeño.
— Llegar a casa y discutir con su hija preadolescente.
— Lidiar con su voz interior que la machacaba.
— No sentir el apoyo de su marido.

No tiene tiempo de repararse en ningún momento. En clase, su CPF —que debe estar recargada para lidiar con los jóvenes— apenas tiene energía para impartir la materia como le gusta y las funciones de esta —analizar, planificar, debatir con razonamientos y contenidos— están bloqueadas, lo que le hace sentir aún más limitación mental.

La terapia con Marta comenzó explicándole lo que le estaba sucediendo. Su día era un cúmulo de factores de estrés y no encontraba un lugar donde repararse. Se sentía muy sola y la soledad —como veremos más adelante— tenía la capacidad de vaciar su batería en cuestión de minutos. La soledad no buscada es venenosa para el organismo y para la mente, y Marta, a pesar de estar rodeada de gente, se encontraba abandonada en su lucha.

Cité al marido a la consulta, un hombre muy bueno, pero que veía a su mujer tan sobrepasada que no sabía cómo ayudarla. Tratamos el tema de la hija mayor, y él me reconoció que tenía más paciencia con ella que Marta, y que se encargaría de estar pendiente de los deberes de clase y de sus salidas con amigos para quitarle carga a su mujer. También hablamos de buscar pequeños momentos o escapadas en el mes para cuidar de ella.

Todos hemos tenido esos días de saturación máxima en los que nuestras capacidades cognitivas y emocionales están mermadas. No podemos más. A veces concurren con síntomas de tristeza, angustia e insomnio, y percibimos que no somos capaces de prestar atención a nada y solo buscamos la pantalla para aliviarnos. En ese momento hay que analizar si hemos caído en un estado depresivo o es una reacción adaptativa por factores de estrés que acumulamos sin encontrar huecos para repararnos. Un buen amigo, un familiar o un terapeuta pueden ayudarnos a salir del bucle y ver esa realidad con otra perspectiva.

Mónica es enfermera en un hospital. Se echó a llorar nada más sentarse.

—No puedo más. Estaba involucrada en un proyecto de investigación sobre un tema de fertilidad que me encantaba, pero llegó la pandemia y me mandaron a la UCI de un hospital cercano a mi vivienda. Mi hijo apenas tenía dos años por entonces y muchas noches me quedaba allí a descansar y no volvía a casa. Creo que colapsé. El año pasado nació mi segunda hija, estuve de baja maternal y me sentía algo mejor, pero mi cabeza no funciona como antes. Estoy intentando retomar mi proyecto, pero soy incapaz. Leer me resulta muy complicado, me parece que la información es demasiado compleja. Cuando acuesto a los niños por la noche, me pongo delante del ordenador; sin embargo, no consigo escribir y no sé interpretar los resultados del estudio. Mi marido trabaja fuera entre semana y no tengo ayuda, y mi mente no razona como quisiera. Me descubro a mí misma diciéndome cosas que no me gustan nada, me culpo y me digo que soy mala madre y mala profesional.

Le pregunto sobre cómo se repara.

—Me meto en TikTok e Instagram varias veces al día —admite—. En algunos momentos me relaja y en otros me estresa aún más. Solía hacer *ballet* y pilates, pero lo he dejado. Una vez cada quince días quedo con mi grupo de amigas del colegio, pero últimamente tampoco voy. Estoy durmiendo poco y eso me afecta mucho.

En el caso de Mónica, los factores de descarga de batería son:

— Revivir la UCI.
— Los niños.
— La complicada conciliación.
— El deseo de terminar un proyecto de investigación y no conseguirlo (frustración).

— La falta de apoyo.
— La voz interior de culpa.

Ella ha eliminado de sus actividades sus factores de reparación y nos ponemos manos a la obra para reinstaurarlos en su día: volver a descansar, ver a sus amigas vitamina de nuevo y reanudar el deporte.

Álvaro está casado, es padre de dos hijos y vive con su suegra. Trabaja en una inmobiliaria desde hace tiempo, le gusta y tiene un equipo de ocho personas a su cargo.

—Estoy aturdido, vivo agotado, me encanta cuidar de mi familia, de mis amigos y de mis compañeros, pero siento una sensación de falta de energía constante. Últimamente noto que no me concentro bien en la oficina. Tengo muchos amigos de la universidad y de mi anterior trabajo. Mi familia y la de mujer son grandes y tenemos mucha vida social. Suelo disfrutarla, pero ahora me satura. Los días que tenemos cenas, el alcohol no me sienta bien y la mañana siguiente me noto más saturado aún.

Álvaro es una persona de alta sensibilidad. Él no lo sabe, pero a medida que le voy explicando su condición, se da cuenta de que encaja en un PAS por cómo percibe la realidad.

—Yo siempre estoy pensando en cosas, analizando la situación, busco constantemente que los que trabajan conmigo o se cruzan en mi camino estén a gusto. En las reuniones de equipo, estoy pendiente de cada detalle y sufro si veo que todos no están entusiasmados con los proyectos nuevos y noto que acabo destrozado.

Me habla de su familia.

—Quiero mucho a mi mujer, pero mi suegra saca lo peor de mí, me pone nervioso y me estresa. Siempre me juzga y todo lo que hago le parece mal.

Las personas PAS vacían su batería con una velocidad mayor que las que no son de alta sensibilidad. Su mente y sus emociones están más a flor de piel y son más vulnerables a las preocupaciones. En ocasiones, estar tan pendiente de los demás y sus necesidades, agota. Los ruidos, la falta de sueño, las tensiones, un enfado mantenido o llevar encima una preocupación pueden ser factores de estrés amplificado que disminuyan la batería. Deben tener identificado qué es lo que les agota y les satura, y dónde y cómo pueden recuperarse. Al igual que su batería se cansa con facilidad, también tienen la capacidad de reestablecerse pronto cuando están en contacto con sus factores de reparación.

Álvaro es sensible, exigente, le da muchas vueltas a las cosas. Sus factores de pérdida de batería son:

— Mucha vida social.
— Su suegra.
— Las reuniones en el trabajo.
— Estar pendiente de los detalles.
— Analizar todas las situaciones.
— El sufrimiento por el poco entusiasmo de los demás.
— La falta de sueño.
— El alcohol.

Sus factores de reparación son ir al monte de excursión los fines de semana, ratos de lecturas cuando termina de trabajar, visitar a un amigo artista para que le cuente sus proyectos, dormir más de ocho horas, rezar un rato por las mañanas… Le explico que debe soltar esas ganas de conectar con todos los miembros de su equipo y de su entorno con esa intensidad.

Cuando tenemos la batería gastada, buscar empatizar con todos puede resultar un ejercicio monstruoso y agotador. Le recomiendo medir, desde la mañana, aquellos momentos o personas que sabe que le van a afectar más para no saturarse tan rápidamente. Por otro lado, hablamos de buscar instantes de pausa mental durante el día y también de hacer respiración profunda o meditación —te hablaré de esto con más detalle al final del libro, en el apartado «Rutinas vitamínicas»—.

Bárbara se siente mala hija porque ha ingresado a su madre —con un alzhéimer galopante— en una residencia. Es soltera y trabaja de secretaria en un despacho de abogados. Ahora lleva la parte administrativa de dos departamentos porque su compañera está de baja. Tiene mucho trabajo a su cargo.

Cada mediodía y cada tarde, al salir de la oficna, acude a visitar a su madre. Los encuentros con ella son duros de gestionar, hay ocasiones que la reconoce; otras la confunde con una hermana suya que falleció de pequeña, y eso la remueve enormemente. En las últimas semanas ha fallado en temas laborales, con errores en los *mails* y las agendas. Sus jefes le han llamado la atención,

—Tengo muchos despistes —reconoce—, no estoy rindiendo bien. Me siento un poco frustrada porque no soy capaz de llevar al día todo lo que me piden.

Está apuntada a clases de Historia, pero ya no acude. Antes hacía planes con amigos los fines de semana; sin embargo, ahora, si no está cuidando de su madre, se siente mal y ha frenado sus escapadas y salidas de ocio.

Los factores de pérdida de batería de Bárbara son:

— Acudir a la residencia.
— Las conversaciones con su madre.
— El estrés del trabajo.

Y sus factores de recarga, sencillamente no existen. ¡Hay que recuperarlos como sea! Si Bárbara es capaz de cuidar su batería, entendiendo su situación personal, sin juzgarse, lo lógico es que su CPF vuelva a funcionar como antes. Es fundamental incluir ejercicio físico que le ayude a mejorar sus conexiones neuronales para volver a realizar sus labores profesionales como antes.

Guillermo está opositando para juez. Lleva tres años estudiando a diario y solo se permite descansar los sábados. Tiene ansiedad y descontrol de impulsos con la comida.

—El viernes pasado me hice una revisión médica —me dice— porque me notaba con taquicardias y el doctor me comentó que debía perder peso. Tengo antecedentes de patología cardiovascular y de diabetes, y me ha puesto a dieta. Sin embargo, llega la noche y no soy capaz de controlarme y me como todo lo que encuentro. Me siento culpable, pero la voluntad que tengo para no salir, estudiar sin parar y concentrarme muchas horas, la pierdo con la comida.

Este caso ejemplifica muy bien lo que les sucede a muchas personas cuando llegan a casa. La batería de Guillermo por la mañana está plena. Comienza a estudiar, y poco a poco, se va desgastando por la concentración que requiere la oposición y por la renuncia a planes —salir a la calle, quedar con amigos y ocio en general—. Solo existe el estudio y eso deriva en el bloqueo del resto de actividades. Al llegar la noche, tiene muy poco porcentaje de batería y busca recargarse con algo dopaminérgico, algo que le añada alegría e ilusión a su día: su cerebro le pide entonces comida. La voluntad que tenía para gestionar el día se pierde a partir de la hora que deja de estudiar.

Mucha gente que está con dietas me dice que tiene tesón para muchas cosas menos para la comida. Si durante la semana Guillermo emplea su CPF para posponer la recompensa —«Estudio sin parar para ser juez en unos años, renunciando a mucha vida personal y de ocio»—, cuando llega la noche y está agotado, esa CPF no tiene batería suficiente para gestionar el impulso por comer. En estos casos —hablo del MIR, el PIR, la tesis doctoral o meses de mucho enfoque en el estudio o, por supuesto, el trabajo— hay que buscar huecos a lo largo de la jornada o de la semana para poder recargar la batería con actividades distintas.

He acompañado a muchos pacientes, amigos y familiares en sus oposiciones. Son momentos duros de gran renuncia personal que requieren un contrapeso que ayude a mitigar la tensión constante y el sobreesfuerzo de atención y memoria que exigen estas situaciones.

6. La CPF en la infancia y en la adolescencia

Cuando un bebé nace, su atención —su CPF— se activa ante la luz, el sonido y el movimiento. Ve pasar a su padre, y gira la cabeza; se enciende la tele, y gira la cabeza; escucha el timbre, y gira la cabeza. Lo que esperamos como padres es que nuestros hijos, a medida que se van haciendo mayores, consigan, además, prestar atención a cosas inmóviles, sin luz ni sonido, como leer, comer, escribir, escuchar, hacer deberes… Lo que pretendemos es que libremente canalicen su voluntad. ¿Qué sucede si les damos a los pequeños una *tablet* o un móvil? ¿Qué son estos dispositivos? Luz-sonido-movimiento.

Ya conocemos el funcionamiento del cerebro: *use it or lose it,* o lo usas o lo pierdes. Si empleamos Wikipedia y Google para todas las dudas que nos surjan, el hipocampo irá menguando. Existen estudios impresionantes sobre el tamaño de este en personas que preparan oposiciones. Uno de los más importantes se llevó a cabo en la University College de Londres y lo dirigió la doctora Eleanor Maguire[2] en el año 2000 a un grupo de taxistas de la ciudad. Estos deben aprenderse durante dos años muchos datos sobre las calles de la capital y su ubicación —memoria y orientación espacial— para realizar al final un examen. La investigación mostró que tras este tiempo tenían esta zona de la memoria aumentada. Esto es neuroplasticidad. Debemos decidir a qué queremos prestar atención ya que eso impactará en la anatomía cerebral.

Dar a los pequeños una *tablet* cuando tienen una rabieta, están cansados o queremos que coman tranquilos —y nos dejen tranquilos— hará que respondan como cuando eran bebés, lo que supondrá un retroceso en el desarrollo de su corteza prefrontal. Si tuviéramos que hacer alguna diferencia con lo que ocurría entonces, es que ahora los sonidos son más fuertes y las luces y los movimientos de la pantalla se producen a mayor velocidad. Si permitimos que el cerebro, que necesita aprender a focalizar, esté expuesto a estímulos constantes, perderá el poder de concentración.

UN CEREBRO EN CONSTRUCCIÓN

El verano pasado íbamos en coche por una avenida junto a la playa. De repente, observé a un chico de unos diecisiete años circulando en patinete entre los coches. Perdió el equilibrio y casi se cae, pudiendo incluso haber sido atropellado. Instantes después estaba de nuevo subido a él, sin miedo, sin susto, sin percibir el peligro y jugándose de nuevo la vida. Uno de mis hijos pequeños, de cinco años, me pidió gritando:

—Mamá, ¡dile que tenga cuidado!

En ese instante me salió explicarle que la CPF de ese joven estaba todavía inmadura y que no medía los riesgos, solo buscaba las sensaciones.

—Hay momentos en la vida —le dije— en los que importa más pasarlo bien que las consecuencias que implica eso que quieres disfrutar.

Entender el cerebro en sus diferentes etapas nos ayuda a empatizar, a intervenir y a acompañar de la mejor manera posible. Hace tiempo me comentaban unos chicos de un colegio al que fui a impartir una sesión que, a pesar de que les daban charlas sobre sexualidad, cuando estaban ligando, se les olvidaba todo y no les importaba lo que pudiera ocurrir luego. Es como si se bloquearan y todo lo aprendido no les sirviera de nada.

Durante la adolescencia, el cerebro se expone a cambios importantes, una transición que comienza a los diez años y finaliza en torno a los veinticinco. En esta etapa son muy evidentes lo cambios físicos y psicológicos. El cerebro, de alguna manera, se reorganiza en lo que es un proceso fundamental para llegar al pensamiento analítico de los adultos.

¿Y cuándo nos convertimos en adultos? La respuesta es difícil, pero hay expertos que creen que este paso se produce cuando una persona tiene la madurez suficiente para tomar decisiones y asumir responsabilidades.

No existe un cerebro de niño y uno de adulto. Como dice Peter Jones, profesor de la Universidad de Cambridge, lo que hay es una metamorfosis que va sucediendo a lo largo de treinta años. De hecho, en un estudio en el que participó el CSIC[3] se observó que ciertas áreas cerebrales seguían produciendo neuronas hasta los noventa años. Es decir, aunque existen momentos clave en el desarrollo cerebral, los cambios en realidad continúan sucediendo toda la vida.

Las circunstancias influyen en el proceso madurativo como una vulnerabilidad o una oportunidad de crecimiento.

Los padres asisten asustados desde hace décadas a la temible llegada de la adolescencia: irrespetuosos, rebeldes, irresponsables, con pereza infinita, enganchados al móvil, bebiendo a escondidas, con necesidad de tener la última palabra, parcos en explicaciones. Es un período transcendental que a veces asusta, ya que el cerebro va cambiando y los jóvenes son más impulsivos y corren más riesgos —te recomiendo un libro maravilloso de Daniel J. Siegel, *Tormenta cerebral*, que puede darte mucha luz sobre esta etapa de la vida y cómo comprenderla mejor—. Los beneficios sociales son más importantes que una mala decisión. Desean que sus amigos les valoren y entonces la actitud de chulos o ser los populares —que puede traerles problemas— no importa, lo que importa es cómo les aplauden y validan los demás. En muchas ocasiones ese joven se enfrenta a grandes retos, y su conducta pende de un hilo, de un circuito que está a punto de consolidarse. Durante la adolescencia se elige la imprudencia y sentir emociones intensas más que la seguridad —a diferencia de los padres, que se encuentran en el lado opuesto—. En ese momento el cerebro se puede adaptar al entorno debido a las modificaciones que se van produciendo, conectando las distintas regiones. En esa etapa de la vida, la capacidad de razonar y pensar se va optimizando con gran elasticidad, por lo que aprenden, piensan y socializan con extrema facilidad.

El neurocientífico Jay Giedd, del Departamento de Psiquiatría de la Universidad de California, lleva investigando y analizando décadas el desarrollo del cerebro en niños y adolescentes[4,5]. Una de las observaciones que realizó es que el de un niño a los doce tiene un tamaño y unos pliegues similares a los del adulto, pero en ese momento es cuando empieza a desarrollarse y a cambiar de forma significativa.

Otro estudio de la Universidad de Harvard[6] explicaba que el cerebro evolucionaba de esta manera: las conexiones entre zonas cercanas se iban reduciendo y surgían nuevas redes entre las más separadas.

En el cerebro contamos con una sustancia blanca y una sustancia gris. La primera está compuesta de axones —fibras nerviosas largas—, que están cubiertas de mielina, un material aislante que le da ese toque blanco a la zona a diferencia de la gris, que carece de ella. La segunda contiene los cuerpos celulares de neuronas y las dendritas, y tiene ese color por la ausencia de mielina. La sustancia blanca es la encargada de la transmisión de información entre diferentes áreas del sistema nervioso, y este proceso de mielinización contribuye a incrementar la velocidad de transmisión de la información en hasta cien veces.

Durante la adolescencia se produce un aumento significativo de la sustancia blanca de la CPF y se fortalece la relación entre hipocampo-CPF. También surge un aumento en el tamaño del cuerpo calloso —la zona que conecta ambos hemisferios—. Todo ello desempeña un papel fundamental en el aprendizaje, en la consolidación de nuevos conceptos y en la gestión emocional. Este proceso conlleva una mejora de las funciones cognitivas, ejecutivas y emocionales mientras estas conexiones se fortalecen y se hacen más eficientes.

La mielina está compuesta de grasas y proteínas, y forma una capa aislante alrededor del axón de las neuronas que ayuda a que la información se trasmita rápida y eficazmente a través del sistema nervioso.

En 2004 se realizó una película con mapeo cerebral con conclusiones muy interesantes[7]. Se observó que la sustancia gris aumentaba su volumen en los niños, pero adelgazaba en los adolescentes, desde la parte occipital —detrás— hacia la frontal. La zona occipital termina de madurar en torno a los veinte años mientras que la CPF lo hace a los veinticinco-treinta. No existe un momento concreto, son procesos de maduración. Otras conclusiones son que ese adelgazamiento sucede antes en las chicas que en los chicos y que cuanto más intenso es ese adelgazamiento, mayores son los niveles de inteligencia.

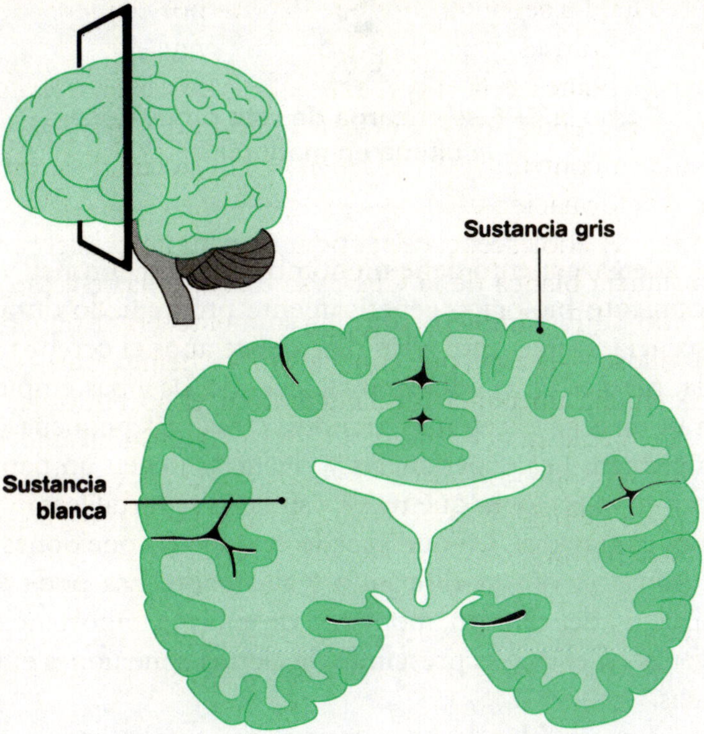

Las chicas maduran antes y sus hormonas están muy vinculadas a la búsqueda de aprobación, de sociabilizar y de vivir rodeadas de un entorno social —sus amigas— con las que pueden compartir horas y horas de su mundo interior. En los chicos, esa parte social está más vinculada al deporte y a la sexualidad. La testosterona desempeña una función importante.

Las sinapsis serán más rápidas gracias a la mielinización —factor esencial para acelerar la comunicación—. De esta manera, el joven mejorará la capacidad cognitiva, el lenguaje y el aprendizaje. Es un período en el que el cerebro posee una enorme neuroplasticidad.

Como la CPF se encarga de este proceso, será la última en madurar.

Ese adelgazamiento tiene un nombre: poda neuronal, y es un procedimiento biológico genéticamente programado durante la adolescencia. De los cero a los diecinueve años el cerebro se desarrolla, pero es en la adolescencia cuando las áreas empiezan a madurar: unas se hacen más grandes, otras más pequeñas, otras se comprimen. Las experiencias y vivencias tienen un papel importante en seleccionar qué redes y sinapsis se fortalecerán y cuáles serán eliminadas. Lo que sucede es que las conexiones entre las neuronas se van modificando y ajustando. Esa poda es una optimización del cerebro, momento de enorme importancia para los jóvenes en el que se prescinde de ciertas conexiones entre las neuronas.

Este proceso (donde unas conexiones se eliminan —se podan— mientras que otras se fortalecen) requiere de mucha energía; es una etapa de la vida en la que es fundamental cuidar el descanso. A pesar de ello, muchos jóvenes carecen de las horas necesarias de sueño para llevar a cabo esta poda tan imprescindible (dedico un capítulo en el libro a este asunto).

A medida que transcurren los años, la poda elimina muchas sinapsis para mejorar la eficiencia del procesamiento cognitivo. El fenómeno es fundamental para el desarrollo y la plasticidad cerebral.

Las tijeras de esa poda son las vivencias, el deporte, los vínculos sociales, la música, la lectura…

Ya sabemos que la CPF es la encargada de la gestión de impulsos, de la toma de decisiones, de medir los riesgos, de planificar, de empatizar y de posponer la recompensa. Esta es la última zona que madura. Ahora entenderás por qué la adolescencia es un momento de enorme lucha entre los sentimientos y la razón, entre la cabeza y la pasión. El cerebro está en plena batalla entre las emociones que brotan y la prudencia que habla bajito, a la vez que el riesgo ha desaparecido de la ecuación. Por eso, uno pasa de la euforia y el desenfreno a la tristeza y la melancolía.

Vamos a desgranar esta ecuación en dos partes. Por un lado tenemos el sistema límbico, y por otro, la CPF, que ahora no tiene una conexión fuerte.

— El sistema límbico que regula las emociones y tiene en estos momentos una sensibilidad inmensa. La amígdala, encargada de la rabia, responde con enfados y gritos. Esta zona está influida por las hormonas (esa tormenta cerebral de la que habla Daniel Siegel) de testosterona, estrógenos y progesterona que se encargan de la maduración sexual y cerebral.
— La CPF sufre cambios significativos durante la adolescencia. Esta zona, como hemos dicho, madura más lentamente.

Hablamos de un momento apasionante y maravilloso de crecimiento y maduración, pero tiene que ser, neurobiológicamente hablando, protegido.

Por lo tanto, tenemos la amígdala *on fire* con una CPF inmadura, lo que favorece los comportamientos impulsivos, apasionados y la imprudencia. La zona que conecta la CPF y el sistema límbico no termina de madurar en la adolescencia. Es decir, la gestión de impulsos, la visión a largo plazo, el control de emociones, etc., se dará un poco más adelante, ya que la maduración no es plena en esta etapa.

Alejandra se ha construido una gran coraza con solo catorce años.

—Mi expareja Ana y yo nos separamos al poco de nacer nuestra hija —me explica su padre, que la acompaña—. Su infancia fue complicada, ya que Ana y yo discutíamos constantemente. Hicimos varios amagos por volver, pero nunca funcionaba, lo que generó mucha inestabilidad en nuestra hija Alejandra. Con ocho años nos dijo que no quería sufrir más pensando que algún día volveríamos a estar juntos porque cada ruptura era un infierno. Nos separamos definitivamente y nos dieron la custodia compartida. Ana comenzó con un comportamiento raro y cayó en una depresión. Bebía mucho y mi hija comenzó a verla borracha a diario. Le dije a mi ex que lo mejor era que no estuviera con ella. Se negó y fuimos a juicio. Desde hace un par de años vive conmigo. Ha comenzado el instituto y la relación es muy difícil, discutimos constantemente, me dice que no la entiendo y en el último mes se ha escapado de casa varias veces.

—Yo no necesito ayuda, la necesitan mis padres, están desequilibrados —afirma Alejandra cuando entra en consulta—. Nunca han madurado y ahora quiero vivir mi vida como ellos la vivieron. Jamás han hablado conmigo ni les he importado, y no pueden pretender que les cuente ahora cómo estoy. He empezado a salir con un chico de veinte años de mi barrio. Te pido, ya que estoy aquí y mi padre a ti sí te va a escuchar, que me permita quedarme a dormir en su casa los fines de semana, no quiero más movidas con ellos. ¡Que me dejen en paz!

Alejandra tiene un apego inseguro y está rabiosa con sus padres. No ha sentido el cuidado y la autoridad en el hogar desde que nació y busca el cariño y la protección fuera. No ha tenido tampoco buena comunicación y ahora mismo no le interesa abrirse con ninguno de ellos. Su gran herida necesita ser sanada, pero se encuentra en una fase de enormes cambios neuronales y hormonales y quiere sentirse querida, gustada, deseada y escuchada por su novio y sus amigos. Todo lo que tenga que ver con límites, horarios y padres la irrita profundamente. No conoce a ninguna persona mayor a la que admirar, y es una superviviente de sus circunstancias. En una ocasión hablamos de traer a su novio a la consulta y aceptó. Conocerlo ha ayudado, ya que él percibe que ella huye de casa y que parte de las decisiones que toma están enfocadas en castigar a sus padres por la infancia que le han hecho pasar. En Alejandra confluyen la inmadurez propia del momento que atraviesa, las heridas sin sanar y haber contado con pocas herramientas de comunicación con las personas mayores.

Un joven que llega a la adolescencia con traumas y sin apegos seguros va a sufrir mucho durante esta etapa. Carecer de mecanismos para expresar sus sentimientos tampoco lo pondrá fácil. En esas situaciones intento buscar un aliado o apoyo en el entorno familiar, en la escuela o en amigos. El novio para Alejandra ha sido su gran apoyo. A él acude cuando colapsa o se siente vulnerable. Él lleva toda la vida yendo a un psicólogo que le ha ayudado —trae su propia historia de dolor—. Quiere apoyar a su chica, pero es consciente de que ella solo busca seguridad en él, y teme que, si alguna vez cortan, Alejandra llegue a hacerse daño; por eso le interesa mucho que recupere algo de relación con su padre o su madre.

En este caso hice una sesión conjunta donde los padres le pidieron perdón por cómo la habían tratado y ella expresó lo abandonada que se había sentido. Se desmoronó y lloró intensamente por primera vez desde hacía muchos años. Todavía hoy seguimos trabajando los lazos familiares, mientras la herida de Alejandra va sanando poco a poco.

POCA LÓGICA Y MUCHA EMOCIÓN

Los jóvenes tienen un mundo sentimental y pasional que se manifiesta con facilidad. Muchas de sus conductas se basan en las emociones en lugar de emplear la razón. Esto es muy importante si pensamos en cómo se inician en esta etapa en el alcohol y las drogas.

El cannabis es la sustancia ilegal más consumida en España[a]. Suelo explicar a los adolescentes con los que hablo que tomar drogas es como cambiar la mielina por plastilina en el cerebro. Es decir, un joven que bebe cantidades inmensas de alcohol y tontea con marihuana u otras drogas está alterando el desarrollo fisiológico de su cerebro. Por otro lado, en la adolescencia existe mayor activación del circuito de recompensa y del núcleo accumbens. Como ya sabemos, este circuito es especialmente intenso ante la liberación de dopamina y muchos buscan el placer a través del riesgo, el sexo, la comida o el consumo de algunas drogas. Hay mayor desarrollo de las vías dopaminérgicas hacia la CPF y eso hace que el cerebro del joven esté más vulnerable ante la novedad. El cerebro responde con fuerza a las recompensas que le llegan. Daniel Siegel explica que el nivel basal de dopamina es menor, pero la liberación a la respuesta a la experiencia es mucho mayor.

Una amígdala hiperactiva, una CPF en construcción y un sistema de recompensa «dopaminado» son ingredientes a tener en cuenta para entender lo que sucede en estas edades.

[a] Según la Encuesta Europea sobre el Consumo de Alcohol y otras Drogas (ESPAD) de 2019, el 41% de los estudiantes de nuestro país consideraba que era muy fácil de conseguir.

La adolescencia es un momento que conlleva una fuerte liberación de dopamina. El riesgo de conductas perjudiciales es muy alto y el secreto es proporcionarles herramientas desde la infancia. Lo esencial ahora es saber que en el cerebro de los adolescentes se está produciendo un enorme desarrollo neuronal, hormonal y emocional. Están sintiendo de manera distinta y el acompañamiento de padres, profesores y mayores es fundamental. Una de las mejores vacunas contra una adolescencia tormentosa es haber fomentado el apego seguro desde la niñez y haber instaurado una comunicación intrafamiliar fluida. Si la niñez fue complicada, la adolescencia puede activar conductas más retadoras.

Como psiquiatra, tengo una visión muy amplia de la juventud, ya que a mi consulta llegan las dudas, las preocupaciones o los trastornos más severos de estos momentos: depresiones, autolesiones, abusos y daños sexuales, ideas autolíticas, problemas de alimentación, consumo de tóxicos… y, por supuesto, acompañados de sus consecuencias. Observo con interés y delicadeza cómo sienten, piensan y experimentan. Cómo escuchan y cómo no escuchan nada. Aquellos que tuvieron desde pequeños un buen canal de comunicación con algún adulto cercano son capaces de gestionar mejor los retos propios de esta etapa. Cuando hablo de un adulto cercano, me refiero a padres, desde luego, pero también a abuelos, tíos o un buen profesor que sepa orientarlos.

Es importante saber que, a pesar de que buscan experimentar con amigos, necesitan a sus padres. Hay que confiar —no sin riesgo en ocasiones— a la vez que les protegemos de amenazas que sus CPF no perciben. Recordemos que muchos problemas de salud mental comienzan en la adolescencia por genética, traumas sin resolver, consumo de tóxicos o pantallas sin control. Ese cerebro puede responder de forma distinta al estrés y a la angustia, y eso desencadenar alguna enfermedad psiquiátrica. Estar pendientes ayuda a prevenir o paliar muchos de los síntomas.

Una nueva investigación[8], en la que han participado varias universidades, todas del Reino Unido, entres ellas la de Bristol y la de Londres, junto con el Servicio Nacional de Salud británico

(NHS), muestra cómo la dependencia al alcohol en la adolescencia aumenta el riesgo de depresión en la edad adulta temprana.

Hay algunas herramientas que sirven para unir lazos y mejorar los vínculos entre padres e hijos en esta época tan importante de la vida:

— Cuidar el sueño. Crucial, ya que la mayoría duerme menos de lo que necesita. Toda advertencia es poca. La falta de sueño equivale a una peor madurez y a una mayor impulsividad (dedico un capítulo en el libro a este asunto).
— El deporte. Es imprescindible siempre, pero en la adolescencia previene mucha patología mental, alivia la tensión, mejora la poda neuronal y genera hábitos que frenan conductas perjudiciales. El ejercicio calma la amígdala cuando se apodera de nuestro juicio.
— La música influye en las redes neuronales y mitiga la rabia, la ansiedad y la depresión. Si les gusta tocar algún instrumento, ¡anímales a practicarlo!
— ¡Que bailen! Música con baile es un gran binomio.
— Abrazarles y tocarles. «¡No se dejan!», dicen muchos padres, pero si se logra, es un chute de oxitocina que calma esa amígdala hiperactiva.
— Realizar actividades que requieran contacto con gente. Este es un momento en el que la mente busca ser parte de un grupo. Apuntarse a un equipo de baloncesto, a una asociación de teatro o a un coro pueden ayudar mucho.
— La meditación es otra herramienta poderosa. Es una etapa complicada para frenar, respirar y meditar, y no está en las prioridades de los jóvenes, pero aquellos que lo experimentan, reconocen un cambio sustancial en su día a día.
— El voluntariado es maravilloso durante la juventud.

He tenido la suerte de vivir el voluntariado desde los catorce años en mi propia piel. He estado involucrada en actividades apoyando diferentes proyectos, y es algo que me ha marcado profundamente. He impartido clases en barrios marginales, ayudado a madres solteras, acudido a residencias a acompañar ancianos que estaban solos, me marché al Bronx un verano —experiencia inolvidable y brutal a los veinte años— y mi viaje a Camboya significó un antes y un después.

He recomendado a muchos jóvenes dedicar un poco de su tiempo a hacer algo por los demás y hoy por hoy me siguen sorprendiendo los buenos resultados del voluntariado. Ya hay colegios, institutos y universidades que lo tienen instaurado y poseen una red de solidaridad importante. Cuando esos chicos se marchan o empiezan la actividad, me gusta que me escriban contándome cómo se sienten y en ocasiones les hago escribirse una carta a ellos mismos para que, en las etapas en las que atraviesen una crisis o momento malo, les sirva para recordar una situación que les ayudó e inspiró.

Julio tiene veinte años y un gran vacío existencial.

—Me siento triste, nada me llena, vivo con mi padre que me compra todo lo que quiero, pero al poco de tenerlo se me ocurre otro capricho. Quiero dedicarme a algo que me dé mucho dinero sin trabajar. Odio aburrirme, y los días me parecen eternos. Llevo una temporada enganchado al porno y a los videojuegos, supongo que no me hacen bien, pero es lo único que me entretiene. Creo que me vendría bien hacer algo por los demás porque algunas veces, cuando me siento tan solo, sobre todo los domingos, después de salir los sábados, pienso que no me importaría morirme. No haría nada para quitarme la vida, pero en esos momentos deseo con fuerza que pase un suceso terrible, un terremoto, una bomba..., y morir.

—¿Tiene una depresión? —me pregunta el padre que le acompaña cuando Julio termina de hablar.

—Es más complejo —le respondo—, es un chico en plena fase de cambios neuronales, con un sistema de recompensa muy alterado desde hace años. Hay que introducir componentes sanos para poder paliar ese estado de apatía y desgana.

Julio es un chico caprichoso, enganchado a la dopamina y arrastra una herida dolorosa. Su padre se quedó con la custodia desde niño, ya que su madre tenía una patología mental y trabajaba mucho, cubriendo sus ausencias con cosas materiales. Julio no tiene voluntad, no le gusta el esfuerzo y solo busca recompensas inmediatas. Si juntamos que sus hábitos —sus carreteras— se están especializando en videojuegos y porno, la vida real le resulta completamente aburrida.

En este caso le recomendé hacer voluntariado en una cárcel. En su universidad existía un grupo que iba las mañanas de los sábados y los domingos a una prisión. Al principio no quería, pero un amigo le convenció y se fueron juntos. Me ha dicho en varias ocasiones que esto le cambió la vida: la gente le contaba sus historias y cómo habían llegado hasta allí. Veía sufrimiento, falta de oportunidades y se dio cuenta de lo afortunado que era. A raíz de esta actividad comenzó a involucrarse en otras. Luego fue a una escuela de un barrio pobre de las afueras donde había familias desestructuradas y muchas madres solteras. Les organizaba juegos a los niños y muchos de ellos le llamaban tío Julio. Yo soy la primera que me emociono cuando las personas que conectan con la solidaridad me transmiten sus impresiones. Hacer cosas por los demás, por pequeñas que sean, te cambia la vida. Colaborar en distintas ONG y proyectos solidarios ha significado y me ha marcado mucho. Considero que es uno de los regalos más importantes que podemos darnos a nosotros mismos.

Ginebra tiene diecisiete años y sufre problemas de alimentación severos, anorexia, bulimia, baja autoestima y ataques de ansiedad. Desde los quince ha acudido, sin éxito, a diferentes profesionales y ahora se encuentra en un momento de crisis vital importante.

—Me quiero morir, no me gusta mi cuerpo, me pego atracones de comida, luego vomito y lloro sin cesar. No soy capaz de salir de mi bucle. Vivo obsesionada con las piernas, los brazos, la tripa... y se me junta con que analizo el tipo de todas mis compañeras —reconoce.

Viene de una familia estable, sin grandes problemas psicológicos, pero dos años antes sus amigas empezaron con restricción alimentaria y delgadez y ella entró en el juego. No se lo contó a nadie durante meses, hasta que su madre se dio cuenta de que no comía apenas y que estaba físicamente desmejorada. Pasa las horas comprobando quién está más delgada que ella, en clase, en las redes, y cuando sale de fiesta.

—No sé qué hacer este verano, no quiero ir a la playa y ver a todo el mundo en bikini porque es un factor de riesgo para mí, puedo recaer en los atracones y encerrarme en mi cuarto.

Lo tuve claro: le recomendé marcharse de voluntariado con dos amigas vitamina que la quisieran y la conocieran bien, y encontramos una oportunidad con las hermanas de la Madre Teresa de Calcuta en la India. Le expliqué que las primeras semanas serían durísimas, pero que, poco a poco, iría desprendiéndose de sus miedos y aprendería a valorar lo bueno y conseguiríamos que saliera una mejor versión de ella.

—¡Permítete una oportunidad de salir de ti misma y hacer algo por los demás! —le dije al despedirnos.

Al poco tiempo de estar allí, recibí un correo suyo:

> Querida Marian:
>
> No sabes lo que me ha sucedido. Llegué el primer día y unas niñas indias estaban en la puerta del centro. Extremadamente delgadas, me fijé en sus piernas, estaban más delgadas que yo. Me miraron a los ojos y me pidieron comida. Me puse a llorar, algo hizo clic en mi cabeza y me di cuenta de que tenía que cambiar mi interpretación de la vida. Está siendo muy complicado porque no sé quién soy y me culpo por todo lo que llevo haciendo estos años. He perdido mi adolescencia. Dame herramientas para poder enfocarme lo mejor que pueda.

Ginebra pasó dos meses más en la India. El proceso no fue fácil, ya que arrastraba mucha angustia desde España. Comenzó a comer sin fijarse en que iba recuperando peso, pues entendía que su cabeza le había enfermado profundamente. Empezó a asistir a las oraciones tempranas de las *sisters* en el centro, y ella, que no había experimentado la meditación, notaba paz. Dejaba su mente en calma, en reposo, y agradecía la oportunidad. De hecho, al volver a Madrid, buscó espacios donde lograr esa sensación de quietud de sus madrugones de Calcuta.

Durante la juventud, darse a gente que sufre es un mecanismo impresionante para sentirse bien.

Existen estudios que avalan el darse a los demás como forma de sanarse y sentir un inmenso bienestar. Hoy se sabe que los actos de bondad se vinculan con una disminución del estrés y una activación de los centros de recompensa. Se produce, en términos que ya conoces, una bajada de cortisol, una subida de oxitocina —cuidar a otros— y de dopamina por la sensación de recompensa por el bien hecho. Estos actos influyen en la salud física, mejorando la frecuencia cardíaca, potenciando el sistema inmune y el estado de ánimo.

7. El miedo bloquea tu mente

El organismo posee una herramienta para detectar posibles amenazas: el miedo. Todos hemos pasado por situaciones de estrés, tensión y desafíos. Momentos concretos en los que notamos una sensación física por algo que nos asusta —una araña trepando por el pantalón— o extremos donde vemos nuestra vida comprometida —que nos atraquen, secuestren, nos den un diagnóstico médico fatal…—.

En *Cómo hacer que te pasen cosas buenas* traté largo y tendido acerca del miedo, insistiendo en una noción fundamental sobre la que de nuevo hago referencia en este libro: la mente y el cuerpo no distinguen lo real de lo imaginario. Si, por ejemplo, hemos sido víctimas de un asalto, el mero hecho de regresar días más tarde al lugar donde ocurrió nos hace sentir temor de que se pueda repetir el suceso. El sistema de supervivencia generará unos cambios muy similares a los que sufrimos durante el atraco, como si la situación se volviera a vivir. Es decir, inquietarnos por cosas malas que pudieran ocurrir también genera liberación de cortisol.

Preocuparse no disminuye el miedo ni, por supuesto, los niveles de cortisol; todo lo contrario, incrementa la ansiedad.

El miedo, vital para subsistir, está regulado por una zona del sistema límbico denominada amígdala, esencial en la gestión de emociones y la activación del mecanismo de lucha-huida. Esa zona es donde confluye y se comunica la información sobre los estímulos amenazantes que llega a través de los sentidos. Se encarga de impulsar las reacciones físicas y conductuales al peligro para poder pelear o escapar. Este miedo se acciona incluso antes de que seamos conscientes. La amígdala ayuda a responder de forma rápida, casi medio segundo antes de que nos demos cuenta de la amenaza, lo cual es una ventaja evolutiva, porque nos permite escapar vivos. Este tiempo es muy importante, ya que prepara al organismo para la supervivencia.

El hipocampo —parte también del sistema límbico—, como vimos, es la zona que se encarga de registrar los recuerdos a corto plazo y nos avisa si algo de lo que está cerca de nosotros ha sido peligroso en algún otro momento de la vida. Es decir, si yo sé que con un cuchillo afilado me he cortado en alguna ocasión, cuando necesite coger ese instrumento mi hipocampo que recuerda, me dirá: «Sé prudente para no hacerte daño». Esa relación amígdala-hipocampo funciona de tal manera que cuando llega la advertencia, el cerebro realiza un análisis de lo que está sucediendo y lo compara en su registro mental con otros acontecimientos similares en el pasado y, según ello, responde.

Esta unión entre amígdala e hipocampo es lo que subyace a que nuestros recuerdos tengan un componente emocional. Si te pregunto qué cenaste el año pasado en tu celebración de cumpleaños, hay muchas probabilidades de que no te acuerdes —a menos que seas un forofo de la comida—, pero sí recordarás si fue una buena noche o si tenías alguna preocupación que rondaba tu cabeza o si pasó algo que perturbó tu paz.

El otro protagonista del miedo es la corteza prefrontal. Esta es una herramienta trascendental para gestionarlo. Es la que le dice a la amígdala cómo responder, relajarse, funcionar... Actúa, por ejemplo, de esta manera: «Sé que te da miedo volver a coger el coche tras el golpe de hace unos días, pero tienes que superarlo», «Sé que te da miedo ir en avión porque en las noticias has visto un accidente donde ha fallecido mucha gente, pero la probabilidad de que te pase a ti es muy baja», «Sé que tienes miedo de dejar que tu hijo vaya de excursión por si le pasa algo malo, pero hay que confiar»...

La CPF nos ayuda a ser valientes, a gestionar las emociones, a entender los miedos, a racionalizar los sentimientos y a elegir cómo responder ante ellos. Cuando la relación entre sistema límbico-CPF es pobre, tendemos a ser más emocionales, más impulsivos e irracionales —como ya vimos en el capítulo anterior, el de la adolescencia—. El miedo modifica la corteza prefrontal, en especial el crónico, los traumas y los estados de alerta mantenidos.

La intoxicación de cortisol genera cambios físicos, psicológicos y de conducta. El organismo y la mente se van transformando y comienzan la inflamación de bajo grado, las patologías en el eje intestino-cerebro, en el sistema inmune... lo que da lugar a ansiedad, ataques de pánico, depresión u otros trastornos psiquiátricos. Por lo tanto, muchos de los problemas físicos y psicológicos que estamos viviendo están relacionados con estados de miedos hiperactivados.

La ansiedad se produce cuando la vida gira en torno al miedo y no somos capaces de controlar las emociones.

Una persona que vive situaciones constantes de alerta por temas emocionales, por traumas, por circunstancias duras o fobias sin curar, notará un deterioro en su CPF y le costará más planificar, regular sus impulsos, profundizar en temas complejos o empatizar. El miedo oscurece la mente y hace que perdamos claridad para tomar decisiones.

¿QUÉ PASA CUANDO LA SENSACIÓN DE ALERTA SE CRONIFICA?

Si sufrimos una amenaza, la mente activa mecanismos inconscientes de supervivencia que guían al cuerpo para eludir el peligro. Ante el estrés agudo y puntual, el cerebro intensifica los sentidos y sus funciones para encontrar la solución. Lo preocupante es cuando esa situacion se instala de forma permanente, haciéndonos vivir con un miedo que nos bloquea y nos paraliza. Si ese estrés se cronifica, sucede lo contrario; se empiezan a deteriorar las estructuras y áreas cerebrales y surgen la pérdida de memoria, una menor gestión de los impulsos y una peor respuesta ante un estímulo amenazante. La conexión sistema límbico-CPF deja de funcionar correctamente.

El cerebro está diseñado para responder al estrés de manera puntual, pero se deteriora cuando ese estrés es crónico.

El trastorno de estrés postraumático (TEPT) es una afección que puede desarrollarse en personas que han sufrido situaciones extremas o eventos desgarradores. En ocasiones, son momentos de extrema gravedad —guerra, bombas, abusos sexuales, accidentes importantes, desastres naturales, ahogamientos...—, pero también puede surgir tras alguna experiencia que sea percibida como una amenaza para la supervivencia o la integridad física. Los síntomas incluyen pensamientos intrusivos que no se pueden controlar en forma de pesadillas, imágenes o *flashbacks* sobre lo que sucedió.

Quien padece de TEPT suele evitar personas, lugares o circunstancias que puedan reactivar el trauma. Esto se acompaña de un estado de hiperalerta e irritabilidad que llega a afectar al estado de ánimo, la atención y la concentración. Para que este trastorno se considere como tal, los síntomas deben durar al menos un mes, y el miedo aparecer incluso cuando el estímulo sea nulo. Recuerdo a Alicia, una paciente que sufrió un abuso en un callejón un día mientras volvía a casa. Padeció estados de ansiedad elevados durante muchos años. Fue aliviando su trauma, pero cuando pasaba por una calle estrecha, con poca luz o de noche, se activaban todas sus señales de alerta y en alguna ocasión llegó a sufrir crisis de pánico.

En personas con TEPT se han visto cambios en las estructuras cerebrales involucradas en el procesamiento del miedo. Esto también se ha observado en las que sufren estrés crónico y depresión.

NO OLVIDES

Muchas depresiones provienen de estados de alerta mantenidos.

Vivir con miedo durante años, por lo tanto, puede ser la causa de una depresión. Tras etapas de tensión permanente se producen cambios en el cerebro, razón por la cual estos sujetos tienen más riesgo de recaída, sobre todo si resurge el factor estresante. Las remodelaciones en las áreas cerebrales son estas:

- Una CPF con menor tamaño. Si la corteza está dañada por estados de estrés prolongado, se activan miedos irracionales y, como hemos dicho, se tiene menos capacidad para prestar atención, planificar y tomar decisiones adecuadas. En estos casos existe una peor regulación emocional.
- Un aumento en la actividad de la amígdala. Se pueden sufrir ataques de ansiedad y bloqueos emocionales constantes.

— Una contracción (disminución de volumen) del hipocampo. Los sucesos traumáticos fuertes se relacionan con menos neuronas en esta zona cerebral. De hecho, en muchas ocasiones, individuos que han sufrido traumas severos no recuerdan lo vivido o tienen imágenes sueltas (es un mecanismo cerebral inconsciente para proteger la mente). Esto es algo que se observa con frecuencia en personas que han sufrido traumas, tienen la historia de lo que sucedió borrada o mal dibujada en sus mentes.

El estrés crónico hace que se altere la sustancia gris en el hipocampo, en la CPF y en la amígdala. El cortisol elevado influye en el aprendizaje; esto es importante entenderlo, por ejemplo, en el TDAH. Si uno vive en alerta mantenido, usa su batería mental para la supervivencia y no para aprender y memorizar.

El TDAH es un trastorno real, pero no debemos ni podemos sobrediagnosticar. Por desgracia, se medica a demasiados niños que presentan problemas de atención. Es muy recomendable que los especialistas y terapeutas, antes de introducir diagnósticos y fármacos, realicemos una buena historia clínica, detectando si existen factores graves de estrés que puedan estar bloqueando la corteza prefrontal. No quiero decir con esto que cualquier persona con TDAH tenga temas pendientes del pasado, pero sí que cuando esas heridas o situaciones estresantes existen y se tratan, la mente puede salir de su modo alerta para conectar mucho mejor con lo que tiene delante, mejorando también de esos déficits de atención que nos trajeron inicialmente a consulta.

La amígdala activada es el caballo desbocado
y la CPF, el jinete que intenta dominarla.

Belén acaba segundo de bachillerato este curso y está medicada desde hace muchos años para TDAH. Solo le quedan cinco meses para selectividad y no consigue concentrarse.

—Lleva años con la medicación —me dice su padre que acude con ella—. Asegura que no le ayuda, pero nosotros creemos que algo sí le hace.

—Mi sensación es que la cabeza está bloqueada —me contesta Belén al consultarle yo sobre ello—. Creo que necesito más dosis, porque así no voy a poder sacar la nota que quiero para entrar en enfermería.

Durante la sesión, y ya a solas, le pregunto desde cuándo cree que tiene estos síntomas.

—De niña me encantaba leer, pasaba horas metida en las páginas de los libros de casa de mi abuelo. Ahora no soy capaz de acabar una novela.

Le pregunto después por el uso del móvil.

—Me aturde un montón, lo uso poco porque me genera ansiedad e intento no estar mucho conectada.

Hablamos sobre su infancia, ya que, en ocasiones, temas que no identificamos como problemáticos alteran nuestra capacidad de prestar atención.

—¿Te recuerdas feliz?, ¿pasó algo en la familia?, ¿te sentías querida en el colegio?

—Nunca lo he contado. —En ese momento noto que se le empañan los ojos—. De pequeña, el hermano mayor de mi padre, a veces, cuando íbamos a su casa, me llevaba a su cuarto y...

No es capaz de seguir. Belén tiene una herida inmensa. Jamás ha compartido con nadie su dolor y su abuso, ya que su tío era el director general de la empresa familiar, jefe directo de su padre, y la amenazaba.

—Si se lo cuentas a tu padre, no le pagaré este mes —le aseguraba.

Esto duró un par de años hasta que consiguió evitarle al máximo. Ella lleva esta herida en el corazón y la ha vivido con miedo y completamente sola, lo que ha derivado en un estado de alerta mantenido.

Belén tiene bloqueada su CPF desde hace mucho tiempo. Hay que ayudarla a sanar, hicimos EMDR, identificamos sus factores de estrés y esto contribuye a confiar en sí misma.

Cuando vuelve a consulta, me dice que, poquito a poco, se nota distinta —¡vuelve a leer!— y puede relajarse. Lo interesante es que durante una semana de vacaciones se quedó sin su medicación y no tomó nada. Según me cuenta, en las clases fue percibiendo progresivamente mejoría:

—Marian, me entero más de lo que leo y logro estudiar, ¡no puedo creerlo!

He tratado muchos casos similares al de Belén. El abuso ha estado, por desgracia, muy presente en mi consulta. Cualquier tipo de abuso, pero muy especialmente el sexual, cambia el sistema de alerta del cerebro, y cuando no es sanado genera un estado de estrés mantenido, afectando a la CPF. Es una de las razones por las que reparar los traumas es tan importante en la vida.

En terapia he visto chicos diagnosticados de TDAH. En algunas ocasiones e indagando en su infancia, traen heridas, situaciones dolorosas, traumas, sentimientos inmensos de soledad y tienen activado su sistema de supervivencia, lo que les impide que su CPF funcione y se desarrolle como debería.

Pepa trabaja en una clínica veterinaria. Siempre había sido una persona alegre, pero desde hace unos meses sufre de ansiedad e insomnio.

—Nunca he necesitado un psicólogo y tengo la suerte de tener una familia que me quiere mucho —me dice—, pero desde el accidente estoy mal. Una noche volvíamos varios amigos en coche de las fiestas de un pueblo cercano al mío. Era tarde y el que conducía había bebido bastante y noté que iba rápido. No recuerdo exactamente qué sucedió, solo que salimos disparados de la carretera. Cuando quise darme cuenta, tenía sangre por toda la cara, no sentía el brazo derecho y veía los cuerpos de mis amigos que no respondían. Intentaba gritar, pero la voz no me salía. No ha fallecido ninguno, aunque el copiloto ha estado muy grave en la UCI varias semanas y yo tengo lesiones todavía sin terminar de curar. Ahora me da miedo todo: salir, el coche, la oscuridad... Pensé que en el trabajo me distraería, pero al contrario, soy incapaz de concentrarme y la semana pasada hablé con mi jefe para pedirle unos días para recuperarme.

El glutamato, como ya hemos visto, tiene una función importante en el aprendizaje y en la memoria. Influye en la comunicación entre las neuronas y ayuda a controlar el miedo y la ansiedad. Esta sustancia interviene en la conducta, en los procesos cognitivos y en la respuesta del cuerpo frente al estrés.

Hace más de una década, investigadores de la Universidad de Búfalo observaron[9] que el estrés mantenido dañaba la expresión del receptor de glutamato y de la función de la CPF, provocando deterioro cognitivo. Se dieron cuenta de que la pérdida de receptores estaba vinculada con las consecuencias que el estrés prolongado producía y tenía una función fundamental en los trastornos mentales, la ansiedad, la depresión, la psicosis y la esquizofrenia.

Años después, fue publicado otro trabajo[10] en el que se decía que en personas con estrés crónico existía una disminución de los receptores de glutamato. Estos estudios abren las puertas a nuevas dianas terapéuticas para ayudar a pacientes con sintomatología psiquiátrica sin resolver.

EL MIEDO PUEDE SER EMOCIONAL

Ya hemos entendido el miedo fisiológico, ahora pasaremos a analizar el emocional. Como psiquiatra, he insistido en muchas ocasiones en que no podemos perder la perspectiva neurobiológica —la física— y la emocional —la psicológica—, pues ambas están unidas. No se deben tratar los miedos y la ansiedad únicamente desde la medicación y la farmacología. Esta última es un apoyo, la grúa para salir del agujero, pero es fundamental comprender el componente emocional, ya que es este el que nos puede sanar de forma profunda.

El miedo es una emoción que nos perturba
y nos quita la paz.

He dedicado los dos libros anteriores y muchos *podcasts* a tratar los miedos y no deseo volver a repetirme, pero sí quiero antes de continuar dejarte unas pinceladas de los más frecuentes y de su repercusión en la conducta:

Miedo a causar decepción

Proviene de una infancia caracterizada por conflictos y, por lo tanto, uno no quiere causar problemas ni enfrentamientos. Quien lo sufre es excesivamente complaciente y es capaz de aceptar situaciones injustas para ganarse la confianza o el cariño de los demás, de pasar por cosas por las que no debe con tal de no llevar la contraria.

Miedo a perder el control

Son personas que tienden a ser posesivas y perfeccionistas, siempre llevan el freno de mano puesto. Suelen tener una historia en la que les hicieron daño y no quieren volver a ponerse en una situación de vulnerabilidad. Dejan de confiar y solo desean controlar. Ese estado de alerta les impide disfrutar plenamente de las alegrías o los logros.

Miedo a no ser perfecto

El perfeccionista es el eterno insatisfecho, y esta característica se potencia desde las redes sociales —son un espejo en el que nos inducen a que nos miremos para compararnos, para equipararnos—. Nos recuerdan que no somos suficientes y nos producen un carácter inseguro y, a la larga, un estado de vacío.

El miedo puede originarse por odiosas comparaciones en la infancia, lo que lleva a buscar en el presente metas inalcanzables para intentar que esto no vuelva a suceder. Obliga a ser fuerte y a no mostrar debilidad. Uno acaba creyendo que, o todo lo hace bien, o no le van a aceptar y validar.

Miedo a sufrir

La vida es una gran batalla, no conozco a nadie que no esté librando alguna. Las personas que pasan por estos miedos han sufrido de pequeños o han visto sufrir mucho a otros. ¿Qué sucede? Cuando alguien no quiere pasarlo mal, busca vías de escape. Si uno quiere evitar sentirse solo, se evade en redes sociales. Si uno quiere evitar el sufrimiento, se atiborra de placeres fáciles e inmediatos como la comida rápida, el alcohol o las drogas. Lo hemos visto en el capítulo dedicado a la dopamina, uno se convierte en una persona incapaz de tolerar cualquier tipo de molestia.

Miedo a que no me quieran

Esto proviene de una niñez en la que existió abandono, rechazo o humillación. Esa persona sufre dolor social, puede sentirse excluida y eso tiene un impacto importante en su identidad. Algunas buscan ser el centro de atención para sentir que los demás perciben algo interesante y para no sentirse de menos.

Miedo a la enfermedad

Surge de historias en las que uno ha visto dolor o enfermedades en el entorno. Se acaba convirtiendo en una persona hipocondríaca que encuentra síntomas y posibles patologías por doquier.

Miedo a no ser importante

Busca complacer a todos y manipula mucho cómo cuenta sus vivencias, haciendo uso de prácticas como el *name-dropping* —referirse a personas conocidas, famosas o relevantes para generar interés—. Se hace el fuerte y suele tener una coraza para evitar sufrir. Puede desarrollar rasgos narcisistas de personalidad y habla de sus éxitos y logros con mucha intensidad. Después de detallar algunos los principales miedos que existen, y antes de ver el que tú podrías sufrir, analiza cómo eres respondiendo a estas preguntas:

— ¿Eres de los que no se fía de nadie?
— ¿Te cuesta abrirte?
— ¿Te cuesta decir no?
— ¿Necesitas gustarle a todo el mundo?
— ¿No soportas el conflicto?
— ¿Necesitas generar conflicto?
— ¿Te avergüenzas de cómo eres?
— ¿Exageras para hacerte el interesante?
— ¿Presumes de tus logros?
— ¿Te cuesta pedir ayuda?
— ¿Te enfadas con facilidad?
— ¿Eres posesivo?

Como verás, todas estas cuestiones se contestan con la palabra miedo:

— ¿Eres de los que no se fía de nadie? Miedo a que te fallen.
— ¿Te cuesta abrirte? Miedo a que no te entiendan.
— ¿Te cuesta decir no? Miedo a que te abandonen.
— ¿Necesitas gustarle a todo el mundo? Miedo a que no te acepten y a ser apartado.
— ¿No soportas el conflicto? Miedo al enfrentamiento.
— ¿Necesitas generar conflicto? Miedo a que el entorno esté demasiado calmado (¡existen personas a las que les cuesta vivir en paz!).
— ¿Te avergüenzas de cómo eres? Miedo a que te conozcan de verdad.
— ¿Exageras para hacerte el interesante? Miedo a no gustar.
— ¿Presumes de tus logros? Miedo a dejar de importar a los demás.
— ¿Te cuesta pedir ayuda? Miedo a que conozcan tus debilidades.
— ¿Te enfadas con facilidad? Miedo a sentir paz interior.
— ¿Eres posesivo? Miedo a quedarte solo.

El miedo es un látigo que se instala en nuestro interior y nos golpea y quita la paz. Para acabar con él y no sentir ese bloqueo o esa tensión interna muchas veces evitamos ciertas situaciones. Nos quita capacidad de entendernos y nos coloca en un lugar en el que buscamos la protección y la supervivencia.

Tras observar y analizar tus miedos, responde con sinceridad:

— ¿Qué tienes miedo a perder?
— ¿Qué quieres evitar comportándote de ese modo?
— ¿De qué te estás defendiendo?
— ¿Qué imagen surge de ti mismo al pensar en el peor escenario?
— ¿Tienes miedo que conozcan tu peor versión y tus fallos y defectos?

> Un sujeto con una personalidad equilibrada tiene los miedos justos. Una persona con heridas sin sanar tiene muchos miedos que le impiden conectar con lo mejor de la vida.

Como he repetido en muchas ocasiones, la felicidad no es lo que nos pasa, sino cómo interpretamos lo que nos pasa. Cuando está activado el miedo, ese estado de hiperalerta te impide que interpretes tu realidad como es. La analizas de forma diferente. Fíjate en estas opciones y constata si es así:

— Ves la realidad como algo sin solución.
— Percibes lo que te sucede como algo categórico e irrevocable.
— Confundes lo importante con lo superficial.
— No sabes dar a las cosas el valor que en verdad tienen.
— No tienes esperanza de que los problemas se vayan a solucionar.
— Sientes que nadie te entiende.
— Piensas que vas a estar siempre solo.
— Interpretas malas intenciones en el entorno.
— Ves la realidad mucho más extrema y polarizada.
— Tiendes a aislarte.
— Tu voz interior es negativa y se apodera de ti.
— Sientes que la gente te trata peor.

Pepa tiene un miedo intenso, fuerte, ha activado su estado de alerta y —meses más tarde— no consigue superarlo: tiene la amígdala hiperactiva, el hipocampo sensible —muchos estímulos le traen la escena a un primer plano de la mente— y la CPF bloqueada, lo que le impide prestar atención y pensar con claridad.

Virginia se nota muy insegura en la vida, no consigue tener amigos y está muy sola.

—Trabajo con mucha gente; sin embargo, no soy capaz de entablar vínculos con nadie. No sé si tengo un problema de mi personalidad, pero me gustaría cambiar.

—¿Tienes miedo a que te conozcan?, ¿a que te juzguen?, ¿a no te acepten? —le voy preguntando, poco a poco, porque intuyo que es probable que esa inseguridad tenga que ver con sus miedos.

—Miedo, no; pánico —me dice mientras las lágrimas empiezan a brotar. Le doy su tiempo para que se exprese con paz.

—No conozco a mi padre, mi madre no supo quién era tampoco. Es alcohólica, ahora está en una residencia porque es incapaz de cuidarse sola. Durante una época de su vida salía, se drogaba y mantenía relaciones sexuales con hombres que le pagaban, aunque en otras ocasiones se burlaban de ella y volvía sin dinero. De ahí nacimos mi hermano y yo. Recuerdo que algunas noches me llevaba a casa de esos tipos y yo me encerraba en el baño y me tapaba los oídos para no escuchar. Un día en el instituto alguien gritó: «Tu madre es una p...». Desde ese momento perdí a todos mis amigos, me quedé sola. Ahora que trabajo en una empresa grande siempre tengo miedo a hacer amigos y que descubran de dónde vengo y me abandonen o vuelvan a gritarme esas palabras. Me debato entre el rencor a mi madre, la rabia contra el instituto y mi personalidad débil.

Virginia tiene un miedo enorme a ser juzgada y humillada. Durante la terapia, hicimos varios EMDR escalofriantes donde lloró intensamente y nos abrazamos al terminar. La soledad y el miedo a que la juzguen han sido sus compañeros de vida siempre. La he incluido en varios grupos: ha empezado a ir a clases de pintura, acude los lunes a unas charlas inspiradoras donde ha comenzado a tratar con gente nueva y en muchas ocasiones la animo a acudir a eventos donde creo que puede encajar. Todos los años, en Navidad, acude a visitar a su madre a la residencia y luego se va sola a casa. Este año, una amiga —¡ella se emociona al decir la palabra amiga!— la ha invitado a pasarla con su familia en el sur. ¡Está feliz!

8. La soledad y su influencia en la salud

Voy a contarte una anécdota que me hizo reflexionar sobre el problema de la soledad. Hace unos años viajé a Colombia para impartir varias conferencias a profesores, alumnos y padres de chicos de distintos colegios. En una de las sesiones pedí a los jóvenes —había más de quinientos en la sala— que escribieran en un papel dudas o sugerencias sobre algún tema que les interesara o les preocupara, y les dije que al finalizar la charla los recogería. Al terminar, me entregaron las hojas y leí por encima las primeras frases: «Me siento solo», «Cómo combatir sentir que no formas parte de ningún grupo», «Mi vía de escape son las redes sociales, tengo varios perfiles para paliar la sensación de soledad», «Nadie me quiere de verdad», «No me siento comprendido»... Por la noche, ya en el hotel, terminé de leerlos todos. Más de la mitad trataba sobre el sentimiento de soledad. Fui consciente en ese preciso momento de que este era un tema primordial del que había que hablar.

Durante los siguientes días de mi estancia en Colombia dediqué en todas las sesiones un apartado a la soledad porque me había dado cuenta de que era una cuestión que afectaba a muchos de los oyentes. En alguna ocasión vislumbré ojos humedecidos por las lágrimas y posteriormente muchas preguntas versaban sobre ello.

—Marian, ¿por qué a veces noto el dolor de la soledad con la misma intensidad que un dolor físico? —me preguntó un muchacho el último día.

—Duele que no te quieran —le respondí.

Hay que hallar maneras de paliar el vacío social, sanar las heridas que impiden conectar de forma sana con los demás y encontrar esas personas vitamina que nos llenan el alma y hacen que nos sintamos acompañados en la vida.

La soledad, esa sensación creciente del ser humano de sentirse solo, es ahora mismo una de mis mayores preocupaciones. Cada vez existen más factores que nos conducen por una pendiente hacia un estado de desierto social donde uno se ve apartado y desconectado de los demás. Piensa si no en el efecto que producen en nosotros la tecnología, la disminución de la natalidad, el envejecimiento de la población, los horarios disparatados, la epidemia de rupturas matrimoniales o lo devastador que fue para muchos vivir aislados por el covid.

Cuando nos sentimos solos, involuntariamente se activa en cada uno el modo alerta, el modo supervivencia. Si te sientes solo o llevas una herida de abandono, entenderás la razón por la cual a veces tu mente y tu atención no funcionan como te gustaría. Pretendo darte alivio a muchas de esas heridas, conscientes o inconscientes, que te impiden disfrutar de forma sana de las relaciones humanas. Ser capaz de diagnosticar, analizar y enfrentarse a ello puede ser el primer paso para paliar esa angustia y sensación de ausencia social. La idea es clara: todos somos más fuertes cuando nos sentimos queridos.

La dopamina que producen las redes sociales, ese subidón de placer instantáneo que nos saca del malestar —de la soledad— en el que nos encontramos, ese *boom* de *likes,* de *stories* y de vídeos nos evade, pero nos dificulta llegar a la soledad buena, a la necesaria para conectar con lo más íntimo de nuestro ser. Si logras todos los días estar a solas contigo mismo, encauzando tus pensamientos e ideas, estás apostando por tu mejoría personal, física y mental.

Un reciente estudio de la Fundación ONCE y Ayuda en Acción[11] arroja cifras espeluznantes: el 26 % de los jóvenes españoles entre dieciséis y veintinueve años sienten soledad no deseada, y casi la mitad de ellos lleva más de tres años en esa situación.

DUELE QUE NO NOS QUIERAN

¿A quién no le ha molestado que un grupo de amigos organice una cena y no ser invitado? ¿Que te humillen? ¿Que te fallen? ¿Que te rechacen? La molestia que sentimos en esos momentos puede definirse como una experiencia emocional desagradable que se origina al creerse poco querido o excluido de algún grupo del que uno desearía formar parte. Al sentirnos solos de manera involuntaria, el cuerpo activa su modo alerta, su modo supervivencia, y ello hace que el organismo y la mente cambien.

Las relaciones sanas alivian la peor de las heridas. Por el contrario, cuando nos sentimos solos durante un período largo de tiempo, esto nos perjudica tanto física como psicológicamente. Se han realizado múltiples investigaciones al respecto. Una de las más interesantes es la liderada por Naomi Eisenberger, de la Universidad de California, quien estudió hace unos años qué sucede en el cerebro cuando uno se siente rechazado o excluido. Descubrió que los efectos del dolor social desde un punto de vista neurológico son similares a aquellos producidos al recibir un dolor físico. Es decir, cuando una persona siente un dolor por herida, lesión o fractura se activa la corteza cingulada anterior —sirve tanto para el control emocional como el cognitivo—. ¡Sentirse rechazado estimula esa misma zona del cerebro!

El dolor social y el físico «duelen» de la misma manera.

El hecho de recordar ese instante de rechazo o exclusión reactiva el circuito cingulado y el cortisol se segrega. Por lo tanto, el dolor físico y social, ambos, son causa de estrés —ya sabemos que mente y cuerpo no distinguen lo real de lo imaginario—. Este descubrimiento y otros similares pueden ser de utilidad en muchos campos. Pienso, por ejemplo, en aquellas personas que sufren de dolor crónico intenso e incapacitante que en muchas ocasiones está ligado al dolor social: les cuesta más salir en grupo y acudir a reuniones.

Hay otros datos importantes: la soledad acompaña a múltiples enfermedades autoinmunes, inflamatorias, crónicas, neurológicas, oncológicas y psiquiátricas, y es un factor de riesgo que incrementa la posibilidad de padecer ansiedad, insomnio… y numerosas dolencias físicas. Pero todavía hay más: las personas socialmente saludables tienen un 50 % menos de probabilidades de morir prematuramente, lo que significa que la soledad está a la altura de otros factores de riesgo más evidentes como son el consumo de alcohol, el tabaco, la obesidad o la falta de ejercicio.

Las relaciones saludables nos protegen;
la soledad nos enferma.

Existe un estudio[12] que relaciona la soledad y la depresión con el deterioro cognitivo. En Harvard, se realizó un ensayo con setenta y nueve adultos sanos. A cada uno de ellos se le hicieron tres preguntas sobre su sentimiento de soledad y fueron medidos los niveles de amiloides en su cerebro —la presencia de amiloide está considerada como un indicativo fundamental en la enfermedad de Alzheimer—. Los resultados mostraron una asociación entre carga amiloide alta y soledad —sentirse solos puede tener relación causal con la demencia—.

Otra investigación llevada a cabo por el mismo equipo sobre los procesos mentales para elaborar información les llevó doce años y su conclusión fue clara: la depresión y la soledad están íntimamente relacionadas. Si la depresión que se padece es grave, el peligro de desarrollar una enfermedad neurológica es mayor. Más recientemente, se ha visto[13] que existe un vínculo entre la soledad y la demencia vascular, el alzhéimer y otros tipos de deterioro cognitivo.

En mi primer libro cité al doctor Robert Waldinger. Es el actual director del Harvard Study of Adult Development, desde donde ha realizado el trabajo longitudinal más importante sobre felicidad, bienestar y envejecimiento. Comenzó en 1938 midiendo múltiples variables en voluntarios de diferentes condiciones sociales, económicas y culturales para predecir qué ayudaba a envejecer mejor y de la forma más saludable posible. Y las conclusiones a las que ha llegado son claras: la soledad nos deteriora física, emocional y cognitivamente. Sentirse solo altera la capacidad de conectar de manera sana con el presente. No pensamos, no decidimos, no planificamos de un modo adecuado. Por eso insisto en concienciar, en generar debates, congresos y sesiones sobre cómo paliar ese problema tan terrible que se ha instalado en el siglo XXI.

Sentirse acompañado y aceptado mejora la autoestima, la seguridad en uno mismo y la capacidad de tomar decisiones de forma adecuada.

AISLAMIENTO BUSCADO, AISLAMIENTO IMPUESTO

Me duele la soledad a la que está expuesta un porcentaje alto de la población. En su libro *Los orígenes del totalitarismo* (1951), la filósofa Hannah Arendt decía que una experiencia como la soledad, que antaño se sufría bajo ciertas situaciones sociales como la vejez, se había convertido en una vivencia cotidiana creciente. Esto fue escrito hace más de setenta años, y lo que intuía la pensadora no ha hecho más que incrementarse.

La soledad se presenta de diferentes maneras y con distintos matices en los seres humanos. No es lo mismo soledad que aislamiento. Este último es mantener un contacto nulo o casi nulo con otros, por lo tanto, es un estado objetivo. La soledad, en cambio, es un estado emocional subjetivo, derivado de no ser capaz de encontrar o mantener las relaciones personales que uno desearía. Y digo que es subjetiva, ya que no depende de tener o no un círculo correcto y sano de amistades, sino que proviene de un desequilibrio entre lo que nos gustaría tener y lo que en realidad tenemos. El problema surge cuando vives en un estado de soledad indeseada. Si mientras lees estas páginas te detienes un instante y piensas en algún momento en el que te hayas sentido solo de verdad, con una enorme sensación de vacío, sabes a qué me refiero. Es no tener nadie a quien agarrarte cuando lo necesitas, ¡y todos tenemos cierto miedo a la soledad impuesta!

Hay personas que cuentan con una red social y familiar buena, y a pesar de ello no saben conectar emocionalmente y sienten esa punzada de vacío en muchas ocasiones. Otras notan que les falta algo o alguien especial. Otras sufren al tener que enfrentarse a conflictos con su entorno de forma frecuente. Cada caso es un mundo. A veces lo que existe de origen es una herida interior no sanada en la que se activó un estado de hipervigilancia. Puede ocurrir que un ser querido les fallase y apareciera la desconfianza en las relaciones humanas, o que tras una traición surgiera el miedo a ser engañadas.

La soledad bien elegida puede ser el camino de partida para el autoconocimiento. Cortar con el cúmulo de estímulos externos —donde puede existir un exceso de ruidos emocionales y sociales— ayuda a frenar esa intoxicación de cortisol en la que se encuentra inmersa gran parte de la sociedad. Es difícil profundizar de forma sana en nuestras ilusiones y metas con el bullicioso ruido exterior. A la gente de mi entorno siempre le recomiendo una escapada una vez al año a un lugar retirado y solitario para asentar las bases de los siguientes meses, para realizar un análisis de la situación y ver qué puntos tiene que trabajar más y mejor.

Entrar en el interior, a través del silencio, lleva a procesos de mejora y crecimiento.

La soledad positiva surge cuando buscas el aislamiento, la tranquilidad o el silencio de manera voluntaria para poder analizar mejor tu vida, planificar tu futuro o, simplemente, recuperar fuerzas. No tener gente alrededor en esos casos supone un bálsamo de paz y serenidad. Las personas que saben vivir solas disfrutan de su mundo interior sin la necesidad de la presencia de otros. En estos casos no se sienten solas, ya que cuentan con esa red social a la que acudir para realizar actividades, compartir ilusiones o sentirse acompañadas cuando lo necesitan. Esta soledad consciente puede surgir en un concierto de música clásica, desayunando sin móvil en un parque una mañana de domingo, caminando por un pueblo encantador, observando un atardecer en la orilla del mar, en un museo, en una iglesia... En definitiva, solamente si somos capaces de sumergirnos en la soledad, podremos otorgarle a esta vida, repleta de sinsentidos y contradicciones, un verdadero significado que nos permita convivir en serenidad. Saber estar a solas con uno mismo, desde la parte más consciente y física —la respiración— a la más espiritual y emocional, se convierte en una herramienta maravillosa para sanar, crecer, aclarar ideas o conflictos internos, conectar con lo importante y mejorar el sistema inmune.

Podemos no sentirnos solos dando un paseo por el monte sin ninguna compañía, y en cambio sentirnos terriblemente solos pese a estar en una ciudad rodeados de gente.

¡QUÉ DIFÍCIL ES ESTAR A SOLAS CON LOS PENSAMIENTOS!

Varios investigadores estadounidenses de la Universidad de Virginia tras realizar un estudio[14] concluyeron que algunas personas —¡muchas!— preferían recibir ligeras descargas eléctricas antes que sentir la soledad o el silencio. Te lo explico: este grupo, liderado por el doctor Timothy Wilson, dejó a varios estudiantes en una sala cerrada sin decoración. No tenían que hacer nada, tan solo reflexionar y pensar entre seis y quince minutos. Al terminar, se les cuestionaba sobre su estado anímico y mental. La mayor parte —¡el 83 %!— reconoció que no se sintieron cómodos y que la experiencia les había costado.

Este mismo experimento se realizó después en un entorno familiar: en sus casas. Los voluntarios admitieron que no habían disfrutado de ese momento. Algunos admitieron no haber conseguido quedarse a solas con sus pensamientos en paz y que habían cogido el móvil o algún distractor. Los investigadores fueron modificando los escenarios hasta que llegaron a un punto en el que, en plena soledad sin actividad, les permitían realizarse pequeñas descargas eléctricas si lo deseaban. Un experimento para ver cómo se llevaban con el silencio y la soledad. De primeras, ninguno mostró interés para hacerlo. Los resultados fueron sorprendentes: el 67 % de los hombres y el 25 % de las mujeres se aplicaron ellos mismos la descarga. ¡Preferían la descarga a sentir soledad o silencio!

Sentirse tan incómodos y en malestar a solas con nuestros pensamientos puede tener varias causas. Parar de golpe y toparse con uno mismo y observar el cúmulo de ideas que surgen, los miedos a veces tapados por la hiperactividad y la hiperestimulación a la que estamos sometidos, da vértigo. Quizá, si alguna vez lo has intentado, hayas sentido miedo a encontrarte o a descubrir algo en tu interior que pudiera activar dolor, sufrimiento o ansiedad.

Susana tenía pánico a la enfermedad y a la muerte. Su padre, su tía y su abuelo paternos habían fallecido de una afección neurodegenerativa y le habían recomendado realizarse pruebas genéticas. Había pospuesto la prueba porque no se sentía preparada para ello. Era madre de tres niños, estaba de teleoperadora en una empresa telefónica y su marido llevaba meses con pequeños trabajos —era mecánico—, pero insuficientes para llegar a fin de mes.

Un día, en la compañía en la que trabajaba, invitaron a los empleados a una sesión de relajación —*mindfulness*— con un especialista. Feliz de tener un rato para descansar, acudió sin dudarlo. Cuando llevaba un par de minutos en silencio, comenzó a sentir una enorme angustia. Lo único que le venía a la mente era: «Debes ir al hospital a realizarte los análisis», «estás posponiendo un tema de salud importante», «tienes miedo»... Su mente no la dejaba en paz —¡su amígdala cerebral iba activándose más y más!— y los pensamientos tornaron a qué pasaría si enfermara y quién se encargaría de los niños.

En ese momento se levantó de un brinco. Se sentía mareada, el corazón le latía a mil por hora y la respiración era entrecortada. Dijo a sus compañeros que regresaba a su puesto, que tenía muchos asuntos pendientes que resolver.

Cuando Susana me contó esta experiencia, admitía que le había cogido miedo a parar, a quedarse a solas con ella misma, solo con pensar en esto se angustiaba. Tuve que tratar con ella el miedo a la enfermedad y aliviar el duelo de su familia. Se había echado al hombro demasiada carga y no podía más. Su vía de escape para no pensar era hacer y hacer, no descansar. Me reconoció que se automedicaba con benzodiacepinas para conseguir desconectar a la hora de dormir.

Cuando sufres con tus propios pensamientos, necesitas compartir tiempo con otra persona o bien buscar sustitutos a ese vacío. El mundo tecnológico, la comida y el alcohol son suplentes empleados muchas veces. Se convierten en anestésicos emocionales, en herramientas fáciles para calmar ese enorme pico de cortisol que provocan el abandono, la soledad, la falta de pareja, el rechazo o el mismo duelo.

El miedo a la soledad conduce a una necesidad imperiosa de alejarnos de nosotros mismos.

EL SÍNDROME DE LA VIDA VACÍA

Mucha gente se siente sola a pesar de vivir en compañía. En ocasiones se une a este estado interior de soledad cierta culpabilidad, pues pensamos que no somos queridos por alguna rareza nuestra, porque si vivimos en pareja, con nuestros padres, hermanos o compañeros de piso se supone que no tendríamos que sentirnos así. Pero es un hecho, pese a que no debería ocurrir, que a veces todos padecemos esa sensación, y ha de ser atendida y enfocada correctamente para que no genere efectos adversos en la salud.

Es clave que desaparezcan el estigma y la vergüenza que conlleva la soledad. Se puede conseguir —ya se ha hecho con otro asunto hasta hace poco inconfesable, como es la depresión—.

Aceptar su existencia, reconocer que la gente que la padece sufre mucho y que esas personas tienen que ser atendidas supondría un gran paso en nuestra madurez como individuos y como sociedad. Creo que sería necesario que este tema fuera incluido en el debate social y político como ya ocurre en algunos países. Gobiernos como los de Gran Bretaña, Alemania, Japón, Australia o Nueva Zelanda han creado ministerios dedicados expresamente a tratar este problema como si de una cuestión de Estado se tratara.

Juntos. El poder de la conexión humana es un libro que recomiendo del doctor Vivek H. Murthy. Fue cirujano general de Estados Unidos bajo el mandato de Obama y reelegido a finales de 2020 por el presidente Joe Biden para proseguir en el puesto. Ha tenido que enfrentarse a diferentes retos, pero uno de sus grandes desafíos ha sido afrontar el gran drama de la soledad a la que está sucumbiendo la sociedad. En su libro comparte su visión sobre las relaciones humanas, las distancias, las pantallas, la relación de las adicciones con la soledad y los problemas de polarización tan crecientes. Me impresionó su lectura, ya que expresa desde su lugar como médico con responsabilidad política su preocupación sobre este asunto. El doctor Murthy comenta cómo muchos pacientes padecen lo que él denomina hambre de compañía, esa sensación o estado de falta de alguien que genera un dolor inmenso de vacío social y afectivo.

En bastantes ocasiones, mientras estudiaba la carrera, acudía a la consulta de mi padre a aprender de él. Me encantaba sentarme a su lado y observar cómo trataba a pacientes, cómo les explicaba su situación y cómo luchaba por sacar adelante a cada uno de ellos. Desde joven siempre me sorprendió su enorme interés por lo que denomina la socioterapia —un pilar en el tratamiento—. Se refiere a trabajar las habilidades sociales y en los casos de soledad impuesta se fomenta el círculo de amistades de cada persona para evitar la soledad.

Paola fue una señora que conocí uno de los primeros días que acudí a «mis prácticas» con mi padre. Era viuda y no tenía hijos.

Su vida había estado consagrada a la docencia en una localidad a treinta minutos de su pueblo, en Castilla-La Mancha. Desde la jubilación, se encontraba triste, apagada y decaída. Últimamente el cuerpo le fallaba, le dolían las articulaciones, le costaba moverse y se sentía débil. Muchas mañanas no se levantaba de la cama, y su hermano, médico de familia de una localidad cercana, a pesar de que intentaba aliviar sus dolores físicos, le había sugerido que visitara a un psiquiatra.

Paola había leído algún libro de mi padre y quiso conocerle. Durante aquella sesión, lloró con gran tristeza y desesperanza. Estaba preocupada porque se notaba sin fuerzas y tenía miedo de haber desarrollado alguna enfermedad grave. Mi padre la escuchó con suma atención. En un momento dado, se acercó a ella y le cogió de las manos.

—No tienes una enfermedad grave —le dijo—. Tu problema es que te sientes muy sola. Esto se llama síndrome de la vida vacía porque no realizas actividades que te llenen y te faltan amistades para compartir tu tiempo.

—¿Y cómo lo puedo solucionar? —le preguntó.

Mi padre cogió el teléfono y buscó el número del Ayuntamiento donde vivía. Llamó y solicitó información sobre cursos que realizaran y los anotó en un papel con el nombre del responsable. Paola se marchó esperanzada. Tenía tarea por delante. Al cabo de un mes, cuando regresó a consulta, su mirada desprendía más vida, nos contó que se había apuntado a pintura y que acudía a un pueblo cercano a unas conferencias semanales sobre historia y filosofía, ¡sus grandes pasiones! Había conocido a dos mujeres —una viuda y otra separada— con las que había encajado y ya habían quedado varias veces para hacer planes.

Cada vez existen más voces en el mundo de la psicología y la psiquiatría que hablan de que, junto con la medicación, hay que trabajar la conexión social del paciente como base de su trastorno. De verdad lo creo, es necesaria una humanización del sistema de salud, proponiendo alternativas a la farmacología. La medicación ayuda, pero apoyarse en terapias de grupo, en organizaciones o clubes de lectura, de deporte o de cultura puede significar en muchos casos un punto de inflexión.

EL DOLOR DE SER EXCLUIDO EN LA INFANCIA

Durante la pandemia nos intoxicamos de cortisol y nos prohibieron la oxitocina, o, más bien, las conductas que más la estimulan. ¡Cuántas veces he repetido esta frase! El miedo, la incertidumbre, las muertes activaron nuestro estado de alerta de forma intensa mientras las relaciones humanas se frenaron de manera drástica. A todos nos afectó, pero a los niños más que a nadie. Durante ese tiempo eliminaron sus vías de escape saludables y pasaron cientos de horas delante de una pantalla —con sus sistemas de recompensa modificados—, lo que les perjudicó emocionalmente.

El cerebro en la infancia se encuentra en plena fase de expansión y madurez psicológica, y las relaciones humanas forman parte de los cimientos para la construcción de su personalidad. Sustituir la vida real por la digital les hizo entonces, y les hace hoy, un flaco favor.

Pese a toda la neuroplasticidad y capacidad de adaptación del ser humano, para un menor no estar en contacto con otros niños es tremendamente negativo, pues ellos son los que más precisan las interacciones para sentirse bien. Eliminarlas merma tanto su capacidad física como la mental.

En terapia suelo indagar sobre los momentos traumáticos de la infancia y uno de los puntos en los que insisto es saber si el paciente se sintió rechazado alguna vez, si fue apartado y eso le hizo sufrir. Trato de que recuerde las escenas exactas. Trabajando desde esos momentos y esas emociones dolorosas, intento reparar el daño hecho para mitigar las consecuencias que esto tiene en la edad adulta.

El dolor social puede originarse de diferentes maneras durante la niñez, desde heridas moderadas hasta traumas severos. Cualquier persona que sufre una experiencia desgarradora lleva en su alma una cierta fragilidad en sus futuras relaciones. Un tema de vital importancia es que tras un trauma nunca hay que quedarse solo. Nunca. He repetido esta idea en numerosas ocasiones.

El dolor sufrido en soledad tiene un impacto importante en la vida de quien lo padece.

Así lo demostró un estudio de la doctora Emmy Werner según el cual algunos niños con experiencias traumáticas conseguían superarlas y llevar una vida adulta estable gracias a sus vínculos familiares y sociales. Werner trabajó con unos setecientos recién nacidos en poblaciones pobres de Hawái. El experimento comenzó en 1955 y tardó casi cuarenta años en concluirse. Lo que permitió a un tercio de estos niños superar el determinismo negativo de sus contextos de vida, fue casarse, forjarse una profesión y tener familias sanas, es decir, conseguir un vínculo estable, alguien en quien apoyarse. La doctora Werner describió a este grupo como vulnerable, pero invencible —¡me encanta!—. A la vista de los resultados, la organización Big Brothers Big Sisters of America —el programa de mentores más antiguo de los Estados Unidos— tiene como objetivo reducir la delincuencia infantil emparejando a los niños con problemas con voluntarios que pasan tiempo con ellos y les apoyan hasta que alcanzan la edad adulta. Mi experiencia es esperanzadora; uno puede transformarse en persona vitamina a pesar del trauma sufrido.

Solo un par de puntualizaciones sobre el dolor social, quizá te sientas identificado. Tener esa herida en el corazón altera la corteza prefrontal. Si lo has sufrido, busca apoyo en tu entorno. Si conoces a alguien que lo ha padecido, mantente cerca y disponible; que sienta que puede contar contigo si te necesita.

Como te apuntaba en el capítulo anterior, cuando trataba el tema del miedo, esto es fundamental a la hora de hacer un buen diagnóstico en los niños. Muchos acuden al pediatra, al neurólogo, al psicólogo o al psiquiatra por problemas de atención y son diagnosticados de TDAH. Pero hay que valorar si no tienen síntomas profundos de soledad o de miedos intensos que les puedan estar bloqueando la CPF.

Un niño que sufre *bullying*, se siente solo, ha pasado por un abuso sexual o un duelo importante tiene más riesgo de aislarse y tener una corteza prefrontal que no funcione adecuadamente. Este mensaje sirve tanto a los jóvenes como a los adultos que echan la vista atrás y observan su infancia… y, de repente, las piezas del *puzzle* empiezan a encajar. ¡Cuánta gente me ha dicho en consulta que a los diez años le medicaron por TDAH porque no se concentraba bien y, al profundizar en su historia, esta falta de atención estaba muy relacionada con algún evento emocional o traumático del momento —«Mis padres se separaron», «Mi padre era violento y autoritario», «Descubrí una infidelidad de mi madre que no me dejó que contara», «Vivía con miedo», «Sufrí *bullying* en el colegio», «Mi hermano tenía cáncer y la situación en casa era muy complicada», «Tuve un abuso sexual»…—.

Sentirse solos de forma involuntaria durante mucho tiempo bloquea la corteza prefrontal.

Quiero ponerte algunos ejemplos de dolor social que sirven para adultos que echan la vista atrás y para padres, maestros y sanitarios que tratan con niños.

Sentirse rechazado

El pequeño que se siente rechazado por sus padres, profesores o amigos tendrá con gran probabilidad problemas de autoestima y de seguridad en sí mismo. Dependiendo de cómo canalice esas heridas, desarrollará una coraza, buscará la aprobación de los demás o ansiará sobresalir por encima de todos.

Sentirse abandonado

Los niños precisan del cariño y apoyo de sus progenitores, familiares o amigos para su correcto desarrollo emocional. Los que han vivido con padres ausentes o sin grandes relaciones afectivas acaban siendo adultos con mucha ansiedad e inseguridad.

Sentirse humillado

A nadie le gusta recibir críticas en su vida, a nadie le gusta que le regañen o le llamen la atención en público. Esa humillación puede darse de diferentes maneras.

En un estudio conjunto de las Universidades de California y Sídney observaron que los jugadores de baloncesto que no recibían la pelota y aquellos a los que se la pasaban menos se sentían excluidos. ¡Sí! En sus cerebros se activaba la corteza cingulada anterior, la misma zona que para el dolor físico y el social.

Percibir una exigencia excesiva de los cuidadores

Que te exijan de forma exagerada y te hagan sentir que no estás a la altura de lo que tus padres quieren o de las expectativas que tienen puestas sobre ti causa dolor.

Unos cuidadores o unos profesores duros pueden provocar en el niño una herida emocional. Si eres de aquellos que cree que todo se consigue con esfuerzo, pensarás que a la sociedad de hoy le vendría bien un poco más de disciplina y puede que peques de exigente. Si, por el contrario, viviste un ambiente de tensiones y obligaciones, en el que el deber era la prioridad, entenderás mejor a qué me refiero y serás prudente al ponerte o imponer a los demás metas y objetivos, porque sentirás una punzada de dolor al recordar tu pasado.

Que las personas en las que se confía decepcionen

La traición es un dolor social en toda regla, y cuando te fallan en la infancia, esa herida puede ser difícil de curar, ya que a esa edad a veces no contamos con las herramientas necesarias para sobreponernos. El problema es que puede surgir dentro de nosotros una desconfianza hacia las personas con las que nos topemos y percibamos el mundo como un lugar hostil, donde en cada ocasión alguien querría hacernos daño. Un niño que ha sido traicionado se puede convertir en un adulto profundamente desconfiado, con emociones distantes y frías.

> Lola tenía treinta años cuando la conocí. Llegó a la consulta con un estado de ansiedad elevado y con autolesiones. Su padre era alcohólico y maltrató física y verbalmente a su madre cuando ella era pequeña. Lola salía en su defensa muchas veces, pero entonces era quien recibía los golpes.
>
> El día de su quince cumpleaños, cuando estaba soplando las velas, su padre hombre frío y difícil, le dijo:
>
> —¿Vas a pedir de deseo que yo te quiera?
>
> Un par de horas más tarde se marchaba de casa, abandonando a la familia para irse con otra mujer.

La primera consulta con Lola fue complicada, pues creía que yo le podría fallar si priorizaba a otros pacientes, lo que le haría sentir insignificante. Tenía un problema de desconfianza inmenso y me costó que se abriera y me dejara ayudarla.

No sentirse comprendido

No sentir que las personas que te importan empatizan contigo duele y mucho. Un niño que no es comprendido emocionalmente por sus padres o profesores probablemente acabará reprimiendo sus sentimientos de mayor. Pocas situaciones alivian más que estar cerca de personas que conectan contigo por encima de todo y no te juzgan. Esas son, sin lugar a dudas, personas vitamina. Cuando alguien arrastra esa herida emocional de su infancia, sufrirá en la edad adulta para gestionar sus emociones.

No sentirse escuchado

Esto genera un gran sufrimiento. Esa falta de atención te hace sentir poco importante para los demás. Suele surgir en la infancia, cuando el niño intenta comunicarse con sus padres, expresando un tema emocional o sentimental, y estos evitan contestarle.

A Laura le costaba hablar de sus sentimientos. Al indagar en su historia, me contó que de pequeña le era muy difícil conectar con su madre porque era muy estricta y cualquier conversación con un componente emocional —«Mis amigos no me hacen caso», «me siento sola», «creo que me estoy enamorando...»—, generaba rechazo en ella. Debido a la educación tan rígida que ella había recibido, no permitía que su hija hablara de sentimientos en casa.

—No te imaginas lo que me dolía no sentirme escuchada —admitió al final—. Nunca me dejó expresar lo que realmente sentía. Si mis padres me veían mal o triste, me hacían el vacío; para ellos eso era una debilidad y su teoría era que yo me fortalecería con su comportamiento. En otras ocasiones, si me veían sensible, se volvían agresivos, me gritaban o me insultaban.

El caso de Laura es clave para entender muchos temas en la vida. El dolor social, que se ubica en el circuito cingulado anterior, puede activarse por no sentirse escuchado por las personas del círculo más cercano. Ese dolor tan íntimo nos acerca a nuestra temida soledad, ya que hablar sin ser atendido conduce a la mente a estados de enorme tristeza y vacío.

Comprender es aliviar. Compartiendo cómo funciona el cerebro con padres y educadores, estaremos ayudando a minimizar el daño psicológico en los niños.

ADOLESCENTES: CADA VEZ MÁS SOLOS

A veces, al pensar en la soledad, seguimos visualizando a ese anciano que vive solo, al que ocasionalmente visitan sus familiares —te recomiendo los primeros quince minutos de la película de Pixar, *Up*—. Sin embargo, este es un problema que atañe a distintos ámbitos y que afecta al ser humano desde el comienzo de su existencia hasta la muerte.

En la adolescencia persiste la necesidad de sociabilizar, pero es ahora cuando aparecen, sobre todo fenómenos como el *bullying* o las inseguridades derivadas del desarrollo sexual y los distintos ritmos de maduración de los jóvenes. Esos comportamientos potencian que grupos de chicos o chicas marginen o traten con desprecio a sus víctimas, que sufren hasta tal extremo que se han producido casos de suicidio.

Como hemos visto, esta etapa es un momento de enorme plasticidad neuronal en el que se va construyendo y conformando el cerebro que tendremos en la vida adulta. En pruebas de neuroimagen se observa una mayor actividad en el sistema límbico, zona clave en la gestión emocional. Ahora el riesgo se relativiza —¡la corteza prefrontal todavía está en plena fase de maduración!— y la gratificación instantánea genera mucho placer, modulada por la dopamina. Si en este período añadimos redes sociales y pantallas sin control, corremos riesgos —adicciones, problemas de atención y concentración, etc.—, pero no cabe duda de que uno de los más graves es la soledad.

Recuerda que a esa edad, entre los nueve y los veintimuchos, la mente se va transformando y madurando, pero surge una enorme inseguridad. Si presionamos al adolescente en la búsqueda del cuerpo perfecto, en lograr ser el más atrevido, el que más amigos posee o el que más éxito tiene con chicos o chicas, el resultado puede ser que se quiebre. Por supuesto, que los juegos *online,* el teléfono y las redes sociales usados con mesura no son malos, pero son productos diseñados ex profeso para ser adictivos —te hablaré de ello en profundidad en el siguiente bloque, «Redes y pantallas»—, y el riesgo de que atrapen a un adolescente o a un adulto joven y le aíslen de los demás es muy alto.

Es cierto que la tecnología tiene facetas positivas, pues nos permite contactar con personas con las que de otro modo no sería posible, y es una ventana abierta a la vida en cualquier parte del mundo y una fuente casi inagotable de conocimiento si se utiliza bien. El problema es que la interacción a través de la pantalla crea una sensación de satisfacción similar a los sistemas de recompensa que el amor o la amistad provocan en el cerebro.

El uso constante de las redes sociales y la tecnología, y más en los jóvenes, reduce la calidad emocional del resto de sus conversaciones diarias cuando, por ejemplo, el dispositivo físico se interpone en las cenas o las charlas entre dos o más personas. El *phubbing* es el acto de ignorar a alguien en medio de una conversación para mirar el teléfono móvil, lo que provoca una disminución de la capacidad de empatía. Si unimos pantalla con inseguridad y soledad, nos hallamos ante tres factores que pueden resultar muy perjudiciales para el adolescente.

Nunca hemos estado tan conectados, nunca nos hemos sentido tan solos.

No olvides que internet, las pantallas, las redes, la tecnología son pura sensación, emoción y dopamina. El filósofo y ensayista rumano Horia-Roman Patapievici, intelectual de prestigio, explica cómo el alma se ha vaciado por culpa de sustituir el mundo interior por la tecnología. Encontrar espacios sanos para la soledad voluntaria puede resultar casi imposible en un planeta donde el capitalismo digital nos ofrece sus productos personalizados las veinticuatro horas del día. Ese reposo mental y silencio que nos lleva a plantearnos cuestiones, a pensar, está siendo aniquilado por la hiperestimulación.

Y lo he comentado, el algoritmo de las redes en muchas ocasiones conoce la mente de los jóvenes —realmente la de todos— mejor que ellos mismos; sabe exactamente qué mostrarles para impedir que puedan parar. Ese efecto de emoción constante, la drogodependencia emocional tan bien explicada por el filósofo José Carlos Ruiz, genera un chispazo de dopamina, una búsqueda incesante de sensaciones, y cuando desaparecen, surge el temido vacío.

Por otro lado, sentirse solo está muy estigmatizado en esta sociedad en la que damos, insisto, tanta importancia a la imagen; los jóvenes proyectan en las redes una visión idílica de su presente que les lleva a no reconocer los sentimientos de vacío.

NO OLVIDES

Es importante que venzas el miedo a hablar de la soledad si aparece en tu vida.

Y no solo me refiero a acudir a un profesional. En ocasiones la solución pasa por comentarlo con las personas con las que convives, para que te presten ayuda llegado el caso.

Cuando se da el binomio de vergüenza y culpa, te puedes enfrentar a una situación de riesgo. En ese instante difícil, al sentirte solo, la mente busca vías de escape para evitar el sufrimiento y el dolor y ahí entran las sustancias tóxicas, las adicciones y en los casos más graves el suicidio. No conozco a nadie que haya realizado un intento autolítico que no expresara el sentimiento de soledad.

LA PANDEMIA DE DIVORCIOS

Las infidelidades están a la orden del día, y cuando pregunto las razones del engaño en consulta las respuestas son siempre del mismo del estilo: «En casa no me entienden», «Mi marido ya no me escucha ni me presta atención», «Mi mujer no habla conmigo, solo está pendiente de los hijos», «Me sentía ignorado por mi pareja»… Efectivamente, la base de todo suele ser un sentimiento inmenso de soledad a pesar de estar acompañado.

Un gran porcentaje de la población busca estabilidad en la pareja. Sin embargo, cada vez más se ha incrementado el número de divorcios y separaciones. Abandonar el compromiso de estar juntos es necesario en algunos casos en los que uno de los dos miembros está causando consciente o inconscientemente mucho daño al otro. No obstante, a veces constituye una derrota y un fracaso para ambos. Es la confirmación de que la ilusión que se puso cuando se inició la relación se ha perdido por la rutina, la infidelidad o cualquiera de los infinitos problemas a que nos enfrentamos los casados o comprometidos. Los motivos son múltiples, pero casi siempre una de las dos partes entra en un estado de soledad complicado de gestionar. El duelo tras la separación o el divorcio puede resultar insoportable. Esa tristeza, el vacío que se produce, activa el modo supervivencia y alerta y nos afecta en nuestra vida y, por supuesto, ¡en la corteza prefrontal!

Los sentimientos dentro de una pareja se encuentran en constante movimiento. Existen momentos en los que todo fluye y la sensación de amor y cariño está en primer plano, pero en otros surgen los roces, la distancia, la falta de comunicación y el aislamiento.

Si alguien no quiere sufrir por amor, que se mantenga lejos del enamoramiento. Querer a alguien de forma incondicional implica vértigo, vulnerabilidad y dolor. La decepción es una variable que, en muchas ocasiones, se manifiesta dentro de una relación.

Toda decepción lleva un componente de soledad que entristece el espíritu, con su estado de alerta consiguiente.

La media de duración de los matrimonios en España es de unos dieciséis años; eso supone que muchos adultos se enfrentan con cuarenta y tantos a una ruptura y, por ende, a una nueva vida, solos: alquilar o comprar otra casa, normalmente más pequeña; abandonar a los hijos o tener que compartirlos y explicarles de la forma menos traumática posible la separación de sus padres; enfrentarse a la sensación de vergüenza o fracaso frente a familiares o amigos que muchas veces toman partido por uno u otro, etc. Y todo ello en ocasiones desde un sentimiento de soledad, sin poder compartirlo con nadie.

Frente a esto, no hay soluciones milagrosas. Se puede minimizar el riesgo de que nos ocurra procurando elegir bien a la persona con la que queremos comprometernos y prestando mucha atención a nuestra relación una vez estemos embarcados en ella, pero es un gran reto, porque lo que más influye en la vida son las personas que nos acompañan.

LOS MAYORES, UN GRUPO VULNERABLE

Si hay un colectivo que sufre de manera directa la soledad es el de los ancianos, sobre todo al sobrevivir a los seres queridos o cuando sufren determinadas discapacidades físicas que les limitan el movimiento y, por lo tanto, los aíslan. La modernización acelerada de países como China, Corea del Sur o Taiwán ha incrementado la sensación de desconexión, de no ser capaces de integrarse, lo que a su vez ha disparado las tasas de suicidio en sus mayores. Leí un artículo hace unos años que decía que algunas personas ya jubiladas en Japón delinquían para ir a la cárcel. Allí estaban acompañados de gente de su edad y no se sentían tan solas. En la sociedad occidental tratan de solventarse estos problemas con los servicios sociales, pero está por ver si podrán acompañar y ayudar tan bien como lo hacían las familias extensas del pasado.

Pienso en los ancianos que están o se sienten solos, en las personas viudas, en las que han tenido que irse a vivir a una residencia o en las que cuidan de su pareja enferma, y se me enternece el corazón.

Rosa empezó a ser paciente mía al quedarse viuda. Llevaba con su marido desde los dieciséis años y la soledad y la tristeza se apoderaron de ella cuando faltó. No se podía valer por sí sola, sus hijos vivían fuera y se marchó a una residencia.

Solía visitarme cada dos o tres meses y nuestras conversaciones versaban sobre su juventud al lado de «su José», el único amor de su vida. Me acordé de Rosa al poco de comenzar la pandemia y la llamé.

—Estoy contagiada, supongo que será cuestión de días, pero estoy feliz. En nada vuelvo a encontrarme con José.

No supe más de ella hasta que contacté con un hijo suyo. Efectivamente, había fallecido, pero pensé aliviada que se había marchado de este mundo ilusionada con el reencuentro.

A los mayores les debemos todo, empezando por nuestra existencia, nuestra educación y la propia sociedad que contribuyeron a construir para que la heredáramos nosotros.

El lugar más longevo del mundo está en una isla de Okinawa, en Ogimi. Una de las razones radica en el famoso concepto *ikigai,* expresado por Francesc Miralles y Héctor García de forma preciosa en su libro *Ikigai. Los secretos de Japón para una vida larga y feliz.* Sus habitantes se enfrentan al futuro con un sentido de vida que tiene tanta fuerza que les ayuda a envejecer con salud.

El doctor Craig Willcox describe el caso de Okinawa, donde la peculiar longevidad de la región no solo se debe a su alimentación, también a un sistema social llamado *moai:* una red de apoyo formada por amigos íntimos que se ayudan en temas financieros en caso de necesidad. Sus habitantes son longevos, ¡su vida adquiere un sentido y se sienten acompañados y queridos! Quizá dos de las herramientas imprescindibles para alcanzar la felicidad y el equilibrio necesarios.

En la cultura occidental cumplir años pesa como una losa. Uno ha luchado a los treinta, cuarenta, cincuenta, sesenta... para sacar a la familia y a la sociedad adelante, y llega a los setenta, ochenta, noventa... en ocasiones solo y sin apoyo. Si esto ocurre, es que hay algo que no estamos haciendo bien.

No basta con estar,
hay que saber acompañar.

Entiendo que es difícil mantener el estado de ánimo llegada cierta edad, cuando acucian las enfermedades y, sobre todo si se ha enviudado o se está sin familia cercana. Ahora bien, los mayores cuentan con una ventaja con la que no contamos los que estamos en otras etapas de la vida: han vivido mucho, han conocido a gente, en bastantes casos tienen familia, una, dos o incluso tres generaciones posteriores. A ellos sí, los nuevos medios de comunicación pueden acercarles a esas personas con las que querrían estar o pasar más tiempo y que, por motivos de la propia vida, no pueden visitarles más a menudo. ¡Ahí sí que defiendo el contacto *online* todo lo posible! Por su parte, los mayores no deben caer en el reproche y la queja fácil, sino que tienen que intentar que el tiempo que pasan con los suyos sea agradable.

Otro consejo a los no tan mayores, pero que lo serán en breve: intentemos conservar en lo posible las amistades y contactos que nuestra profesión y vida activa nos hayan generado, fomentando en lo posible *hobbies* o actividades en grupo. Eso nos facilitará mantener una vida social relativamente rica cuando vayamos cumpliendo años. ¡He conocido a tantas personas que tras jubilarse comienzan con una depresión! La soledad, la inactividad, la falta de horario y el cambio de relaciones sociales perturba la salud física y psicológica.

9. Que no te roben el sueño

El sueño es clave para tener una buena salud. Una persona que cumple noventa años ha pasado de media unos treinta y siete durmiendo. Así que si nos pasamos un tercio de la vida haciéndolo, ¡debemos protegerlo y cuidarlo!

Durante mucho tiempo, ¡siglos!, se creyó que mientras dormíamos no sucedía nada. Hoy sabemos que es un estado del cuerpo y de la mente donde se producen cambios bioquímicos importantes, necesarios para el correcto funcionamiento del organismo.

Este tema es apasionante, y quiero recomendarte el libro *La ciencia del buen dormir,* de mi amigo el doctor Javier Albares, especialista en medicina del sueño. Cada vez dormimos menos y peor. La cantidad y la calidad han bajado. Te pongo una fecha: 1879. Con la llegada de la bombilla se rompió el ciclo natural luz-oscuridad. El hombre siempre había estado conectado con la naturaleza. La vida dependía de cuándo salía y de cuándo se ponía el sol. Los ciclos se sincronizaban con la luz, el clima, la oscuridad…, pero la llegada de la bombilla lo cambió todo.

Las pantallas, desde luego, han supuesto otro hito fundamental en el mal cuidado de nuestro dormir. Actualmente, estamos expuestos a mucha más luz, diez veces más que hace cincuenta años. La recomendación de la OMS es la de dormir ocho horas. Sin embargo, más de la mitad de la población mundial duerme bastante menos. Y se cree que en las grandes ciudades una de cada ocho personas padece insomnio crónico. Si tienes problemas para conciliar y/o mantener el sueño tres o más noches a la semana durante tres meses, y repercute en tu funcionamiento diurno, debo decirte que lo padeces.

Los datos en Estados Unidos son alarmantes: el 40 % de los americanos tiene una carencia crónica de sueño, menos de siete horas al día. En Reino Unido los números no son mejores: el 23 % duerme menos de cinco.

El insomnio puede ser consecuencia de trastornos físicos, psicológicos o farmacológicos. Hay medicamentos que alteran la conciliación, otros que activan las pesadillas y otros que generan somnolencia diurna. Las personas con insomnio tienen ondas menos amplias en el sueño no REM profundo y su sueño REM es más fragmentado.

Hay un matiz importante que diferencia el insomnio entre niños y adultos. Un pequeño tiene como síntoma la hiperactividad. En un adulto aparecen el agotamiento y la falta de energía. Los jóvenes, tantas veces medicados para TDAH, precisarían antes de nada comenzar con una buena cura de sueño.

Se sabe que cuando el cerebro pasa unas diecisiete horas sin dormir —una persona que se levanta, por ejemplo, a las seis de la mañana y se acuesta a las once de la noche— se encuentra con las funciones cognitivas mermadas, como si hubiera ingerido alcohol. La doctora Roxanne Prichard, profesora de Neurociencia de la Universidad de St. Thomas, en Minnesota, cuantificó estas cifras. Alguien que lleva despierto dieciocho horas es como si tuviera 0,05 g/l de alcohol en sangre. Si aguantara tres horas más, estaría legalmente borracho.

Si no dormimos bien, la mente pasa al modo amenaza, al modo cortisol, y se bloquea la CPF. Es decir, el insomnio crónico nos conduce a severos problemas de atención. Noches, semanas enteras sin descansar de manera adecuada desembocan en estados de alerta mantenidos con intoxicación de cortisol. Ya conocemos qué puede suceder entonces: hipertensión, problemas cardiovasculares, diabetes, obesidad, ansiedad, tristeza…, y buscamos vías de escape rápidas. Necesitamos dopamina porque, ante esta saturación y esta tensión, el cerebro nos pide azúcar para tener energía. En los niños, esa carencia de sueño provoca problemas para concentrarse y estar en clase de forma adecuada.

LA LUZ QUE IMPIDE EL DESCANSO

El capitalismo y las tecnológicas no piensan en el descanso. Sus ganancias dependen de la cantidad de tiempo que pasamos delante de sus aplicaciones o programas.

El exCEO de Netflix, en unas declaraciones sobre quiénes eran sus competidores directos afirmaba:

—Estamos compitiendo con el sueño.

Es decir, necesitan que no descansemos para poder ganar más dinero. Soy consciente de que cada empresa busca sus beneficios, pero en este libro trato de abrirte los ojos en muchos de los temas importantes que nos acucian ahora mismo para que tú puedas decidir y seleccionar exactamente en qué te quieres enfocar y mejorar.

En varios estudios[15,16] se ha comprobado que las pantallas retrasan el inicio del sueño y la luz de los dispositivos frena la liberación nocturna de melatonina. Por otro lado, las redes sociales, los videojuegos y el porno nos activan emocionalmente, ya que son elementos estresantes e incluso liberan cortisol cuando este apenas debería producirse.

NO OLVIDES

Esta hormona es cíclica, tiene su pico más alto por la mañana y el más bajo por la noche, para que en ese momento, puedas liberar la melatonina.

¿Una llave para encender y apagar el sueño?

El ritmo circadiano depende del núcleo supraquiasmático, que consta de unas veinte mil neuronas. No dura exactamente veinticuatro horas, sino que varía según las personas y las etapas de la vida. En los adultos es de veinticuatro horas y quince minutos y en la adolescencia es de casi veinticinco. Los sincronizadores del este núcleo son:

— La luz y la oscuridad.
— La comida.
— La actividad física.
— La temperatura.
— La melatonina.

Al producirse una cronodisrupción del sueño, se altera el sistema inmnune.

La melatonina es la hormona que regula el ciclo sueño-vigilia y que se sintetiza en la glándula pineal —que depende del núcleo supraquiasmático en el hipotálamo—. Los niveles altos nos inducen al sueño, mientras que la luz inhibe su producción. Una vez comienza el sueño, empieza a disminuir. Cuando por la mañana amanece, se activa el cerebro; por esta razón se recomienda dormir sin luz en el cuarto, para que sus niveles puedan ser lo más óptimos posibles por la noche.

La melatonina avisa:
se ha ido la luz y toca descansar.

Pero no solamente hay variaciones durante el día, también a lo largo de la vida. En la infancia tiene sus valores más altos, va bajando en la adolescencia y a partir de los setenta años disminuye y solo se produce un 10 %. Son muchos los factores que influyen en su liberación: el estrés, la ansiedad, el envejecimiento, la inflamación, algunas enfermedades físicas... Si tenemos problemas de sueño, es importante poder analizar si liberamos melatonina de forma adecuada o si, por el contrario, existen alteraciones y debemos tratarlo. Se sintetiza a partir del triptófano, por lo que una forma de estimular esta sustancia es ingerir productos que lo lleven como los frutos secos, los cereales integrales, el chocolate negro, el pollo, el pavo y los huevos.

Después de saber un poco de esta hormona y de sus beneficios, sería interesante hablar sobre las fases del sueño. Este consta de dos fases, que se repiten en cuatro o cinco ciclos:

— No REM, es la de la reflexión, la que recopila nuevas experiencias y aprendizajes. Esta a su vez consta de tres etapas:
  - Etapa no REM 1. Sueño superficial (5 % del sueño).
  - Etapa no REM 2. Sueño ligero (50 % del sueño).
  - Etapa no REM 3. Sueño profundo (15-20 % del sueño).

— REM. En ella se produce una actividad cerebral importante, afloran recuerdos y experiencias del pasado y del presente. Es la base de la inteligencia emocional. Aquí se trabajan las emociones de forma intensa, y es especialmente activa en las dos últimas horas de la noche. Es ahora cuando se produce el movimiento rápido de ojos (20-25 %).

El sueño no REM filtra las conexiones y promueve las redes neuronales y el sueño REM refuerza las que se quedan.

Durante la etapa no REM 2 o de sueño ligero se reestructura y se consolida la memoria motriz, de la que te hablaré a continuación. En el fondo, es como si mientras durmieras practicaras tus habilidades o tu deporte preferido. Y durante la no REM 3 se activa la labor depurativa del cerebro, lo que se denomina el sistema glinfático.

En la fase REM se sueña. Soñar es maravilloso para el cerebro. Hay personas que sueñan mucho y de forma constante y lo recuerdan cuando se despiertan, y otras que no recuerdan nada de lo que ha sucedido durante la noche. Suelo preguntarlo en consulta, ya que los terapeutas a veces, a través de los sueños, podemos interpretar algunos de los miedos o traumas que existen —las personas de alta sensibilidad suelen soñar más y recordarlo con mayor intensidad—. Los sueños nos ayudan a dar soluciones a problemas y activan la creatividad. En ellos revivimos escenas sin que los neurotransmisores de estrés llenen el cuerpo y, por lo tanto, esas imágenes se consolidan en la mente.

Los recuerdos se van almacenando en diferentes redes neuronales en el cerebro. Se cree que una persona es capaz de reconectar con sus memorias gracias a la fase REM. Con el tiempo, los recuerdos se afianzan en la corteza cerebral y no precisan del hipocampo para ser recuperados.

La memoria se fortalece un 30 % más durante la noche que durante el día. Este proceso sucede, sobre todo en la fase no REM 3.

Es un hecho que cada día dormimos menos y peor. Las causas son múltiples, que se lo digan a nuestro país, que ya hemos dicho que es el mayor consumidor per cápita de benzodiacepinas en el mundo. Dormir poco no solo afecta al aprendizaje, también tiene otras consecuencias. Veamos algunas.

La memoria motriz

La memoria motora es la capacidad del cerebro para recordar movimientos del cuerpo y almacenar habilidades motrices. Está muy relacionada con la coordinación y con cómo aprendemos ciertas destrezas que tienen que ver con los músculos —leer, escribir, ir en bici, esquiar, hacer manualidades, conducir…—. Cuando aprendemos una habilidad motora nueva, el cerebro crea conexiones neuronales específicas —nuevas carreteras— que se consolidan con la repetición de esa práctica. A medida que pasa el tiempo, estas dejan su sello, pues el sueño fortalece esa memoria motriz.

He trabajado, junto con el doctor Albares, en el cuidado de las lesiones de varios deportistas, y una las primeras recomendaciones ha sido un buen tratamiento del sueño. Sabemos que los jugadores —¡y por supuesto cada uno de nosotros!— tras noches de mal dormir tienen más riesgo de sufrir traumatismos o contusiones. La tensión de los ejercicios, de los entrenamientos, del deporte profesional… pasa factura. Un deportista rinde un 20 % menos si ha descansado mal. Sabemos también que si esto sucede, se genera más lactato, peor oxigenación y más CO_2 en sangre. Todo ello baja el rendimiento y aumenta la probabilidad de roturas fibrilares, esguinces, luxaciones, etc.

Según el doctor Albares, la posibilidad de lesión en un deportista que duerme nueve horas es de un 10 %, de un 30 % si duerme ocho y de un 60 % si solo lo hace siete. ¡Son datos a tener muy en cuenta!

¿Engordo si duermo mal?

Dormir poco afecta a las sustancias que regulan el apetito; por lo tanto, si no duermes bien, puede que engordes y no sepas por qué. Ya te he hablado de la grelina y de la leptina. La primera, cuando está alterada, nos hace comer mal. Aumenta con el ayuno. La leptina, en cambio, regula el apetito. En la gente que no duerme mucho se eleva la grelina y disminuye la leptina. Si te sirve como recordatorio: GR-elina —gordo—; leptina —*leptos,* griego, «delgado», por eso se les llama leptosómicos—.

Catarros y vacunas

El sueño refuerza las defensas. Las personas que duermen seis horas enferman de catarro cuatro veces más que los que lo hacen ocho. Recuerda descansar bien el día antes de vacunarte, ya que esto influirá en los anticuerpos que generes.

Gestión emocional

La falta de sueño provoca impaciencia, irritabilidad y mal humor. Cuanta menos paciencia, peor gestión emocional. Como bien dice mi padre, una persona feliz es una persona que tiene buena salud y mala memoria. Dormir es una manera de olvidar, de mandar a la corteza cerebral los recuerdos que se consolidan y eliminar los que no nos aportan. Muchos trastornos psicológicos se asocian a mala calidad del descanso; cuando este mejora muchos síntomas emocionales también lo hacen. Recuerda que la fase 3 del sueño es fundamental para la gestión emocional de la vida. ¡Si cuidas tu descanso, mejorarás en la faceta psicológica!

Las ondas en el cerebro

El sueño requiere de oscilaciones alfa y las neuronas van reduciendo su ritmo para inhibir los estímulos que les llegan y poder descansar. No cerramos los ojos y nos dormimos de golpe. El cerebro silencia áreas progresivamente hasta acabar «apagando» la conciencia y cayendo en los ritmos lentos del cerebro. Cuando más de la mitad de este se encuentra en ritmo delta (1-4 Hz), pasamos al sueño profundo. Estas ondas son muy frecuentes en los niños y van disminuyendo a medida que nos hacemos mayores, y son casi inexistentes al llegar a la vejez.

La pantalla activa los ritmos rápidos, los beta. El estrés también. Si antes de acostarte llamas a tu jefe, a tu suegra, lees un correo que te genera tensión o discutes con tu pareja, cambiarás tus ondas cerebrales y tu bioquímica —cortisol— y tendrás más dificultad para entrar en las ondas lentas del descanso.

Un buen descanso se prepara dos horas antes de ir la cama. Por eso, una correcta transición de actividad a inactividad es fundamental.

Sistema glinfático

Es un mecanismo que se activa durante la fase no REM 3, en el sueño profundo de ondas lentas. Hace poco tiempo se descubrió que mientras dormimos se produce un proceso détox, las neuronas disminuyen su tamaño para que quede más espacio y que el líquido intersticial pueda circular y barrer las toxinas y los deshechos metabólicos al hígado, donde son eliminados. Es una limpieza cerebral en toda regla, que se lleva por delante la proteína beta amiloide, proteína pegajosa cuya acumulación está directamente relacionada con la enfermedad de Alzheimer.

Este sistema se compone de una red de vasos a través de los cuales se produce la limpieza de toxinas. El líquido se genera en las células gliales y hace una función en el cerebro similar a la que hace el sistema linfático en el resto del cuerpo.

Si dormimos mal,
nos quedamos con residuos sin limpiar en el cerebro.

Adolescencia

Ya hemos hablado en páginas anteriores de la neuroplasticidad en los jóvenes y de la gran poda neural que se produce en esa etapa. Es un momento en la vida en que se requiere mucha energía y el descanso es fundamental. Para ese recableado y creación de carreteras es esencial que duerman entre nueve y diez horas al día. Es una necesidad de los adolescentes que tendría que ser innegociable e inculcada desde todas las facetas posibles.

La fase REM en esta etapa es clave, en especial en las dos últimas horas de la noche. Si se quitan, se elimina la consolidación de la memoria y del aprendizaje, se frenan esos momentos fundamentales para la gestión emocional y disminuye la remodelación del cerebro.

Si agotados y saturados, con las preocupaciones propias de la juventud, cogen su dispensador automático de dopamina —su móvil— para navegar por las redes, el cerebro tendrá un serio problema de descanso.

Mucha pantalla, poco sueño, poca CPF, poca atención, peor gestión emocional, más irritabilidad, más crisis de identidad... en definitiva: más ansiedad y más depresión.

Ojos abiertos, mente dormida

Johann Hari, en su libro *El valor de la atención,* entrevistó al doctor Charles Czeisler, de la Escuela de Medicina de Harvard, quien compartió un concepto muy interesante: los parpadeos de atención. Él se dio cuenta de que las personas que padecen de etapas de insomnio crónico pierden la capacidad de dirigir los sentidos hacia un asunto concreto por una razón muy curiosa: hay zonas del cerebro que están despiertas y otras dormidas. Son microsegundos de sueño en los que uno deja de prestar atención. Seguro que te ha sucedido: estás atendiendo en clase, en el trabajo, haciendo la cena y no te estás enterando de lo que está sucediendo a tu alrededor.

El doctor Czeisler lo demostró con unas pruebas tecnológicas avanzadas que rastreaban, por un lado, la dirección de la mirada de los sujetos mientras escaneaba el cerebro para registrar su actividad. Lo que vio fue impactante: en ese microsegundo en que el cerebro está «dormido» con los ojos abiertos, este no es capaz de captar lo que tiene enfrente. Está mirando, pero no atendiendo ni captando.

Es fácil visualizar este problema en las aulas, donde muchos jóvenes físicamente están sentados en clase, sin embargo, tienen zonas del cerebro dormidas. Hay profesores que se desgastan y frustran porque están dando clases a alumnos zombis, despiertos pero dormidos a la vez. Me decía un profesor de secundaria, que lleva más de veinte años de docente, que uno de los mayores retrocesos en el mundo educativo de los últimos tiempos se ha dado a raíz de la llegada de los móviles. Los chicos duermen entre sesenta y noventa minutos menos de lo que deberían y ese agotamiento les pasa factura al día siguiente. Prestan menos atención y tienen menos capacidad de entender lo que les dicen. Este profesor me comentó que había notado una caída severa en el rendimiento académico. ¡Considero que esto es extremadamente importante! Pero no pensemos solo en los jóvenes, también en las personas que conducen agotadas, esos microsegundos pueden resultar fatales.

HERRAMIENTAS PARA DORMIR MEJOR

Hay herramientas que ayudan con los problemas de sueño. Algunas de mis recomendaciones empiezan por «intenta» —uso este verbo porque no siempre es fácil y a veces requiere de esfuerzos inmensos cambiar ciertos hábitos o gestionar circunstancias complejas—. Sé consciente de a qué hora abres los ojos sin ayuda del despertador. Haz el experimento un fin de semana, observa qué te pide el cuerpo sin que una alarma suene. Los despertadores interrumpen las fases del sueño.

- Haz lo posible por tener horarios regulares. Sincronizarlos para que tu vida no sea un *jet lag* constante. Mucha gente sin desplazarse físicamente vive en Europa de lunes a jueves y de viernes a domingo en Nueva York. Esos saltos de horarios alteran los ciclos biológicos.
- Intenta encontrar a lo largo del día instantes de uno o dos minutos para respirar con tranquilidad. En mi caso esto lo realizo en los ratos entre pacientes. Deja la mente volar unos segundos, céntrate en la respiración y de forma consciente suelta lo acumulado y recargarte de energía.
- Cuidado con la pantalla. Existen cada vez más estudios que vinculan su luz con problemas de atención y de sueño. Intenta evitarlas una hora antes de irte a dormir, y si tienes que hacer algo con ellas, que sea con modo noche/nocturno y que el contenido no te sobresalte ni sea demasiado estimulante.
- Usa la cama para dormir. No para trabajar, para comer… Tu cerebro tiene que asociarla con el ritual previo a irte a dormir (quizá leer una novela, hablar con tu pareja…) y luego descansar. Si ves que te metes en la cama y no consigues dormirte, sal, coge un libro, medita, respira… Haz algo que no te agite e intenta volver después.

— Cuidado con el alcohol, aunque sea sedante, no es un hipnótico y es un depresor del sistema nervioso central que empeora la calidad del sueño y dificulta la aparición del sueño REM.
— Acércate a la luz solar. Durante años nos han prevenido tanto acerca de evitar el sol para proteger la piel, que la mayor parte de la población tiene déficit de vitamina D (esta falta está presente en muchas enfermedades crónicas, psiquiátricas y neuroinflamatorias) y alterado el ciclo sueño/vigilia. Lógicamente, hay que cuidarse la piel, pero estar dos horas al día a la luz (un paseo, comer en una terraza...) puede ser muy útil para que el organismo recupere sus ciclos de forma fisiológica
— Abúrrete antes de irte a dormir, sobre todo en épocas en las que notas que estás más alterado o con más problemas de descanso.
— No abuses de las benzodiacepinas, ya que empeoran y reducen la calidad del sueño profundo.
— Por último, intenta reducir tus niveles de cortisol. Se ha visto que los masajes que estimulan el nervio vago pueden bajar el cortisol. Suelo recomendarlo a padres para ayudar a sus hijos a conciliar el sueño.

Diagnostica tu cansancio

Para dormir bien debes llegar descansado a la cama. Pero para ello has de saber distinguir qué tipo de cansancio sufres y qué solución tiene. Te pongo algunos ejemplos:

EL CANSANCIO PUEDE SER	SOLUCIÓN
Físico	**Duerme**
Mental	**Muévete, haz ejercicio**
Por hiperactividad	**Abúrrete**
Por saturación social	**Busca espacios para la soledad**
Por estrés constante	**Medita**
Por exceso de pantallas o redes	**Desconéctate**
Por rutinas y aburrimiento	**Busca *hobbies***
Y si estás cansado de luchar	**Busca un lugar para repararte y sanar tus heridas**
Y si estás cansado de ti mismo	**Haz cosas por los demás**

10. ¿Tienes el cerebro inflamado?

La neuroinflamación es un proceso que afecta íntimamente a la CPF, produciendo fallos en la atención y en la concentración. Se ocasiona cuando el sistema inmune está activado de forma prolongada y daña las neuronas, alterando el funcionamiento cerebral. Esto lleva a un estado inflamatorio y a una degeneración progresiva del sistema nervioso central.

Esta neuroinflamación puede deberse a diversos trastornos que van desde infecciones hasta traumatismos cerebrales, enfermedades autoinmunes, neurológicas y neurodegenerativas —alzhéimer, párkinson…— o tumores.

> En el cerebro no existen los nociceptores —receptores del dolor—; por lo tanto, esta inflamación no causa dolor. Te preguntarás entonces por qué a veces notas dolor de cabeza. La respuesta es que a su alrededor tiene estructuras que sí pueden sentirlo, como son los vasos sanguíneos, las meninges, los tejidos nerviosos y los músculos del cuello.

Además, el proceso inflamatorio[17] avisa de que existe peligro y de que algo malo está en marcha y puede llegar a tener consecuencias graves para las funciones cerebrales. Sucede ante una respuesta inmune fuerte. Los síntomas que aparecen son:

- neblina mental,
- falta de atención,

— pensamiento lento,
— somnolencia,
— tristeza,
— pérdida de concentración,
— falta de energía y de fuerza,
— falta de motivación,
— cansancio crónico,
— irritabilidad,
— pérdida de memoria.

A veces, son rachas breves, pero en otras puedes pasar meses o incluso años padeciendo síntomas de neuroinflamación. Como son frecuentes en la sociedad, en ocasiones tendemos a pasarlos por alto —«¡Todo el mundo está igual!», nos decimos— y resulta difícil abordarlos como se debería. Para mí, en consulta, estas señales son muy relevantes. Si notas que te sucede, es bueno que lo compartas con tu médico para indagar cuál puede ser origen del síntoma y quizá estés a tiempo de frenar el avance de la inflamación.

CONOCE A PERSONAJES DECISIVOS EN ESTE PROCESO

Quiero presentarte un grupo de células que forman parte del sistema nervioso central y que ahora mismo son objeto de estudio y divulgación. Durante mucho tiempo se pensó que las células gliales no tenían gran importancia para el cerebro y que solo servían de relleno entre las neuronas y de soporte estructural —para mantener a estas en su lugar—. Hoy se sabe que la neuroglia es vital para que un cerebro trabaje bien. Las tareas de las células gliales son fundamentales:

— Influyen en la velocidad de transmisión de las señales nerviosas.
— Fabrican factores de crecimiento neuronal.

— Modulan la neurogénesis.
— Realizan la limpieza neuronal a través del sistema glinfático (del que te hablé en el capítulo anterior).
— Mejoran las funciones del cerebro.
— Tienen un papel primordial en la neuroinflamación.

Existen tres tipos de células gliales vinculadas con la neuroinflamación: las microglías, los astrocitos y los oligodendrocitos. Las más importantes son las dos primeras.

Las microglías fueron descubiertas por el español Pío del Río-Hortega hace más de cien años y son inmunológicas, protectoras del cerebro que pueden modificar su comportamiento ante diferentes señales provenientes del entorno celular. Tienen una labor crucial defendiendo el cerebro frene a patógenos y eliminando células dañadas. Pueden funcionar como moléculas proinflamatorias M1 —eliminan algún patógeno o arreglan alguna lesión— o como antiinflamatorias M2 —frenan la inflamación para así volver al equilibrio—. Cuando surge un desequilibrio en las microglías con predominancia M1, la neuroinflamación se activa.

Los astrocitos mantienen la estructura del cerebro y regulan las sinapsis. Participan en la reparación de daños del tejido cerebral, están involucradas en el aporte de nutrientes a la neurona y participan en la formación de la barrera hematoencefálica.

Los oligodendrocitos son las encargadas de la formación de la mielina, la sustancia que recubre el axón, responsable de la transmisión del impulso nervioso.

Una disfunción en las microglías, astrocitos u oligodendrocitos lleva a la inflamación crónica de bajo grado y puede activar enfermedades neurológicas.

Es importante saber que esa neuroinflamación es transitoria o crónica. Si es transitoria, hay que buscar aquello que está causándolo para evitar que se cronifique y consoliden los síntomas. Cuando las células gliales están activadas, se vuelven extremadamente sensibles a cualquier factor proveniente del resto del organismo —infección, estrés, subidas de glucosa fuertes…—.

El doctor Christopher Palmer, psiquiatra de la Universidad de Harvard, expone en su libro *Brain Energy* el vínculo que existe entre la patología psiquiátrica y neurogenerativa y las enfermedades metabólicas. El estrés, el tabaco, ciertos alimentos y estilos de vida, niveles bajos de vitamina D y alteraciones digestivas van acompañados de una respuesta inflamatoria.

Hay una estructura permeable que separa el cerebro del resto del cuerpo y que regula el paso de sustancias desde la sangre hasta él, controlando quién puede entrar y salir. Esta es la barrera hematoencefálica (BHE), fundamental para la homeostasis cerebral, y está formada por células endoteliales y gliales.

Los astrocitos van decidiendo quién entra en ese espacio y quién se queda fuera. Suelen intentar que las sustancias inflamatorias no pasen. Es un proceso similar al que ocurre en el intestino. La barrera intestinal funciona como protector de lo que ingerimos y controla lo que penetra en la sangre. Cuando la barrera se daña, comienzan los síndromes de permeabilidad intestinal, cuadros inflamatorios, colitis ulcerosa… En ocasiones, los sistemas de defensa que nos tienen que proteger se estropean y permiten que entren «cosas» que no deberían. En el caso de la BHE, cuando esta se daña por problemas inflamatorios, las células gliales modifican su función y liberan citoquinas inflamatorias. Todo esto es extremadamente complejo, pero con las nociones que te acabo de dar puedes captar lo importante que es cuidarse para evitar este cuadro tan poco agradable para la mente.

Durante este proceso, las células del sistema inmune que ya conocemos se activan y liberan moléculas inflamatorias —citoquinas e interlucinas—. Estas sustancias afectan al cerebro, a veces protegiéndole —eliminando patógenos y células dañadas— y otras perjudicándole —aumentado la sintomatología neurológica y potenciando enfermedades neuropsiquiátricas—.

DEPRESIÓN, ¿ESTADO INFLAMATORIO?

De 2006 a 2017 las tasas de depresión se incrementaron un 68 % en niños de hasta diecisiete años, y un 49 % en jóvenes de hasta veinticinco. Las causas son multifactoriales, pero muchos especialistas creemos que la neuroinflamación puede ser uno de los motivos.

Cuando me encuentro con pacientes que tienen depresión, fallos de atención y agotamiento que no responden a los antidepresivos convencionales, en ocasiones lo abordo desde un punto de vista inflamatorio. Para ello mido los niveles de marcadores inflamatorios como el IL-6, el TNF-alfa, la PCR, el BDNF, el NGF-beta y la proteína C reactiva —las personas con depresión poseen esta proteína un 50 % más elevada que el resto—. La doctora Cecilia Almuiña, amiga y compañera, me ayuda con muchos pacientes a bajar esos estados neuroinflamatorios.

La inflamación crónica de bajo grado mantenida puede terminar en depresión y psicosis.

Durante los meses que estuve haciendo la residencia en la capital británica tuve la oportunidad de aprender de la mano de un neuropsiquiatra que realizaba pruebas de imagen a muchos pacientes con depresión que no respondían a antidepresivos convencionales. Él detectaba una serie de lesiones pequeñas, «artefactos» —como lo denominaban los técnicos de imagen—, en algunos núcleos cerebrales. «Creo que este cerebro está inflamado», decía. En esa época, hace quince años, la neuroinflamación no tenía la importancia que ahora tiene. Desde entonces me quedé con la idea en la cabeza, y unos años más tardes escuché al doctor Bousoño, en un congreso europeo, abordar la depresión como una enfermedad inflamatoria del cerebro, tema que traté en mi primer libro. Hace unos años varios estudios[18,19] ya avanzaban cómo los antiinflamatorios podían considerarse una diana terapéutica en algunos cuadros depresivos. El libro *La inflamación de la mente,* del doctor Edward Bullmore, aporta grandes ideas sobre ello.

CÓMO EVITAR Y FRENAR LA NEUROINFLAMACIÓN

La neuroinflamación se puede prevenir, se puede frenar y los síntomas pueden mejorar enormemente. Para ello, existen ciertos hábitos que ayudan de manera considerable.

Reducir o suprimir el alcohol

El consumo de alcohol está muy extendido en la sociedad. En muchas ocasiones escucho decir: «A mí no me afecta», pero todos sabemos lo que le sucede al cerebro tras ingerirlo: aturdimiento, falta de lucidez, atontamiento… Las resacas son estados de neuroinflamación transitoria. Si el consumo es crónico, el deterioro mental es inmenso.

Cuando una persona bebe, el alcohol activa las microglías e induce la respuesta inflamatoria del hígado. Si este órgano está afectado, algunas neurotoxinas pueden atravesar la BHE.

NO OLVIDES

El cerebro es hipersensible al alcohol. Si tienes problemas de atención, concentración y falta de energía, despídete de él, al menos durante una temporada.

El alcohol causa inflamación cerebral y es el responsable de diversas patologías —pancreatitis, neuropatías periféricas, daños en el hígado...—. Las ingestas elevadas en poco tiempo en chicos y chicas jóvenes son especialmente preocupantes porque están en un momento importante de su desarrollo y el abuso conduce a la neurotoxicidad y a la alteración de la plasticidad de ciertas zonas cerebrales como la CPF y el hipocampo. También a los hijos de las mujeres que bebieron durante su embarazo les puede afectar el llamado síndrome alcohólico fetal.

Se han realizado estudios con animales simulando un consumo elevado de alcohol y se ha observado en los roedores aumentos de las moléculas proinflamatorias, alteraciones en la formación de la mielina, disfunciones en las sinapsis y bloqueos en el desarrollo de la memoria y del aprendizaje. Por lo tanto, conocemos que el abuso de alcohol es neurotóxico, crea neuroinflamación y activa la respuesta del sistema neuroinmunitario.

Tener una buena alimentación

El exceso de azúcar influye negativamente en la inflamación cerebral, por lo que un cerebro inundado de glucosa es mucho más vulnerable. Los picos de glucosa reiterados incrementan el estrés oxidativo, provocan neuroinflamación y disfunción cognitiva. A este proceso se le empieza a denominar diabetes cerebral o diabetes tipo 3 [20]. De hecho, las personas que sufren diabetes tienen el doble de riesgo de padecer depresión. Tener un exceso de insulina circulante puede activar las células gliales por sí misma.

La CRI —la comida rápida inflamatoria— influye en la salud neurológica. Ingerir esta clase de alimentos a todas horas puede inflamar, por lo que se recomienda el ayuno intermitente a personas con estas patologías. Las dietas altas en grasas y carbohidratos liberan sustancias proinflamatorias desde las células adiposas, generando neuroinflamación. No cuidar la alimentación y algunas dietas —en concreto, la cetogénica— pueden influir en la inflamación cerebral de forma importante. Por otro lado, la buena noticia es que existen alimentos y sustancias protectoras de la barrera hematoencefálica. Entre ellos se encuentran:

— Los flavonoides, presentes en plantas y con propiedades antiinflamatorias y antioxidantes. Están en los cítricos, el té verde, las manzanas, las cebollas (quercetina, rutina, hesperidina), la soja (genisteína), el apio, los pimientos y las zanahorias (luteolina).
— El omega 3. Tiene funciones antiinflamatorias importantes, mejora los síntomas cognitivos y potencia la atención.
— El magnesio. Estudios recientes lo relacionan con una mejoría en los cuadros inflamatorios.

Yo, particularmente, tomo todos los días vitamina D —menos en verano—, omega 3 y magnesio.

Cuidar el sueño

No me cansaré de repetirlo en todo el libro: cuida tu descanso. Sabemos que una persona que pasa horas sin dormir lleva al cerebro a estados similares a haber ingerido alcohol. Alguien que no duerme desarrolla estos síntomas: fallos de atención, problemas de aprendizaje, carencia de energía e ilusión... La falta de sueño activa las células gliales, potenciando la neuroinflamación. Por otro lado, el sistema glinfático —encargado de la limpieza de la «basura neuronal»— no trabaja como debería.

Gestionar el estrés

Llevo años divulgando sobre el estrés y su impacto en la salud física y psicológica. Los estados de alerta mantenidos afectan al organismo y, por supuesto, a la mente. La intoxicación de cortisol inflama, y esa inflamación también llega al cerebro. El Instituto de Psiquiatría del King's College de Londres realizó unos estudios y comprobó que el estrés en la infancia impactaba en la microglía, y que este impacto influía en cómo respondía el sistema inmune al estrés posterior[21]. Ese trauma infantil influye en la manera que tienen el organismo y la mente de gestionar el trauma a lo largo de los años.

NO OLVIDES

Si limitas el estrés, trabajas en tu gestión emocional y sanas las heridas del pasado, estarás protegiendo tu inflamación cerebral.

Realizar ejercicio

El ejercicio mejora la integridad de la barrera hematoencefálica y es una forma maravillosa de disminuir la neuroinflamación. Sin embargo, en ocasiones, algunos ejercicios y deportes paradójicamente la favorecen. Cada persona tiene que ir investigando qué tipo de esfuerzos le convienen y le mejoran. Hay que conseguir que el deporte que hagamos proteja el cerebro. Si percibes que después de la actividad física te notas sobrecargado mentalmente, quizá es que te estás enfocando en algo que no debes. Eso se nota incluso con dolor físico de cabeza cuando se hace un sobreesfuerzo importante al hacer deporte.

Si tienes los síntomas de neuroinflamación, incluye el ejercicio en tu rutina diaria. ¡Notarás cambios en tu mente a los pocos días!

11. A más pantalla, menos CPF

Las pantallas fueron creadas, en principio, para que fuéramos más eficientes y mantuviéramos el contacto con personas lejanas, pero no podemos dejar de lado que, mal utilizadas, constituyen un enemigo de primer orden para la capacidad de sociabilizar. Hoy en día las redes sociales están en manos de magnates cuyo único fin es conseguir captar nuestra atención el mayor tiempo posible. Esto se realiza gracias a grandes avances tecnológicos —algoritmos, notificaciones, manipulación consciente de los niveles de dopamina…—, pero sabemos que cuanta más distracción, más probabilidad tendrá el cerebro de disiparse solo —de desconectar— al realizar otras actividades, especialmente si son menos dopaminérgicas.

Internet está diseñado ahora mismo para aliviarnos y encontrar una fuente constante de sensaciones en un momento en el que queremos sentir de forma intensa, sin cesar. Comprobamos el móvil de manera constante para recibir chutes de dopamina. Como tantas veces, no tiene por qué ser malo, pero es necesario ser conscientes de que nos ocurre.

Esos *likes,* esas horas interminables enganchados a Instagram, WhatsApp o consultando portales de noticias no dejan indemne al cerebro. Cada vez que este percibe que ha recibido un mensaje u otra notificación en una red social, genera microchispazos de dopamina, una sensación de gratificación instantánea. El uso reiterado de ese mecanismo bioquímico produce adicción y, a la larga, contribuye a ocasionar en nosotros una sensación de vacío y soledad. Podríamos resumirlo así: la pantalla te acerca a los lejanos, pero te aleja de los cercanos.

He escrito y hablado mucho sobre el impacto de la tecnología en la mente y en las relaciones humanas. Soy consciente de que el mundo digital tiene ventajas y beneficios. Durante el covid nos salvó y hay que reconocer que habría sido mucho más duro si no hubiéramos contado con el mundo digital como aliado en los momentos difíciles. En mi caso particular, he sido capaz de divulgar y ayudar gracias a las redes. Lo que me preocupa es el uso y abuso que se realiza de los dispositivos.

La pantalla sirve de válvula de escape cuando estamos aburridos o nos sentimos solos o estresados, por lo que acaba atrapándonos. Necesitamos, necesitas, plantearte, desde la sinceridad más plena, qué buscas en la pantalla. ¿Es tu herramienta de comunicación, un medio de información y un instrumento de trabajo o se ha convertido en tu refugio?

CAMBIOS QUE HAN LLEGADO MUY RÁPIDO

El cerebro, la sociedad y el sistema educativo no han sido capaces de procesar con madurez los avances que se han producido y reflexionar sobre todo lo que está sucediendo. Proliferan las adhesiones entusiastas a programas, sistemas, equipos y tecnologías cuya aplicación generalizada solo ha sido analizada de forma superficial. Vamos a remolque de un movimiento en pro de la tecnología y las pantallas, sin conocer los efectos secundarios que estos generan.

Seamos nosotros quienes dominemos la pantalla, no ella a nosotros.

Las redes sociales mal empleadas suponen un robo de tiempo, ¡una pérdida de tiempo! Los momentos que invertimos se los hemos usurpado a la lectura, a contemplar la naturaleza o a la meditación y, sobre todo, a conversaciones y actividades con personas reales y tangibles con las que convivimos y trabajamos, y no con meros perfiles digitales. Lo que hoy en día mueve el mundo es la capacidad de mantener la atención de la gente el mayor número de horas posible en una pantalla. Si te paras a pensarlo, es escalofriante. Nadie parece estar genuinamente preocupado por tu efectividad en el trabajo, por tu relación de pareja, por tu familia, por la calidad de tu sueño, por cómo conectas con tus hijos o cómo cuidas tu salud física y psicológica. En cambio, parece que hay un gran interés por fomentar que nosotros y nuestros hijos mantengamos los ojos pegados a un dispositivo. Por ejemplo, un usuario de Estados Unidos mira su teléfono móvil cada cuatro minutos, y pasa unas seis horas y media frente a la pantalla del teléfono o del ordenador. Esto necesariamente aísla, sobre todo en países con baja densidad de población o cuya sociedad se basa más en el individuo que en estructuras familiares que, lamentablemente, están en crisis. En España dedicamos más de cincuenta y cuatro horas cada mes a alguna aplicación móvil. De ese tiempo, más de sesenta y cuatro minutos los utilizamos a diario para chatear en WhatApp.

¿Cuánta gente —yo misma a veces— no ha cambiado una conversación en familia en la mesa a la hora de cenar por la desconexión y satisfacción instantáneas que ofrece una serie? ¿A quién no le ha pasado estar con amigos disfrutando y en un momento dado desconectar de la conversación para coger el teléfono y chatear con gente que no está presente o empezar a leer notificaciones aleatorias con su consiguiente dosis de dopamina? ¿O estar en la cama un sábado por la mañana y que los niños vengan y uno esté pensando en comprobar algo en el móvil? Además, no hay que perder de vista otro punto muy importante: las redes sociales, queramos o no, golpean la autoestima. Conozco a pocas personas que sean activas en ellas, *influencers* incluidas, que en algún momento no me hayan dicho: «Tanto tiempo en Instagram me afecta», «Estar conectado siempre me debilita»... Y lo contrario: «He estado una temporada alejado de las redes y me ha sentado muy bien». ¡Qué saludable es ese détox digital!

Las redes sociales generan gran cantidad de expectativas que tienen menos que ver con quiénes somos y más con la imagen que los demás perciben de nosotros o cómo interaccionan con nuestras publicaciones.

Si llevamos soledad, pantalla y jóvenes al grado más extremo, nos topamos con los *hikikomoris*. Este término, acuñado en Japón por el psicólogo Tamaki Saito, se refiere a estar recluido o aislado cual ermitaño rodeado de tecnología y pantallas. La imagen —te recomiendo que lo busques en Google— no te dejará indiferente: un chico hiperconectado que ha tomado la decisión de apartarse de la vida social; no conecta ni contacta con nadie más; en ocasiones, no sale de su habitación. En España, por ahora, este fenómeno es menos frecuente y tan solo he tratado dos casos. En ambos fueron los padres quienes acudieron a mí. En el primero, el joven accedió a venir a consulta y pudimos ayudarle a salir de la adicción. El segundo fue más grave, tuve que ir yo a su casa. No me permitía entrar en su cuarto y estuve varias horas hablando a través de la puerta. Es una adicción importante y la persona que la padece no siente que tenga un problema.

Según los datos, en Japón hay casi un millón de personas, sobre todo adolescentes, aislados voluntariamente. Empiezan a surgir en Corea del Sur, Singapur y Gran Bretaña.

Juana, de veintitrés años, estuvo en terapia conmigo cuando era adolescente por bulimia. Se encontraba estable desde hacía años y acudía a revisión de vez en cuando. Está de becaria en un banco y teletrabaja en casa varios días a la semana.

—Me da mucha vergüenza lo que te voy a decir hoy. No me juzgues. He superado mucho en mi vida y no sé cómo he llegado a esto.

En ese momento saca el móvil del bolso y me enseña el número de horas que dedica a Instagram desde hace unos meses. Los sábados y domingos, diecisiete horas de media de consumo diario.

—No sé qué me pasa, me meto y no soy capaz de salir. Conecto con gente, escribo, busco cosas que me gustan. Hace unos días comprobé el tiempo que estaba navegando por redes y me asusté. Necesito que me ayudes. Soy incapaz de disfrutar de otra cosa. Tuve que ir a París por un viaje de trabajo y nos dieron unas horas libres. Los de mi equipo se fueron al Louvre. Yo me quedé fuera haciendo fotos y subiéndolas a internet. No quiero tirar mi vida por la borda, pero no sé salir de esta espiral. Creo que soy adicta.

He de reconocer que tuve que comprobar el teléfono de Juana, ya que pensé que era imposible que alguien pudiera estar tantas horas conectado a una red social. Como verás en las próximas páginas, hay muchas causas que hacen que nos enganchemos a los estímulos dopaminérgicos. Existe el factor aburrimiento, el factor estrés, la necesidad de sentir, las ganas de huir de la soledad, la búsqueda de conocer personas nuevas o pareja, el estar al día de las últimas novedades…

Candy Crush fue un fenómeno fascinante cuando apareció hace ya más de diez años, y hoy sigue siendo un enganche para muchos. Aprovechaba la fragilidad de la mente para crear adicción. Varios pacientes me han reconocido que les calmaba y les ayudaba a gestionar la vida estresada que llevaban. El problema es que la gran mayoría de personas que lo juegan admite que en algún momento ha dejado de controlar el tiempo que emplean, que se les ha ido de las manos y que han pagado por seguir participando y subiendo de niveles.

Ana acude a consulta porque su médico le ha dicho que alguien debe ayudarla a gestionar su vida. El estrés está pudiendo con ella y sufre problemas digestivos en la microbiota.

Trabaja de directiva en una multinacional y debe viajar fuera del país varios días a la semana. Vive con su pareja y tienen dos perros.

—Al terminar una reunión intensa, me pongo el cronometro con diez minutos de Candy Crush —me dice—. Me da un chute impresionante, me recupero y soy capaz de seguir adelante. No sé qué le sucede a mi cerebro, pero lo necesito, me recarga.

Explico a Ana que Candy Crush supone para ella un chute de dopamina brutal, pero es profundamente adictivo. Es cierto que si eres capaz de limitarlo en el tiempo puedes tener la sensación de que tu batería se ha recargado. Si eres de los que piensan que existe alguna aplicación que deberías dejar o al menos reducir su uso, haz un ejercicio de sinceridad. Al ser adictivo siempre buscarás una excusa para decirte que no es para tanto y que lo tienes controlado —piensa en cómo los que abusan del alcohol minimizan su consumo—. No siempre habrás de eliminar Instagram, TikTok, Glovo, Candy Crush, Tinder o YouTube del día a día. A veces sí, cuando el consumo sea tal que deteriore tu vida y tu CPF, pero en otras ocasiones tan solo deberás aprender a poner un tiempo limitado —el rato que vas en autobús a la oficina, cuando te tomas el café de media mañana, cuando esperas a los niños en la puerta del colegio…—. Quizá creas que no estás mucho en una aplicación —de media aguantamos poco en las redes, menos de un minuto. Saltamos de TikTok a Instagram, del correo al WhatsApp constantemente—, pero si haces la suma, verás cómo te asombras.

Si eres consciente de que usas las aplicaciones para relajarte o salir del aburrimiento o la tensión, analiza por qué te sientes culpable, ¿es por haber dedicado muchas horas?, ¿por haber gastado dinero?, ¿por haber comido más de lo que debías?, ¿por perder los días para algo importante? Si tiendes a pasar demasiado tiempo enganchado, no lo uses durante una temporada. Tendrás abstinencia al principio —te doy algunas ideas para que te repares al final del capítulo «Ayuno de dopamina»—, pero es más sencillo quitar del todo que limitar.

Un día le pregunté a una oncóloga amiga mía cómo gestionaba ella el tratar a pacientes graves con historias muy duras.

—Tengo dos formas —me respondió—. Una en el momento de las consultas, a lo largo del día. Cuando llevo más de tres pacientes, me conecto a Instagram con cosas que tengo elegidas que me relajan —paisajes, viajes, ropa—, cinco minutos y paro. Me recupero y sigo con los siguientes. La otra la aplico durante la semana. Necesito hacer deporte, cargo con muchos dramas y lo canalizo a través del ejercicio físico para que no me afecte. En las épocas que no me muevo, somatizo la tensión del trabajo y me inflamo y duermo peor.

Llevamos menos de veinticinco años con internet y el mundo y la mente han cambiado considerablemente. ¿Qué pasará en los próximos veinticinco? Si tengo la suerte de vivirlos, estoy segura de que analizaré, observaré y acompañaré en todo lo que pueda.

EL CEREBRO DISTRAÍDO

Me gusta repetirlo a menudo: no por estar rodeados de tecnología y tener toda la información a un clic somos más inteligentes que antes. Es verdad que nos facilita la vida y que gracias a ello hemos podido desarrollar una habilidad, la multitarea —o, como la llaman los científicos, la alternancia continuada de la atención—.

Ante tanto estímulo, el cerebro dedica pocos minutos —o incluso segundos— a un cometido, pasando a realizar rápidamente otro distinto, y así de manera sucesiva, pues si está implicada la misma área cerebral, no se pueden efectuar dos operaciones o actividades simultáneamente. Es verdad, por ejemplo, que podemos escuchar la letra de una canción en otro idioma y leer un periódico a la vez, pero no lograremos poner el foco de atención al 100 % en ambas, ya que utilizan la misma zona del cerebro.

Hacer dos tareas cognitivas de forma simultánea divide la atención, empeora la memoria y aumenta la posibilidad de cometer errores.

Con la función multitarea el cerebro puede obtener mucha información, pero lo que no puede es retenerla. A pesar de lo que mucha gente cree, las personas capaces de realizar varias cosas al mismo tiempo, las que contestan correos electrónicos mientras responden una llamada, por ejemplo, están lejos de efectuar ambas tareas correctamente y con eficacia plena. Sí es cierto que tienen la facilidad de cambiar el foco de atención con más agilidad que otras, pero las investigaciones sostienen que esto implica un bloqueo en la memoria del trabajo.

La multitarea nos conduce a una sociedad superficialmente informada, pero carente de formación sólida.

Al alternarse las tareas, los circuitos cerebrales deben hacer pausas entre ellas, lo que consume más tiempo y genera una eficacia menor en su procesamiento, ¡incluso se ha visto que hasta de un 50 % menos! Esto inevitablemente eleva el riesgo de cometer errores.

La atención es secuencial, siempre te enfocas más en una cosa que en otra. Si vas conduciendo y respondiendo al móvil, harás cambios rápidos de atención, pero estarás menos pendiente de lo que debieras, que en este caso es la carretera. Si estás viendo una serie por la noche y aprovechas para contestar *mails,* no te vas a enterar bien del argumento de lo que está pasando. No es grave, pero si estás estudiando con el móvil delante, respondiendo WhatsApp, el cerebro perderá la capacidad de memorizar. Ante un mundo enfocado en la multitarea, la monotarea reclama su protagonismo y pone en valor sus virtudes: eficacia en lo que se hace, concentración y atención plenas.

Vivimos hiperestimulados. A diario nos vemos expuestos a gran cantidad de información al mismo tiempo, casi siempre visual. Debido a esta sobrecarga de datos, los jóvenes son los que más están sufriendo y pagando las consecuencias, pues necesitan de estímulos más potentes para seguir motivándose. ¿El problema? Que cada vez están menos interesados en aprender cosas nuevas que no tengan que ver con el mundo digital.

Ya conocemos los efectos que producen los *likes* y la dopamina en el cerebro y cómo se va modificando el sistema de recompensa. Los niños de ahora están poco motivados y la imaginación, tan importante en esta etapa para su desarrollo, está anulada. Además, los padres les enredamos en nuestro ritmo de vida y tratamos de que salten de un estímulo a otro, de una actividad a otra, de una extraescolar a otra, lo que les complica el sosiego y saber disfrutar del silencio.

NO OLVIDES

Recuerda que el éxito lo consigue quien se enfoca en lo que quiere y persevera en su empeño.

EL DETERIORO COGNITIVO

Cada vez tenemos menos capacidad de prestar atención, de mantener el foco, de concentrarnos, de comprender temas complejos y de memorizar. Este deterioro cognitivo que experimentamos está íntimamente relacionado con las continuas interrupciones. Desconozco cómo funcionaba el mundo de las distracciones hace años, pero sí puedo afirmar que la llegada de internet ha modificado la forma que tenemos de distraernos en la actualidad.

¿Estás trabajando y notas que empiezas a distraerte? ¿Tratas de leer un libro, un documento, un *mail,* y tu cabeza te recuerda temas pendientes? ¿Te metes en la cama, intentas dormirte, y tu mente te lleva a cosas que tienes que hacer o comprobar? Hay un concepto muy importante para entender el funcionamiento de la atención: las distracciones.

Una de las mayores expertas en este tema es la doctora Gloria Mark, profesora de Informática de la Universidad de California, en Irvine, y especialista en atención y distracciones. Partimos de una cuestión básica. Creemos, desde siempre, que distraerse es una limitación del ser humano. No sé si tú lo ves así. Si es tu caso, deseo cambiarte este paradigma. No todas las distracciones son malas. Te pongo un ejemplo que me ha sucedido recurrentemente los lunes mientras escribía el libro —son los momentos que he tenido reservados durante un tiempo para ello—. Estoy en el comedor de mi casa escribiendo. Aparece mi marido que viene a comer a casa ese día. Me interrumpe y me pregunta sobre el tema del que estoy tratando. Esto es una interrupción en toda regla. Si yo en ese momento le contesto y le doy una visión de lo que estoy redactando, puede ser que mi mente —¡probablemente!— active nuevos planteamientos o que quizá él mismo me dé una perspectiva distinta o ampliada del asunto. Así que, gracias a esa interrupción, ha surgido una idea más.

Otro ejemplo. Estás en la oficina, llevas varias horas sentado en tu cubículo y te encuentras enfrascado en una tarea. Llega un compañero y te pregunta si quieres ir a tomar un café. Esto es una distracción para tu mente, pero quizá gracias a esos minutos de desconexión tu corteza prefrontal recarga su batería.

Esas distracciones pueden ser externas: cortes que surgen con estímulos de fuera que reconoces —un mensaje, una conversación, una llamada, una notificación…— o internas: dejas lo que estás haciendo —trabajar, leer, ver una película, cocinar…— para mirar el móvil, aunque no haya aparecido o sonado una notificación. Ahí no existe un estímulo externo, sino que es tu propio cerebro el que te distrae. Puede tener diferentes orígenes en la mente: porque te has acordado de alguien o has hecho una asociación de ideas o simplemente quieres volver a comprobar algo en tu teléfono. Más adelante te hablaré de tu voz interior, pero es interesante que veas cómo pone en primera plana ideas, recuerdos, miedos… y puede interrumpir lo que estás haciendo.

Viene alguien a tu mente y en ese momento quieres saber qué tal está. Esta es quizá una de las interrupciones más frecuentes de mi vida. Tiendo a acordarme mucho de las personas y a veces en consulta voy anotando sus nombres en una hojita para escribirles al terminar la jornada. Suele suceder porque algo que me han contado me ha recordado a ellas.

También puede surgir porque estamos aburridos o estresados y la vía dopaminérgica —nuestra carretera— ya la tenemos instaurada para acudir a la pantalla en busca de nuestra pequeña o gran dosis de dopamina. El problema surge si esas distracciones son constantes y no solo provienen del mundo exterior, sino que acaban siendo propias.

La doctora Mark llevó a cabo un estudio impresionante en el que midió y observó con sensores las distracciones a lo largo de un día, y llegó a una conclusión: cuántas más tenemos, más autodistracciones se activan. Si no paras de distraerte con el entorno, aunque tú no lo desees, tu mente se abstraerá a pesar de que no exista ningún factor externo. Por lo tanto, dedujo que cuantas menos interrupciones externas, menos interrupciones internas. Afirmó, además, que cuantas más distracciones, menos autocontrol y capacidad de gestionar los impulsos y pensamientos cuando llegan. Sus estudios apuntan que una persona con una pantalla delante se distrae cada cuarenta segundos. Ha descubierto que tan solo pasamos cuarenta y siete segundos en una página antes de pasar a la siguiente o a otra aplicación, que cuesta casi veinte minutos volver a recuperar el punto álgido de atención y que un trabajador de oficina recibe de promedio una notificación cada ocho minutos.

¿LAS PANTALLAS PUEDEN SER UN FACTOR DE REPARACIÓN?

Para prestar atención y concentrarte, especialmente en tu trabajo, has de ser capaz de relajarte de verdad. Repararte implica recargar tu batería. Puede hacerse viendo la pantalla de forma controlada, por ejemplo, disfrutando de los últimos goles de tu equipo, visualizando un vídeo de TikTok que te anima o escribiendo unos minutos a tus amigos en WhatsApp. El problema se produce cuando esa interrupción o momento de reparación se «apodera» de ti y de tu tiempo, y cuando quieres darte cuenta ha pasado media hora, una hora o más. Es decir, unos instantes de pantalla pueden repararte; bucear sin fin en redes pueden acabar agotándote. ¿Y esto qué significa? Que cuanto mejor gestiones tus formas de recuperarte y rellenar tu batería, más sencillo te resultará aguantar las distracciones internas y externas.

NO OLVIDES

La pantalla es un dispensador automático de dopamina y un factor de distracción constante. La tecnología aprovecha que tienes la atención deteriorada para incluir herramientas que te perjudican cada vez más. Aprende a gestionarlo conociendo tu batería de atención y los factores de descarga y de recarga.

¿Notas que no tienes control de tu tiempo delante del móvil, del ordenador o de otros dispositivos? Ese dedo sin rumbo por la pantalla viene por aburrimiento, por estrés, por agotamiento o para evitar algo que te tensa. ¿Qué te agota? ¿Cómo es tu atención ahora mismo? ¿Qué aplicación se te va de las manos? ¿En qué momento de la jornada eres más vulnerable? Si tuvieras una varita mágica, ¿qué cambiarías? Aprende a descansar antes de agotar tu batería del todo, porque en ese momento no tienes fuerza para luchar contra la tentación. Aprende a no hacer nada —hablaré de esto con detalle al final del libro—. Programa reposos durante el día. Puede significar llamar a alguien, escuchar algo de música, moverte un poco… Ten conciencia de cuándo te distraes, de si esa distracción te está ayudando a descansar, y desactiva sí o sí las notificaciones porque ya conoces lo que sucede con tanta distracción.

Un cerebro hiperestimulado se convierte en un cerebro incapaz de resolver tareas complejas. Solo busca lo superficial, lo que le genera emoción, solo busca lo sencillo y huye de lo profundo. Te pongo un ejemplo. Imagina que te levantas un domingo por la mañana, vas a un parque cerca de casa, compras un periódico y te sientas en una terraza. Te pides un café con algo rico. Estás disfrutando, veinte grados, una pequeña brisa. Le das una oportunidad a las noticias más complejas, lees el editorial, profundizas en la sección de economía, te enteras de las novedades en cultura. De repente, ves en un recuadro «Revueltas en Malasia». Probablemente es algo que no te interesa mucho, pero en ese estado de placidez le das una oportunidad a la crónica.

Cambiamos de escenario. Estás en casa, en la oficina, con mil cosas encima, hay revuelo a tu alrededor y trabajo por hacer, no paras de recibir WhatsApps: luz-sonido-movimiento te bombardean sin parar. Entras en un portal de noticias para desconectar, haces *scroll* y comienzas a bajar el dedo. Lees en una esquina «Noticias en Malasia». En ese momento no existe ninguna posibilidad de que hagas clic en ese suceso —la mente dice: «Esto es complicado, ahora no lo voy a entender»—. Sigues bajando y ves: «Últimas fotos en Maldivas de la nueva pareja del futbolista del Mánchester City…». No le conoces a él y menos a ella, pero tu cerebro detecta que es contenido dopaminérgico y en momentos de saturación de batería es lo que te pide. ¿Cuántas veces te has visto metido en una web y no sabes cómo has llegado a ella? Suelen ser páginas con titulares virales, diseñados para captar tu atención, aunque no te interesen. Tienen mensajes llamativos: «Adelgaza veinte kilos en una semana y nunca te imaginarías cómo», «Odiaba a su pareja, le puso un detective y lo que sucede te dejará impactado»… Ante el exceso de estimulación, el cerebro no es capaz de parar, reflexionar y decidir qué quiere leer. Solo busca sentir dopamina.

Cuanta más aceleración, más velocidad, menos capacidad de resolver tareas complejas. Cuanta más estimulación, menos profundidad.

Aquí te dejo una idea importante: tanto consumo superficial y compulsivo, sin reflexión, nos lleva a la polarización de las ideas. Esto se debe, probablemente, a que consultamos y leemos medios y sitios web que se identifican con nuestras opiniones previas, por lo que nunca escuchamos los argumentos de los que no piensan como nosotros.

Por otro lado, se ha observado que una crisis de la CPF conlleva una gran dificultad para detectar que existe un problema, porque lo único que buscamos es disfrutar y no reflexionar, no dando espacio a la pausa mental. Actualmente, solo importa sentir, nos convertimos en drogodependientes emocionales y anulamos una herramienta maravillosa de la mente: la divagación mental.

¡QUÉ PELIGROSO ES AÑADIRLE *FAST* A LA VIDA!

Como decía en *Cómo hacer que te pasen cosas buenas,* el tiempo es el bien más democrático que existe. Todas las personas cuentan con veinticuatro horas en su día, y cada una es responsable no solo de cómo rellena ese espacio, sino de cómo percibe la sensación de su tiempo. Existen personas que lo pierden y otras que lo aprovechan de forma obsesiva, y de ahí surge la cronopatía, esa manera de ver la vida en la que uno necesita meter contenido a todos los minutos de su día. Cuando frenar o dejar de realizar actividades, sienten ansiedad, culpa y angustia.

Una de las mayores aspiraciones del ser humano en este siglo es ser eficiente, que nos cunda el tiempo al máximo. Necesitamos tener la sensación de que nuestra vida está plena, llena de actividades y aprovechada. Y aquí te lanzo una idea para reflexionar: quizás la mentira más grande de las pantallas es que nos hacen sentir que SÍ estamos haciendo cosas; revisar *mails,* ver qué hacen los amigos, contestar los mensajes, leer las noticias, hacer la compra, comprobar el saldo del banco, actualizar una aplicación, mirar si hay alguna rebaja de esto que me quiero comprar, ver si ya me han contestado... Acciones que nos generan una sensación clara: estoy resolviendo temas pendientes y no perdiendo el tiempo.

El siglo XXI tiene una característica evidente: consumir rápidamente sin reflexionar sobre lo consumido.

Cualquier aplicación o novedad que se relacione con la velocidad, el aprovechamiento del tiempo, la productividad y la eficiencia se ve como un avance. Vivimos convencidos de que esta y la aceleración producen mayores y mejores resultados. No contentos con la cronopatía, a ese ritmo ya de por sí solo infernal, en muchos casos le hemos añadido el *fast* y el *speed* —la rapidez y la velocidad—, que el tiempo me cunda, pero todavía a más velocidad.

La doctora Gloria Mark, especialista que ya he citado, afirma en sus investigaciones que cuantas más interrupciones, más necesidad de actividad frenética. Es decir, vivir en constante interrupción también tiene su relación con meterle el acelerador a todo lo que hacemos. *Fast watching* y *speed listening* —consumir vídeos, series, películas, audios y música a toda velocidad— son conceptos nuevos de los que quizá no hayas oído hablar, pero sí conoces. Hoy tenemos la posibilidad de escuchar los audios, los *podcasts,* los WhatsApp incluso al doble de velocidad. Reproducir la voz de alguien «acelerada» de forma consciente, porque necesitamos consumir ese paquete de información lo antes posible. Es como echar gasolina a un incendio.

Yo hablo muy rápido, es un tema con el que lucho desde pequeña porque se me ocurren muchas ideas y me encanta compartirlas. En los últimos tiempos he intentado bajar la velocidad, sobre todo en las conferencias y al grabar mis *podcasts,* con una excepción: cuando mando notas de voz, que intento que no sean largas. Quiero evitar como sea que mis familiares y amigos pongan el audio a 1,5x —si lo suben, dejan de entenderme—. Bromas aparte, ahora contamos con teclas que nos permiten aumentar el ritmo de una película, de una serie, de un audio, de canciones o de los *podcasts*. ¿Nos hemos parado a pensar la razón por la que le metemos el *fast forward* a todo?

Nos encontramos en la era de la información. Queremos consumir constantemente, sin pausa. En una vida ocupada, en la que acudimos al colegio, al instituto, a la universidad, al lugar de trabajo o a cuidar de los nuestros… es difícil poder encontrar tiempo para todos los paquetes informativos y aplicaciones nuevas que surgen continuamente. Solo hay dos soluciones: o renunciar a estar al día o estar al día con una condición: acelerando lo que oímos y escuchamos para consumir las novedades aunque solo sea de manera superficial y compulsiva.

Los psiquiatras, psicólogos, sociólogos, filósofos, pensadores… sabemos que gran parte de la magia de la vida consiste en saber parar. Esta idea la comparto contigo en muchos momentos del libro. Parar para repararse; parar para sanarse; parar para recuperarse; parar para crecer… En definitiva: darle a la vida tiempos de pausa. Acelerados no conseguimos conectar con nuestro interior. No sabemos qué nos sucede, qué deseamos y cuáles son nuestras ilusiones y aspiraciones más profundas.

Con el *fast* y el *speed* incluidos en tantas facetas buscamos conseguir más tiempo a costa de aumentar la velocidad y eso no nos aporta nada bueno. Creemos que si aceleramos, nos cundirá más y seremos más eficientes. ¿Quién no contesta audios en el coche, hace deporte escuchando sus WhatsApp o busca cualquier rato para estar conectado por una u otra causa?

Netflix, HBO, Amazon Prime... son expertos en diseñar series para que nos enganchen. Pienso muchas veces cómo en el pasado, cuando veíamos alguna, aceptábamos —no se nos ofrecía otra opción— que teníamos que esperar una semana para el siguiente capítulo. No recuerdo qué temporada de *Friends* se emitía en un canal español a razón de un capítulo cada semana. Ahora sería impensable, la serie quebraría porque antes nos daríamos un atracón de cualquier otra que tuviéramos disponible entera.

Me contaba un chico joven que hoy se aceleran los vídeos y las series para llegar a la resolución de la trama lo antes posible. Saber cómo termina el capítulo o ver la película literalmente en diagonal a toda velocidad. Los vídeos de TikTok, Instagram o YouTube son cada vez más cortos. La propia limitación de doscientos ochenta caracteres de X —la antigua Twitter— tiene ese fundamento; la idea y a otra cosa, sin profundizar, sin desarrollar.

Hace unos meses impartí una sesión en una empresa líder en su sector. Antes de empezar, hablé durante un rato con la directora de *marketing*.

—Para este año me han pedido diseñar vídeos en los que durante los tres primeros segundos captemos la atención del usuario —me dijo—, y que en diez esa persona no haga un *scroll* rápido y pase al siguiente.

Me alegró pensar que no tenía que encargarme yo de ello, porque ¡no sabría hacerlo! Pero, sobre todo me asustó pensar cómo —más que nunca— los segundos se habían convertido en el pilar básico de la sociedad del consumo.

En el *fast* también está incluida la comida: el *fast food* tan dañino que conocemos. Y a este añadimos otro concepto novedoso: el *fast love.* Este último implica que uno busca inmediatez y emociones intensas cada vez que se topa con alguien que activa su faceta afectivo-sexual. Nada de intercambio de miradas, cortejo, seducción y fuego lento. ¡Que sea pasional, fuerte y pisando el acelerador! ¡Cuántas parejas he conocido que, por meter una velocidad exagerada a las relaciones —de cualquier tipo—, han sufrido habiendo podido evitarlo! Zygmunt Bauman lo denominaba amor líquido —tiene un libro con este título—, y se refería a las parejas en las que no existe el compromiso. Son relaciones de ida y vuelta, con poca consistencia. Relaciones que empiezan con un *match* en una aplicación y terminan con *ghosting.* Rápido, sin pensar, buscando emociones rápidas y, por supuesto, evitando el sufrimiento.

Fast shopping, comprar a toda velocidad, *online,* tiendas baratas, *outlets,* terceras rebajas, códigos de descuento, aplicaciones diseñadas para ir metiendo cosas en el carrito… Muy adictivas, con la mente por detrás susurrando: «Es una oportunidad, no lo dejes para más adelante». Compra, consigue, adquiere, consume rápidamente, sin reflexionar sobre lo que consumes. Esa es la clave. Estamos de lleno en la generación *fast,* donde uno busca maximizar su tiempo: conseguir datos lo más rápido posible para poder saltar a otra fuente de información.

Leí que se había hecho un experimento en webs de compras *online* donde tienen guardado tu método de pago habitual, así te ahorras ese paso. Durante unos días, tras elegir los productos, se solicitaba de nuevo el número de tarjeta. Unos segundos de espera inesperados. Más de la mitad de los usuarios declinaba la compra. Es decir, en ese frenazo brusco —«Tengo que poner otra vez el número, ¿seguro que lo quiero, lo necesito?—», la mente respondía: «Ahora no, qué pereza, no quiero sacar la tarjeta del bolso, mejor no gastar más»… ¡Qué necesario es plantearnos de vez en cuando la velocidad a la que consumimos ciertos estímulos que nos rodean!

Esta *fast life* y nuestra ansiada atención están interrelacionados. Cada vez aguantamos menos una película larga, una canción de varios minutos, un audio extenso de un amigo, un resumen prolongado de las noticias. La duración de las películas y de los capítulos de las series se está acortando porque los espectadores son menos capaces de mantener la concentración mucho tiempo y, por lo tanto, dejarían de consumir.

Estamos ante un problema social potencialmente muy grave. La velocidad normal de la vida nos aburre. Peligroso. Muy peligroso. Como en un coche, la aceleración excesiva deteriora la máquina, le exige el máximo hasta que falla, normalmente por la pieza más pequeña, la más sencilla, a la que menos atención le hemos prestado. Las consultas de psiquiatría y hospitales del mundo occidental están colapsadas de mecánicos —profesionales de la salud mental— tratando de volver a poner en circulación esas máquinas averiadas —personas— que no han podido mantener el endiablado ritmo al que vivimos. Y la solución no es arreglarlo sin más, no es sustituir una pieza por otra, no es superar la crisis puntual y volver al circuito. Eso son parches que no evitarán que más pronto que tarde volvamos a fallar. La solución en el plano individual es ayudar a que esas personas se replanteen su ritmo de vida. En el plano general, a nivel global, deberían tomarse medidas en pro de la salud mental, tomando conciencia de los riesgos a que nos enfrentamos. No estamos diseñados para aguantar ese ritmo indefinidamente. Ese ritmo es de *sprint,* y la vida es una carrera de fondo.

Este siglo cultiva la impaciencia,
la hiperactividad y el ritmo frenético.

Una mente acelerada puede meternos en muchas ocasiones en el ya conocido modo alerta tan tóxico y del que pueden surgir síntomas, dolencias y enfermedades.

Sí, estamos en la era de la gratificación instantánea, pero instantánea de verdad, todo se vive en cuestión de segundos o milisegundos. Esa búsqueda de intensidad máxima y de novedades constantes genera tal cantidad de dopamina que la mente pide más y más. Cuanta más estimulación y más velocidad, menos capacidad de controlar la paciencia. Cada vez necesitamos sentir más, y cuando no es así, nos frustramos e impacientamos. La virtud de la paciencia de la que hablaba Kant nos ayuda a gestionar las emociones ante las adversidades. Consiste es controlar lo difícil, lo incierto y lo inesperado de la mejor manera posible, permitiendo un espacio para la reflexión y la espera.

Llegamos al supermercado y la persona que está pagando delante de nosotros se ha quedado sin monedas, no le funciona la tarjeta y hay que aguardar unos instantes, ¿cómo reaccionarías? Según tengamos gestionado nuestro interior —¡y aquí la corteza prefrontal juega un gran papel!— resolveremos mejor o peor esa pequeña contrariedad. Vamos a visitar a nuestros padres, tíos o abuelos. Les estamos contando algo, pero notamos que no se enteran, que han perdido audición y surgen la impaciencia y la desilusión. Hay múltiples ejemplos en nuestra vida. Ese profesor de instituto que requiere de enormes dosis de paciencia para llevar a decenas de jóvenes en las aulas y guiar su impulso de pegar un grito y poner castigos por doquier; una madre que, tras llegar agotada a casa, necesita esa paciencia para escuchar a sus hijos, con sus inquietudes, rabietas o desobediencias. Un médico en Urgencias que atiende a numerosos pacientes en sus guardias con sintomatología de todo tipo, presionado por los enfermos que no paran de llegar, requiere de un temple infinito para poder empatizar con el sufrimiento de cada uno de los que trata en medio de esa saturación hospitalaria.

Sigamos con nuestro razonamiento. Decíamos que cuanta más velocidad y más consumo incesante menos paciencia. Esa madre, ese maestro, ese médico en Urgencias… tienen menos batería en su corteza prefrontal —menos paciencia— para gestionar lo inesperado, lo tenso y lo complicado. La paciencia no está de moda. Todos lo percibimos a nuestro alrededor: en las colas en los supermercados, en el tráfico insufrible de muchas ciudades... Está a la orden del día, pero es un puente deslizante hacia el sufrimiento y hacia el malestar, ya que nos impide disfrutar del presente y nos recuerda aquello que no sale a la velocidad o tiene la calidad que nos gustaría.

La dinámica de actividad y el no ser capaces de esperar nos está enfermando. No estamos diseñados para vivir de esta manera tan acelerada. En ese estado de hiperactividad, aquello que frene nuestros chutes constantes de dopamina y acción rápida nos frustra. Queremos más, más rápido y más intenso. Bienvenido a la *fast life,* al siglo del consumo lo más veloz posible.

Históricamente, los más impacientes eran los niños y jóvenes, y en el otro extremo, los mayores. Esto se entendía por cómo funcionan las redes neuronales y la evolución de la corteza prefrontal. Ahora, ese estado de impaciencia lo sufrimos todos, a cualquier edad. Hay que contestar *mails,* leer los mensajes, comprar, ver las noticias, saber de qué tratan las series, conocer qué es tendencia... ¡y no hay tiempo! Y el *fast* y el *speed* toman el control de la vida. Consumir de forma bulímica —como si de un atracón se tratara— todo aquello que queremos, para cubrir el miedo a perdernos cosas, el famoso FOMO —*fear of missing out*— del que tanto se habla hoy.

NO OLVIDES

Si vives la vida en modo *fast*, enfocándote solo en lo emocionante, te quedarás con lo intenso, pero perderás los detalles de muchas de tus vivencias.

Leí un estudio[22] muy interesante. En él se analizaba cómo retenían los alumnos los contenidos de las asignaturas al acelerar la reproducción de las clases y sesiones pregrabadas. Lo que se observó es que si se mantenía la velocidad en menos de 2x, los conceptos básicos sí se mantenían, pero no así los matices. ¡Qué importante! Es como si fueras a un restaurante, te tomaras un solomillo a toda velocidad y, preguntado, supieras distinguir qué tipo de carne es, pero, por la celeridad del atracón, no hubieras podido detectar los matices de la textura, el sabor, la salsa, los acompañamientos o el maridaje con un buen vino.

Muchas de las cosas buenas, ¡maravillosas!, lo son por disfrutar de los detalles. Pongamos como ejemplo la cultura. Hay personas que visitan espléndidos museos y que no se detienen a observar ninguna obra en particular, sino que se limitan a peinar cada sala con la vista. Y qué decir del turismo. Me encanta viajar. Hace unos años fui a Venecia con mi marido. Somos de los que leen sobre la historia de los sitios a los que viajamos antes de llegar, y recurrimos a guías en los lugares más importantes, aunque lo que más nos gusta es descubrirlo todo solos. Me impactó la ciudad, pero el contenido de la información a disposición de los turistas me resultaba demasiado básico. Comentándolo con una guía local, me contestó:

—Hemos tenido que simplificar mucho la información en los edificios de interés. Mucha gente no tiene inquietud por aprender, hay turistas que pasan la mañana en Venecia y la tarde en Florencia. No podemos explicarles gran cosa porque no hay tiempo material y, además, no tienen ni nociones básicas.

Me quedé impresionada, ¡eso es *fast tourism* en su máximo exponente! Es verdad que Venecia sobrecoge por sí misma, pero la historia detrás de cada edificio, de cada escultura y de cada pintura es infinitamente enriquecedora y perdérselo por verlo haciendo un mero *check* es de una pobreza injustificable. Mientras, nuestros turistas «exprés» habrán cubierto su FOMO y volverán a su lugar de origen y podrán decir que estuvieron en Venecia y Florencia.

Aprende a parar. Frenando eres capaz de observar y disfrutar. No podemos deleitarnos con una maravilla de paisaje si vamos a doscientos kilómetros por hora por la autopista. Ningún investigador ha llegado a sus descubrimientos metido en una vida frenética. Han precisado momentos de paz y aburrimiento, ¡necesarios para la creatividad! —te hablo de esto con detalle al final del libro, entenderás el trasfondo de la pausa mental—.

El siglo XXI tiene un diagnóstico: sufre de estrés crónico. ¿Cómo va a funcionar la sociedad si creamos seres hiperestresados, corriendo y funcionando a toda velocidad? Si tu vida es frenética es porque es el entorno quien te dirige, porque no te has parado a pensar y priorizar lo que haces con tu tiempo.

Bajar revoluciones, permitir la lentitud de la naturaleza, contemplar la belleza, meditar, escuchar mirando a los ojos... son herramientas maravillosas para proteger nuestra salud física y psicológica y potenciar las relaciones humanas. Esa voz interior tan necesaria no se escucha en medio del ruido y la velocidad intensa de la vida. Estimulamos en todas las facetas y luego buscamos lugares, cursos, terapias de desconexión y paz para sanarnos. ¡Seamos más conscientes! Aprende a renunciar con relativa paz. Renunciar con paz es un síntoma de madurez y salud mental. Vive el momento presente. Intenta saborear la naturaleza, sea la playa, el mar, la montaña o el campo. En plena sociedad del FOMO, practica el JOMO —*joy of missing out,* la alegría de perderte cosas—. Te abrirás a grandes sensaciones.

12. Cuando el cerebro no piensa. La voz interior

Siempre me ha parecido fascinante el mundo de la voz interior, desde que comencé mi labor profesional me ha interesado, y es algo que pregunto a mis pacientes con frecuencia cuando van a consulta: ¿cómo te tratas?, ¿qué te dices a ti mismo cuando no estás haciendo nada?, ¿te autoboicoteas?, ¿tienes analizada tu voz interior?, ¿dejas espacio para ensoñar y divagar?

Divagar es muy importante para el cerebro, y soñar despierto resulta muy beneficioso. Ahora entenderemos en qué consiste esa voz interior que se activa cuando no estamos haciendo nada y cómo el contenido de lo que nos decimos puede ser determinante en nuestra calidad de vida. Como veremos, tener momentos para la distracción es vital, y privarnos de ello, tan perjudicial como la falta de sueño. Lo lógico es que al leer esto pienses que es una pérdida de tiempo y que dejar la mente volar sin aprovechar las horas no puede ser saludable, ¡sin embargo, lo es! ¿Qué ha sucedido? La divagación mental ha sido erradicada de nuestro día a día en las últimas décadas, ¡ya no hay ratos para ensoñar!

Mediante pruebas de imagen podemos observar qué sucede en el cerebro cuando no realizamos ninguna actividad. Yo la denomino voz interior. Esta es clave en terapia, ya que muchas veces hay que reconducirla, pues es capaz de machacar y hundir con frases como «no vales», «seguro que te quedas solo», «nadie te quiere», «no lo vas a lograr»...

Ya sabemos —y en el capítulo «Que no te roben el sueño» lo explico con más profundidad— que el cerebro siempre está activo de una u otra manera. Se ha avanzado enormemente en neurociencia y es probable que de aquí a pocos años los descubrimientos sean aún mayores.

LA RED NEURONAL POR DEFECTO

Divagar a través de la distracción es un mecanismo neuronal que ha existido siempre. Durante mucho tiempo se creyó que mientras no se pensaba en nada concreto el cerebro se desconectaba. El doctor Marcus Raichle es catedrático de Radiología y Neurología en la Universidad de Washington St. Louis, en Missouri, y dirige un equipo que analiza el cerebro con el PET —tomografía de emisión de positrones— y la resonancia magnética funcional. Ha llevado a cabo distintas investigaciones[23, 24, 25] y en 1990 descubrió esa «energía cerebral» cuando realizaba experimentos con personas en reposo, en ensoñación, relajados y con pensamientos difusos. Observó que en esos momentos la mente no se apagaba, sino que tenía actividad. Lo llamó la vida privada del cerebro y la energía oscura del cerebro. Esto dio lugar a otros muchísimos trabajos.

Cuando creemos que no pensamos en nada, activamos una voz en nuestro interior denominada en neurociencia red neuronal por defecto (RND) y empezamos a divagar —emplearé indistintamente los términos divagación mental, voz interior y red neuronal por defecto para referirme a lo mismo—. Esa red es un estado de ensoñación —la conciencia está adormecida— en el que nos hablamos, recordamos, sentimos... de forma espontánea y fugaz. Estamos en piloto automático. Pasamos aproximadamente un 50 % del tiempo ahí, y surge al estar divagando y ensoñando. Por ejemplo, cuando paseamos, vamos a hacer la compra, cocinamos, ordenamos, cuidamos las plantas... Esa voz interior ha sido analizada y estudiada por filósofos, teólogos, psiquiatras y especialistas en neurociencia. ¡La propia santa Teresa de Jesús la llamaba la loca de la casa!

Cuentan que Henry Ford contrató a un experto en eficiencia para que paseara por su fábrica y observara quiénes eran los trabajadores menos productivos. Este recorrió la empresa y cuando acudió a reportarle lo que había visto, le dijo:

—He encontrado una persona improductiva. Cada vez que paso cerca de él, lo veo sentado sin hacer nada. Creo que debería considerar deshacerse de él.

Según parece al señalarle de quién se trataba Ford le contestó:

—Imposible. A ese hombre le pago para pensar, y eso es precisamente lo que está haciendo.

El cerebro tiene dos redes principales a la hora de procesar la información:

— La ejecutiva central, que se encarga de focalizar y atender, desde donde se gestionan las emociones y toma de decisiones (situada en la corteza prefrontal dorsolateral y la corteza parietal posterior).
— Y la red neural por defecto, que se activa cuando no hacemos nada en concreto y estamos divagando con pensamientos espontáneos (que conectan diferentes regiones cerebrales: el lóbulo parietal inferior, la CPF y la corteza cingulada).

Ambas funcionan de forma alterna: si una se activa, la otra se desactiva. Para pasar de una a la otra empleamos la red de saliencia, que filtra los estímulos que llegan y los prioriza según la gravedad. Si estás paseando por la playa con la mente vagando y aparece de repente una medusa, en cuestión de segundos accionas tu red ejecutiva. Que funcione bien este proceso es esencial para la supervivencia.

Poetas, escritores, cantantes e inventores se han inspirado en momentos de RND tumbados en la cama, cuidando del huerto, ordenando sus cosas o paseando. Me interesa que captes la importancia de esta red:

- Procesa el pasado.
- Conecta con las emociones del presente.
- Busca el significado de muchas de las cosas que nos suceden.
- Nos ayuda a solucionar problemas.
- Genera una identidad propia al contarnos historias sobre nosotros mismos.
- Nos da un contexto sobre nuestra situación.
- Nos ayuda en el aprendizaje, ya que une conceptos y pone ideas en contexto.
- Nos ubica con respecto a las personas del entorno.
- Nos trae recuerdos.
- Nos activa ilusiones.
- Nos permite pensar en cómo se sienten otros para poder empatizar con ellos.
- Se produce una reflexión sobre nuestros gustos, valores, sentimientos, habilidades, o incluso cómo nos percibimos físicamente.
- Da un sentido a nuestro yo, a la identidad. Es decir, refleja nuestra forma de ser. Se aprende mejor si existen ratos de divagación. Es como si tras momentos de estudio y concentración en el colegio, en el instituto, en la universidad, en la oposición… al permitir esos instantes de divagación, los contenidos se asentaran y fuéramos más capaces de ponerlos en contexto. Lo nuevo encuentra sentido con lo que ya teníamos y hasta nos hacemos preguntas.

Con una juventud enganchada a las pantallas, no da tiempo para que esa RND asiente lo aprendido. Particularmente, me ayuda a buscar soluciones a situaciones complicadas. Muchos días que salgo cansada y preocupada de la consulta por pacientes graves, regreso a casa andando —tardo unos cuarenta minutos— sin mirar el móvil para activar mi voz interior. En esos ratos soy consciente de que mi mente vuela hacia alguna historia que he escuchado ese día, se me ocurre alguna otra manera de enfocar un tratamiento o nacen ideas para un libro o una conferencia.

Suelo llevar conmigo una libretita pequeña en el bolsillo del abrigo por si surgen pensamientos interesantes. Se ha convertido en un hábito. Divagar no es malo y no hay que evitarlo. En ocasiones puede ser una tortura, pero en otros momentos es una creativa fuente de inspiración.

NO OLVIDES

Si eres procrastinador, la RND va a ser un hándicap y una piedra en el zapato para ti porque siempre te recordará lo que tienes pendiente.

UNA SOCIEDAD A LA CARRERA

Una vez inmersos en la RND, nuestras reflexiones a veces nos inspiran, pero a veces nos empujan hacia abajo. En ocasiones nos enfocamos en fantasías o ilusiones y otras, al aparecer esa voz negativa, escapamos rápidamente; y en la actualidad, la manera más rápida de huir es a través de las pantallas. Uno acude a las redes en los huecos del día —que podrían ser momentos de activación de la RND— para evitar lo desagradable de los ratos a solas con los pensamientos. La pantalla engaña a nuestra red de saliencia, mostrándole información que activa el estado de alerta —la red ejecutiva central—, pareciendo importante y esencial —¡es falso!— y suprimiendo entonces la voz interior.

Una sociedad hiperestimulada sustituye la divagación mental por contenido vacío y sin sentido.

Si tu atención está centrada en redes, es muy difícil que dejes espacio para tu RND. Protégela, no la elimines. He insistido mucho en que el ser humano no está diseñado para vivir en modo alerta, y que esto tiene un coste. Necesitamos ilusionarnos de nuevo y esas ilusiones nacen con la divagación La felicidad consiste en no perder la esperanza de que cosas buenas pueden suceder. ¡Y no importa crear castillos en el aire siempre y cuando luego bajemos a la tierra y montemos los cimientos bajo el castillo! Activar esa RND nos ayuda a saber cuáles son nuestros anhelos. Si tu batería está a punto de terminarse o se satura, te está pidiendo a gritos acudir a la RND. Permiteselo, no busques huir rapidamente a la pantalla.

Cuando caemos en la hiperestimulación, la tolerancia al aburrimiento de la vida real se anula por completo. Sustituimos la tan necesaria RND por contenido dopaminérgico vacío. Si usamos pantallas en vez de la voz interior, estas se apoderan del sistema de recompensa y baja la capacidad del cerebro de gestionar el «no hacer nada», ¡tienes siempre dopamina fácil al alcance de tu mano!, ¡no te aburras!, y entras en una rueda aburrimiento-recompensa constante. Eres incapaz de vivir sin sentir y hacer, y tu cerebro —que recuerda lo que le calma— te pide pantalla.

Muchas aplicaciones están diseñadas para captar nuestra atención, mostrando información dopaminérgica y superficial, fácil de consumir.

Vivir en la hiperactividad —sea por trabajo, por alertas o por FOMO— elimina el tiempo para la divagación, siendo más difícil que surjan ideas nuevas o que los pensamientos fluyan a sus anchas, permitiendo crear una identidad propia. Si no divagas, te costará dar sentido a las cosas y te convertirás en un ser vulnerable ante cualquier distracción que surja; por eso necesitas herramientas, para que divagar sea una rutina vitamina. Para ello:

— Observa dónde te lleva tu mente en la RND.
— Acepta los momentos de divagación, ¡son normales! La distracción es un estado por defecto del cerebro.
— Recuerda que en tu RND recargas la batería, y en muchas ocasiones es necesario.
— Activar de forma saludable la RND implica dejar la pantalla.
— Observa el tono con el que te hablas.
— Planifica tus momentos de RND, no solo que ellos vengan a ti, sino que tú los busques a través de los paseos, la cocina, la naturaleza...
— Frena el boicot y la voz acusadora y culpable (de esta hablaré ahora). Puede convertirse en pensamientos obsesivos, rumiativos y es profundamente tóxico para el organismo (¡intoxica de cortisol!).
— Coge un folio y apunta tareas pendientes que te gustaría hacer, un viaje que te encantaría planear, imagina el regalo de Navidad de tus padres, de tu pareja... Escribe y deja tu mente volar. Leí hace tiempo una idea para estos momentos que me gustó mucho, «la desinhibición cognitiva» y me pareció muy acertada. Observa con qué sueñas y cuáles son los pensamientos que te atormentan y vuelven una y otra vez.
— Pasea, camina, mira el mar... Conecta con la naturaleza. Si no puedes, pon alguna planta en tu casa. Toma un poquito de sol (medido y según las características de tu piel, pero los beneficios son muy importantes).
— Piensa en los que quieres, cómo les estás cuidando, qué más podrías hacer por ellos. Un mensaje, una carta, un detalle personalizado.
— Busca cosas por las que dar gracias. Puede ser una forma de reconducir divagaciones tóxicas.
— Aléjate de las pantallas. Si trabajas delante de una, sal de ella de vez en cuando.

— Reposa la mente. Haz meditación, contemplación u oración permitiendo que tu cabeza frene.
— Necesitas moverte y cambiar tu cuerpo de posición de vez en cuando. Cinco minutos de paseo, salir a la calle, ir al gimnasio… tienen efectos beneficiosos para el cerebro. De estas dos últimas herramientas te hablaré al final del libro.

NO OLVIDES

Programa pausas durante el día. Así recargarás tu batería mental y disminuirás el riesgo de acabar en piloto automático, enfadado, saturado o buscando consumir productos dopaminérgicos.

Necesitamos alternar entre concentración y distracción. A veces por responsabilidad o por cabezonería nos obligamos a seguir a pesar de la saturación y el agotamiento, lo que genera una bajada de batería mental fuerte. Aprende a introducir pausas productivas. Al recargar la batería, recargas la CPF y aumentas la motivación y tu capacidad de volver a prestar atención. Si la batería está exhausta, tiendes a buscar lo simple, lo fácil, lo polarizado o lo sentimentalista.

¿CÓMO TE HABLAS?

Ya hemos visto que dialogamos con la voz interior y sabemos que es importante dedicar momentos a activarla. Ahora vamos a ver eso que nos decimos, pues será clave en nuestra conducta y en el comportamiento. La actitud en la vida depende de cómo nos hablamos ante los diferentes retos que surgen.

El neurocientífico José Ramón Alonso, catedrático de la Universidad de Salamanca, habla en sus publicaciones del tipo de narradores internos que existen y de cómo experimentan el pensamiento quienes poseen una mente silenciosa. Según Alonso, tras un estudio realizado a quince mil personas, únicamente el 0,8 % no apreciaba este narrador interno —fenómeno denominado anauralia—. Y cómo funciona la voz interior, ¿hablas contigo mismo o tienes un diálogo interno?

— Lo más frecuente es que sea un monólogo. Nos contamos cosas a nosotros mismos, analizamos… Una voz que narra nuestras vivencias y nuestra historia: autobiográfica, narrativa y con cierto toque narcisista.
— En otros casos, se trata de una conversación entre varios interlocutores que comentan y opinan.

Hay quien piensa en monólogo, hay quien lo hace en diálogo y hay quien carece de voz en *off* en su cabeza.

Educar la voz interior no es fácil, pero conseguirlo nos hace estar tranquilos y en paz, y gracias a ello podemos sacar lo mejor de nosotros. ¡Cuánto influye esta actitud en la vida! No creo que muchos puedan lograr el éxito si constantemente se están diciendo lo malos que son. No quiero decir que deban ser unos narcisistas, tan solo es preciso tratarse bien a uno mismo.

En *Encuentra tu persona vitamina* expliqué con un símil el origen de esta voz. Diseñé un esquema —que te recuerdo— que es útil para poder entenderlo y es fácilmente aplicable en el día a día.

La grabadora en la infancia se convierte en la edad adulta en la voz interior.

Al nacer, llegamos con la grabadora vacía, como si fuera un folio en blanco. En ella se van registrando todo lo que nos va ocurriendo: los afectos, los sucesos, las conversaciones, los eventos… El secreto de esa voz interior reside en cómo nos hablaban nuestros padres de niños —«Si no estudias, no llegarás a nada» o «Sé que podrás conseguirlo. Confío en ti»—, en cómo se referían de nosotros a los demás —«Mi hijo es un pesado» o «Es un chico maravilloso»— y en cómo se hablaban entre ellos y lo percibíamos nosotros —«Tu padre es un egoísta» o «Te quiero un montón»—.

Es cierto que los padres son los que más nos influyen en la infancia, pero la voz interior también puede impactar a través de hermanos, abuelos, otros familiares, amigos o profesores. Esta influencia en la niñez es vital, pues es la que en el futuro hará que nos enfrentemos a momentos de sanación de forma más sencilla si nos topamos con una relación de pareja horrible o un jefe abusivo.

El neurólogo y psiquiatra francés Boris Cyrulnik lo describe muy bien: la seguridad que tiene un adulto proviene del sistema de apego que se creó de niño. Es decir, una herida no duele de igual forma en una persona con una grabadora sana —apego seguro— que con una destructiva —apego inseguro—. Por lo tanto, que nuestros progenitores nos acepten al nacer es esencial. Todavía me sorprende que haya algunos padres que no se sientan orgullosos de sus pequeños, y, lo que es peor, que se lo hagan saber. Si cualquier tipo de rechazo es malo, el que se da entre padres hacia los hijos es posible que dañe el futuro del chico cuando se convierta en adulto.

Recuerdo una anécdota que me sucedió en el supermercado hace unos meses —es un lugar propicio para que surjan bastantes historias—. Había ido a por fruta y vi a una madre con dos hijos, debían de ser mellizos por la estatura y la similitud. En un momento dado, uno de los niños —que llevaba unos yogures en la mano— se tropezó y rompió uno de ellos, lo que ensució el suelo. La madre, enfadada, le dijo:

—Ya podrías ser como tu hermano. Desde que naciste siempre eres el más torpe, el menos cuidadoso... Te quejas de que le queremos más a él, pero es que contigo es imposible.

Sentí una punzada en el corazón.

—Mamá, lo siento, se me ha caído —decía el pequeño mientras no dejaba de llorar.

—Mira tu hermano —insistía la mujer—, lleva más cosas que tú y no se le cae nada. No se trata de pedir perdón, se trata de ser mejor. Intenta parecerte a tu hermano.

Yo no dejaba de pensar en la grabadora de ese pobre niño. Al acercarse a pagar, la madre nos miró a otra señora y a mí, que asistíamos a la escena sin pronunciar palabra.

—Si no se lo digo, no aprenderá nunca. Si a alguien se le ocurre otra manera mejor, que me lo diga.

Soy consciente de que esta mujer no tenía mala intención, en sus parámetros educativos creía hacerlo lo mejor posible. Con muchísima delicadeza me acerqué a hablar con ella:

—Me dedico al mundo de la mente y la educación, y hoy la psicología aporta ideas para enfocarlo de otra manera.

No sé enfadó, todo lo contrario. En esos minutos de supermercado, en un aparte, pudimos charlar un rato y finalmente se me echó a llorar:

—¡Pues dime cómo lo hago, yo busco que cambie! Me estoy dando cuenta de que mi madre me hablaba siempre así, comparándome con mi hermana, ¡estoy replicando la historia!

En ocasiones, ser padre y madre no es tarea fácil; sin embargo, debemos ser conscientes de dónde venimos para no reproducir grabadoras tóxicas.

NO OLVIDES

Tal vez la voz interior que escuches ahora es un calco de lo que te decían en tu infancia tus seres queridos. No te tortures por ello.

La voz interior repercute en la seguridad en uno mismo y en la capacidad de tomar decisiones, en la autoestima y en la conducta.

Natalia sufre ansiedad elevada cuando la conozco.

—Mi madre me educó de forma muy exigente —me dice en la primera consulta—. Una de las cosas que me repetía sin cesar es que tenía que cuidar la alimentación porque nunca me casaría bien si estaba gorda. «La gente quiere más a las personas delgadas, cuida tu tipo, no comas esto, te lo digo por tu bien. Tu padre no se hubiera casado conmigo si me hubiese conocido gorda», insistía una y otra vez.

Desde entonces, lucha por su físico a diario. Tiende a coger peso con facilidad. Pasa largas horas estudiando y en prácticas —cursa quinto de Medicina— y apenas tiene tiempo de hacer deporte. Conoció a un chico y comenzaron a salir, pero no funcionó.

—Sé que no sigue conmigo porque estoy rellenita, pero ahora mismo no puedo cuidarme más y hacer más ejercicio. Mi madre me pregunta todas las semanas si estoy quedando con alguien, y cuando le digo que no, me dice que con este cuerpo nadie se va a fijar en mí. Si mis amigos traen algo rico para compartir, mi cabeza me recuerda que estoy gorda y no debo probarlo. Mi voz interior gira constantemente sobre mi físico. Estoy agotada de mí misma.

Esta última frase, «estoy agotada de mí misma», la he escuchado en numerosas ocasiones. ¡Causa un desgaste inmenso! Esa forma que tenemos de tratarnos puede dejarnos exhaustos. Natalia ha de aprender a separarse de su voz tóxica, que no le permite disfrutar de ningún plan que incluya alimentos. Realizo con ella la técnica EMDR de momentos en los que se percibe a sí misma gorda, o en que recuerda a su madre juzgándola. Trabajamos la relación que tiene con la comida buscando momentos —por pequeños que sean— que le ayudan a sentirse en paz como el deporte, la meditación o algún *hobby*.

En ocasiones, la voz interior nos sabotea y nos impide enfrentarnos a los retos. Pero se puede sanar, potenciar y educar.

María José tiene treinta y ocho años, es arquitecta y acaba de finalizar un máster en Estados Unidos. Trabaja en un estudio en Miami y viaja mucho por proyectos a Latinoamérica. Su padre le ha recomendado que estudie japonés porque ha escuchado que existen buenas oportunidades laborales en el país nipón.

—Desde pequeña, a mi hermana gemela y a mí mis padres nos han exigido mucho. Por las tardes teníamos extraescolares y no se nos permitía sacar menos de un sobresaliente. Si pienso en mi infancia, me doy cuenta de que vivía incesantemente en tensión. Nos apuntaron a clase de música y de *ballet,* y todos los años invitaban a amigos a casa, y teníamos que hacerles una representación. Luego nos puntuaban. A mi edad no disfruto, siempre estoy pensando en nuevas actividades. Si estoy sin hacer nada, me siento culpable y me digo: «¡Mis padres se sentirían decepcionados conmigo!». Eso me genera un cargo de conciencia constante. Vivo con sensación de que ellos observan cada cosa que hago.

María José es perfeccionista y su voz interior no le permite descansar, entrar en el aburrimiento y parar sin sentirse culpable. Está tan acostumbrada a hacer cosas sin parar y a exigirse que su grabadora está repleta de «debo ser / debo hacer». Tomar conciencia de ello e ir desarticulando escenas de la infancia, frases de la grabadora, e ir aprendiendo, poco a poco, a desconectar le está ayudando a encontrar lugares de paz en su día a día.

Padres muy exigentes pueden generar a la larga hijos que presenten impasibilidad de ánimo, falta de satisfacción y sentimiento de fracaso por no estar a la altura de lo que hacen en su vida. Te recomiendo, si eres de los que tienes un contenido machacante en tu voz interior, que identifiques cuánto te afecta —tienes un capítulo sobre esto en *Encuentra tu persona vitamina*—.

Lucha de voces

La razón por lo que en ocasiones notamos que luchamos entre dos voces es que cogemos mensajes de cuando éramos pequeños, los internalizamos en nuestra grabadora y se convierten entonces en la voz interior. Por ejemplo, vamos a un restaurante: «Qué hambre, qué apetecible y qué rico está todo», nos dice una voz. Otra nos dice: «Cuídate que luego te empachas, no eres capaz de frenar y después te arrepientes». Hay teorías que explican que esa pugna tiene mucho que ver con una infancia en la que había fuerzas contrapuestas. Padres que no estaban de acuerdo con temas de educación y tú observabas las discusiones sobre decisiones y recomendaciones. Otras veces puede deberse a haber vivido un tipo de educación en casa y haber sido juzgado en el colegio o entre los amigos. Eso va impactando en la grabadora y cuando se activa el *on,* aparece la voz que dice lo que le apetece, otra la que exige y otra la que busca ser más empática.

Leí una teoría[26] de la psicóloga Małgorzata M. Puchalska-Wasyl psicóloga de la Universidad Católica Juan Pablo II de Lublin (Polonia), que describía esa voz interior en forma de cuatro personajes:

— El amigo fiel, la persona vitamina que te apoya.
— El padre ambivalente, la figura de padre que a veces empatiza y otras te exige.
— El rival orgulloso, tipo *coach,* entrenador que te impulsa a competir.
— El niño indefenso, la voz interior que sufre, que se queja y solo percibe lo negativo.

Existen estudios curiosos en los que se ha visto que al activar nuestra voz interior, a veces se accionan áreas cerebrales del oído y otras, del habla. ¡Impresionante! En ocasiones nos hablamos y en ocasiones nos escuchamos. Dentro de un rato, cuando sueltes el libro de las manos, experimenta esto sin móvil. Al ir en el autobús, en el metro, de vuelta a casa de trabajar… fíjate qué sucede. En algunos momentos «observarás» que es tu voz la que está hablando con los demás y en otros aparecerá de forma espontánea.

Decides ir al gimnasio al mediodía, surge un «te está dando mucha pereza, pero luego lo agradeces y te sientes mejor». Te estás hablando y es intencionado. En otros casos, en cambio, asoma la voz espontánea, la automática, la involuntaria y simplemente te escuchas lo que te estás diciendo, esa «cháchara» de la que habla Ethan Kross en su libro con el mismo título. Kross trata de un tema muy interesante que yo he aplicado en terapia con buenos resultados. Analiza con pruebas de imagen qué sucede en el cerebro cuando estamos teniendo un diálogo negativo que nos altera y explica que al cambiar del yo al tú se modifica la red neuronal, generando menos angustia. Te lo ejemplifico. Manuel se levanta taciturno una mañana sin haber descansado bien y tiene reunión con su jefe —«Estoy cansado, no puedo más, no me gusta mi trabajo y mi jefe cada día me cae peor. Tengo muy mala suerte; en realidad, no soy feliz»—. La clave es ser consciente de ese estado de alerta y malestar y decirse a sí mismo: «Manuel, ya te conoces. Cuando no duermes bien, lo ves todo negro. Es cierto que tu trabajo no te encanta, pero has pensado en muchas ocasiones que ahora mismo es lo que más te conviene hasta que surja una oportunidad mejor. Intenta acostarte pronto hoy». Es un cambio sutil, pasa del YO al TÚ, pero se ha demostrado neurobiológicamente que rebaja la angustia. Haz la prueba, verás que eres capaz de percibir tu realidad con distancia y modificas la interpretación de eso que estás viviendo.

De alguna manera, la voz es la encargada de marcar la autoestima que tenemos y la que nos ocasiona los problemas de indecisión. Por otro lado, se ha visto que las personas que se tratan mal, que se hablan mal, interpretan que los demás también les tratan de forma dañina y destructiva.

Paula tenía dieciocho años cuando acudió a consulta por primera vez acompañada por su padre.

—Soy muy tímida, creo que no le caigo bien a la gente, pero tampoco me atrevo a abrirme. Hace un año sufrí *bullying* en el instituto y lo pasé mal. No tengo muchos amigos y más de un día me levanto sin querer ir a clase. ¿Para qué, me digo? Si no voy a ser capaz de terminar el bachillerato. No soy muy inteligente y prefiero ponerme a trabajar de cajera. No me atrevo de dependienta porque si me rechazan o no consigo vender puedo hundirme más. Mis padres se llevan mal y nunca les he importado mucho. Sé que les parezco complicada y ya no buscan entenderme. He intentado hablar con mis profesores del instituto, pero han tirado la toalla conmigo.

La voz de Paula es profundamente tóxica. Su runrún mental diario genera una intoxicación de cortisol que, como es lógico, está teniendo gran repercusión emocional y cognitiva. Es importante entender esto porque las personas que sufren de depresión suelen referir una voz interior muy negativa y tienden a malinterpretar muchas cosas que llegan de otros. Insisto sobre ello en terapia y en mis conferencias, ya que si uno convive con alguien que está atravesando un momento malo, hay bastantes posibilidades de que esa persona no entienda bien las intenciones del entorno y no se comunique como debería.

Si tienes pareja, amigos, familiares que están sufriendo, tienen un trauma sin resolver o algún problema de ánimo importante, lo más frecuente es que interpreten de forma negativa muchas acciones, comentarios, sugerencias que vengan de ti o de los demás. Es decir, si alguien se habla y se trata mal, interpreta que los demás le hablan o le tratan mal. Si, por el contrario, eres tú quien está sufriendo, analiza si estás interpretando como amenazas y críticas situaciones imaginarias. Comprender la razón por la que parece que estás en guerra y tensión con todos puede aliviar parte de tu malestar social y afectivo.

Hace años atravesé una época complicada personal y profesional, con problemas graves de salud en la familia. Estaba de bajón, con angustia, pero lo llevaba dentro. Una de las frases que me repetía era: «No puedo con todo, nadie me entiende, debería frenar; mis pacientes necesitan que les dedique más tiempo, pero ahora mismo es imposible». Llegué a una cena con amigas y una de ellas me recordó que se me había pasado su cumple. Mi enfado con ella por hacérmelo saber fue desproporcionado. Mi amiga, que es maravillosa, volviendo a casa me escribió un mensaje: «Estás sufriendo por algo y no lo quieres compartir. Debe de ser el motivo por el que has reaccionado así conmigo. Sabes que estoy a tu disposición». ¡Agradecí su comprensión y me disculpé!, y cuando descubrí la neurociencia que había detrás de mi conducta, entendí lo que me había sucedido. Si la voz interior nos ayuda, puede ser de gran apoyo. ¡Que esta voz sirva para sacar lo mejor de ti! Sabemos que si nos tratamos bien, mejoramos la capacidad de aprender, entender y memorizar.

NO OLVIDES

Si estás atravesando una situación mala, la voz interior resulta una tortura. Si estás en una situación de cierta paz y armonía, es una gran aliada.

REDES
Y PANTALLAS

13. La cara oculta de las redes

Hace años un amigo mío asistió a una conferencia en Estados Unidos de Tristan Harris. Recuerdo su llamada nada más acabar el evento:

—¡Marian, tienes que conocerle!

Empecé a leer sobre él y me pareció fascinante la labor que estaba realizando. Tristan es uno de los divulgadores más importantes en temas de algoritmos, redes y adicciones. Participó activamente en el documental *El dilema de las redes* del que ya te he hablado. Siempre que tengo oportunidad invito a que lo vean en colegios, universidades, hospitales, familias... Trata de lo que hay detrás de las aplicaciones, *likes,* notificaciones... Repito de nuevo, esos algoritmos saben mucho de nosotros y están diseñados para vender sus artículos o para que pasemos tiempo navegando por su aplicación o web. No hace mucho, buscando un regalo para mi hermana por su santo, entré en internet y en menos de un minuto me salieron, «recomendados», dos productos que me encantaban ¡a mí! Pensé: «¡Es alucinante el grado de conocimiento que tienen sobre mis gustos!». No es casual, ¡están diseñados para que así sea!

Te contaré más sobre Tristan Harris, ya que es un personaje clave con el que comparto muchas ideas. Pero antes déjame explicarte cómo se fraguó Instagram y hablarte de una de las figuras relevantes en el modelo de la tecnología persuasiva.

EL HOMBRE QUE CREA MILLONARIOS

En el año 2002, en la Universidad de Stanford, el doctor B. J. Fogg impartía un curso que él mismo había creado denominado Laboratorio de Tecnología Persuasiva —Persuasive Technology Lab—, ahora llamado Stanford Behavior Design Lab. Fogg había comenzado en los años noventa con su investigación a la que bautizó como Captology, que trataba de emplear la tecnología para, a través de refuerzos e incentivos, persuadir a la gente para que cambiara su comportamiento. En uno de sus experimentos demostró que los empleados trabajaban mejor si el ordenador les otorgaba comentarios positivos y motivadores. Lo que él exponía es que si querías que alguien cambiara, tenías que aumentar su motivación o sus habilidades. Cuando esa tarea a realizar es sencilla, la motivación es menor, por lo que debe existir cierta ilusión.

En su curso de Stanford recomendaba a los alumnos lecturas de filósofos y psicólogos que hubieran investigado cómo respondía el cerebro a los refuerzos y condicionamientos. Uno de los más leídos era Burrhus F. Skinner.

La caja de Skinner

Numerosos científicos y pensadores han analizado en diferentes épocas de la historia la conducta humana. En temas de refuerzo positivo, B. F. Skinner, psicólogo, filósofo e inventor estadounidense, fue un referente —ya antes, Ivan Pavlov y John B. Watson habían tratado sobre ello—. Él observaba cómo las personas respondían ante distintas circunstancias y acontecimientos.

En uno de sus experimentos metió una rata en una caja con una palanca y un dispensador de alimentos. Se trataba de una jaula cerrada y aislada de ruidos para que no existiesen condicionantes externos. Cuando el animal presionaba la palanca, caía la comida. Pero aunque no cayera comida, el animal insistía tocando la palanca. Se dio cuenta entonces de que la rata aprendía por asociación. Su conclusión fue que una persona tenía más posibilidades de repetir una conducta si recibía un refuerzo positivo, y de igual manera frenaría o no repetiría aquella que estuviera vinculada a uno negativo. Su teoría se conoce como condicionamiento operante o instrumental.

Con el apogeo de las redes sociales, las ideas de Skinner volvieron con fuerza para modificar los sistemas de recompensa de la población. Fogg enseñaba a los emprendedores de Silicon Valley a diseñar aplicaciones y crear contenidos que tuvieran la capacidad de captar la atención y modificar la conducta de los usuarios sin que ellos fueran conscientes. Tristan Harris —uno de sus alumnos— habló tiempo después con el periodista Johann Hari sobre su experiencia en estas clases. Le dijo que existían unas normas invisibles que mandan sobre lo que hace la población y que él tenía la sensación de estar siendo partícipe de la revelación al público de esas normas.

En ese curso Tristan coincidió con Mike Krieger. Fogg les pidió ese año que desarrollaran una aplicación que permitiera a un usuario enviar una imagen de un día soleado a otro que viviera en un lugar frío e invernal para animarle. Se llamaba Envía el Sol. Los dos se conectaban con su localización y dependiendo del clima en el que se encontraban, se mandaban fotos soleadas para subir el ánimo al otro. Mike, al ver que la aplicación tenía una finalidad agradable —tú le importabas a una persona que estaba lejos y compartía contigo sus fotos—, se unió a otro compañero, Kevin Systrom, para buscar distintas maneras de compartir fotos *online* —apoyándose en la teoría de Skinner—, intentando que hubiera un refuerzo positivo a base de comentarios, *likes* o corazones. Y, gracias a los conocimientos que estaban adquiriendo con su primera aplicación, Envía el Sol, decidieron lanzar la suya propia a la que llamaron Instagram. Años más tarde la venderían a Mark Zuckerberg por mil millones de dólares.

Fogg ha dicho en alguna ocasión que si no hubiera dado aquella clase, posiblemente Instagram no hubiese existido. Por su aula pasaron Tristan Harris, Akshay Kothari—responsable de LinkedIn India—, Ramit Sethi —autor de *Te enseñaré a ser rico*— y muchos otros. Se le empezó a conocer como el hombre que creaba millonarios.

LA HISTORIA DE TRISTAN HARRIS

Fogg insistía en otras dos ideas: ayuda a que la gente consiga hacer lo que realmente quiere e intenta que esa persona se sienta exitosa. Si lo analizas, LinkedIn e Instagram lo intentan. En una ocasión Fogg acudió a visitar los cuarteles de Facebook, y al volver a la universidad pidió a sus alumnos que desarrollaran aplicaciones nuevas para la empresa. En menos de tres meses sus pupilos habían conseguido captar para Facebook veinte millones de usuarios más y generar un millón de euros en publicidad.

Durante las últimas clases a las que acudió Harris con Fogg, se habló de cómo seguir empleando la persuasión en nuevos proyectos, como crear una aplicación que tuviera perfiles de usuarios dentro de una red gigante para inducirles a pensar o comprar lo que ellos quisieran. Tristan se mostraba preocupado con los avances[1,2,3] y por cómo se estaba fraguando un serio problema de distracciones a la sociedad.

Harris es un apasionado de la magia. Uno de mis mejores amigos, Mariano, es mago y siempre cuenta que la magia consiste en manipular nuestra atención, dónde miramos y a qué miramos. La magia, en el fondo, no deja de ser una habilidad inmensa para dirigir nuestra atención a lo que los ilusionistas decidan. Mientras nos enfocamos donde quieren, te hacen el truco por otro lado. Son expertos en manipular.

Tristan empezó a buscar maneras de conseguir preservar la atención y se le ocurrió crear Apture. Seguro que lo has empleado en alguna ocasión —es útil cuando estás leyendo una web y hay algo de lo que quieres saber más, entonces marcas la palabra y sale una extensión de navegador donde ves los resultados, todo sin salir de la página en la que te encuentras—. Google le propuso comprar su diseño mientras le ofrecían trabajar para ellos. Entrar en esta compañía fue muy importante para él, pues descubrió que manejaba el contenido de lo que miles, ¡millones! de personas leían y consultaban al día.

He escuchado decenas de intervenciones y leído mucho sobre Tristan Harris. Esa época en Google le marcó profundamente. Había una palabra que se repetía sin cesar: *engagement,* la capacidad que tiene un producto, una aplicación o un *influencer* para captar a las personas. Cuanto más *engagement,* mejor. Por lo tanto, había que buscar todas las maneras posibles de conseguir que la gente se enganchara a sus productos. Se empezó a pagar dinero a aquellos ingenieros, neurocientíficos y psicólogos que supieran cómo retener la atención de los usuarios el mayor tiempo posible en la pantalla. Así nacieron las vibraciones —cuando llega una notificación, un *mail*...—, las alertas sonoras, las iluminaciones fugaces de la pantalla o la misma linterna del móvil y tantas otras artimañas destinadas a atraer nuestra atención, pero generando, paradójicamente, distracciones constantes.

Tristan Harris era consciente de que la atención se estaba perdiendo y de que las empresas tecnológicas lo sabían. La introducción de los filtros fue otro diseño de uno de sus compañeros. Significaron otro punto de inflexión en el desarrollo de las aplicaciones, ya que gracias a ellos somos capaces de cambiar saturación, intensidad, luz, nitidez en las imágenes, etc., para que las fotos —y, por supuesto, nosotros y nuestros cuerpos— luzcan mejor. Un buen amigo, cirujano plástico, me decía consternado tras escucharme en un *podcast* que en el último año había atendido a muchas chicas que acudían a su consulta con una foto con filtro pidiéndole que las transformase en esa imagen que habían creado. Si nos pasamos el día viéndonos con un filtro más guapos, delgados y jóvenes, nos va a resultar cada vez más complicado aceptar nuestras imperfecciones. Hablaré de esto más adelante, pero tiene un impacto muy fuerte en la autoestima y en la percepción que tenemos de nosotros mismos.

Tristan llegó a un punto en que supo que tenía que cambiar de bando. En el documental lo explica con detalle. Un día de 2016 anunció su salida de Google, pero antes, en 2013, había hecho una presentación que distribuyó en la compañía para generar debate y diferentes opiniones. Esta se puede ver en http://www.minimizedistraction.com; te la recomiendo. Mostró datos reales —por entonces ya preocupantes— sobre la distracción y la falta de atención que estaban provocando, pero, sobre todo enfatizó la gravedad de que internamente se estuviera trabajando para manipular de forma consciente las mentes de los consumidores.

En una de las páginas de la presentación señalaba que en 2012 existían once billones de distracciones al día en el mundo. Once años más tarde estos números se han disparado exponencialmente. Propuso ciertas herramientas para evitar las distracciones constantes, pero no fueron tenidas en cuenta. Él insistía en que se nos estaba arrebatando la capacidad de frenar y decidir a base de millones de distracciones. Había visto con sus propios ojos que la finalidad de las compañías era enganchar y manipular las vulnerabilidades psicológicas. ¿Cómo? Como si de una máquina tragaperras se tratara. Te comparto algunas de las ideas de esa presentación, mostrándote la vulnerabilidad que Harris percibía junto con alguna propuesta que él planteaba para evitar el daño (ver página siguiente).

Esta presentación causó un gran revuelo. Los jefes le pidieron que se trasladara a un puesto de diseñador ético. Tristan estaba ilusionado; pensaba que desde su nueva posición podría generar un cambio en esos temas que se llevaban haciendo mal desde hacía tiempo. Durante meses intentó lanzar productos que frenaran las interrupciones, pero ninguno era aceptado porque iba en contra de los intereses económicos de la compañía. Aguantó tres años en su puesto de «diseñador ético». Finalmente, se marchó y fundó en 2018 el Center for Humane Technology, una organización sin ánimo de lucro en la que busca humanizar el uso de los descubrimientos tecnológicos.

PREOCUPACIONES

- **Creación de un mundo distraído.**
- **Pérdida de horas en los *mails* y aplicaciones.**
- **La influencia de las empresas tecnológicas: hacia dónde quieren dirigir la atención.**
- **Destrucción de las habilidades de los jóvenes para enfocarse en el aquí y ahora.**
- **Potenciación de las vulnerabilidades de los humanos.**

VULNERABILIDAD 1

Los productos recomendados nos hacen perder tiempo.

Diseñar productos para ayudar a los usuarios a prever las consecuencias de algunas de sus acciones.

VULNERABILIDAD 2

Las recompensas variables intermitentes son las más difíciles de frenar (como las máquinas tragaperras).

Diseñar productos para minimizar las recompensas variables intermitentes y reducir las adicciones.

VULNERABILIDAD 3

FOMO (miedo a perder información, noticias, etc.).

Diseñar productos que den confianza a los usuarios para que puedan desconectar con más facilidad sin perderse nada realmente importante.

VULNERABILIDAD 4

Falta de conciencia en la conducta.

Ayudar a que los usuarios sean capaces de pensar y reflexionar antes de actuar por impulsos.

VULNERABILIDAD 5

Distraídos y estresados somos más propensos a sucumbir a impulsos inmediatos.

Diseñar productos para minimizar el estrés y crear estados de calma.

En 2019, el senador de Virginia, Mark R. Warner, y la senadora de Nebraska, Debra Fischer, presentaron una proposición de ley denominada Deceptive Experiences To Online Users Reduction (DETOUR Act) —que se podría traducir como Ley de reducción de experiencias engañosas— para frenar o prohibir la manipulación a través de las redes. Por medio de esta proposición de ley se buscaba que muchas de estas aplicaciones cambiaran su modelo de negocio, dotando de más transparencia al sistema.

Muchos ingenieros y especialistas fueron llamados para dar su opinión sobre el tema en el Senado de Estados Unidos. Tristan Harris acudió, explicó su experiencia y cómo trató de modificar algunas de estas prácticas desde su puesto de diseñador ético. Dijo que había fracasado, ya que las empresas tecnológicas no tenían los incentivos adecuados para cambiar. Puso mucho énfasis en cómo se captaba la información personal de los usuarios y en cómo se empleaban múltiples técnicas y herramientas para llamar su atención y distraerlos constantemente.

Detrás de cada publicación y producto que llega a una pantalla hay cientos de ingenieros que trabajan para tener secuestrada nuestra atención.

EL *SCROLL* INFINITO

Hay otro personaje interesante en todo este proceso. Conocerle te ayudará a entender mejor los entresijos de la batalla digital y su capacidad para enganchar. Su nombre: Aza Raskin. Su padre, Jef Raskin, programador y filósofo, conoció a Steve Jobs en la primera feria de informática de la Costa Oeste, en la presentación del Apple II, y fue contratado por él para trabajar como mánager de publicaciones en su empresa. Su hijo, que vivió desde pequeño en este entorno, siguió de cerca sus pasos.

A los treinta años, Aza diseñó una primera versión de Firefox, más adelante montó otras compañías y desarrolló otros productos. En 2006 inventó el *scroll* infinito, pero, poco a poco, se fue dando cuenta de que quería encauzar su camino para que la tecnología estuviera enfocada en cosas buenas. Dos años después fundó, junto con su amigo Tristan Harris, el Center for Humane Technology. A su vez creó el Earth Species Project, cuyo objetivo es mejorar la vida de los animales en la Tierra, investigando cómo comunicarse con ellos.

¿Pero qué es el *scroll* infinito? Seguro que has usado esta función en muchas ocasiones, en Instagram, LinkedIn, Snapchat, TikTok o YouTube. Entras a mirar una publicación o porque estás aburrido o estresado. Consultas algo, pero comienzas a arrastrar el dedo hacia abajo, surgen publicaciones diseñadas para ti según tus gustos y tu algoritmo. ¡Ya no te acuerdas para qué entraste en la aplicación! De pronto, algo te saca de ese estado de desconexión de ti mismo y del entorno, pero para entonces ¡has perdido quince minutos o más! A esto se le denomina *scroll* infinito. Se trata de mostrar contenido sin que el usuario tenga que hacer clic, sin que existan interrupciones, ya que no hay que esperar a que se cargue la información. Lo que Aza diseñó para facilitar el acceso a la información se ha convertido en uno de los motivos por los que las redes son tan adictivas.

En una entrevista a la *BBC*[4] en el año 2018, analizó los efectos de su producto y explicó que empleándolo no se le daba tiempo al cerebro a ponerse al día con los impulsos, razón por la cual se queda enganchado indefinidamente.

—Es como si la gente estuviera tomando cocaína conductual.

Así es como el propio Aza describe su invento, ya que este nos impide parar el movimiento del dedo deslizando la pantalla. Bloquea que puedas pensar y que te plantees salir de la pantalla. Es más fácil secuestrar nuestros instintos, que los controlemos nosotros. Si en vez de contar con el *scroll* infinito tuviéramos que recargar la página una y otra vez, en esas centésimas de segundo es más probable que el cerebro pudiera recuperar el control de su tiempo. Cuando a Raskin le preguntaron por su opinión sobre su creación, su respuesta fue impactante:

—Con mi invento ha quedado demostrado que hacer algo que facilite las cosas no significa necesariamente que sea bueno para la humanidad. No puedo controlar cómo van a ser utilizadas mis creaciones. Debería haber dedicado más tiempo a pensar en la filosofía y la responsabilidad que conlleva el invento. Sería terrible llegar al final de mi vida y que en mi lápida pusiera algo así como: «Hizo el *scroll*».

Me gustó mucho leer que Aza y yo compartimos un hábito en relación con cómo empleamos las redes. En una entrevista realizada en 2021 a la revista *GQ*[5] explicó algo que recomiendo desde hace años a mis pacientes y que yo misma intento llevar a cabo a mi vida personal-digital. Dijo que en los últimos tiempos había bajado mucho su consumo en redes. Un día, hablando con su amigo Tristan, este le preguntó qué sentía cuando publicaba algo en redes y por qué lo hacía. Esta cuestión le hizo replantearse bastantes cosas. En mi caso, las redes son una herramienta, un altavoz, para que mi mensaje pueda llegar y ayudar a más gente. Intento aportar ideas y contenido a través de estos canales. No gobiernan mi vida; las utilizo siempre que lo veo conveniente.

Ya sabes que al principio la mente genera resistencia a cualquier hábito, pero a medida que lo introduces en tu vida se transforma en una rutina vitamínica. Como usuario de redes sociales, cada vez que vayas a publicar algo hazte estas preguntas. Lógicamente no hace falta que te hagas todas, solo aquellas que creas que te ayudan:

— ¿Por qué quiero compartir esto ahora mismo?
— ¿Qué quiero transmitir a los que lo vean? ¿Les aporta algo?
— ¿Cuál es la razón para contestar a este tuit o imagen?
— ¿Qué faceta de mí está primando?

— ¿Qué emoción es la más fuerte al querer publicar?
— ¿Este chispazo de dopamina lo necesito porque me siento solo, estresado o necesito validación?
— ¿Estoy siendo la versión de mí mismo que más me gusta?

Estas preguntas pueden ser muy útiles porque uno de los efectos más buscados en las redes es la necesidad de validación. Si no tenemos cuidado, la tecnología podría destrozar nuestro tejido social.

14. Cómo nos manipulan

Ya te he hablado en el capítulo «La soledad y su influencia en la salud» de Vivek Murthy, toda una autoridad y un experto en temas de salud en Estados Unidos. En mayo de 2023 presentó un documento[6] donde compartía su preocupación por el uso excesivo de las redes entre los jóvenes. En él subrayó algo que ya sabemos: las plataformas están diseñadas para ser adictivas. Insistía en que había que trabajar para proteger el correcto desarrollo cerebral de los adolescentes. El doctor Murthy analizó las ventajas que aportaban:

— Nos conectan y nos acercan a las personas.
— Nos sentimos parte de algo.
— Son una vía de escape en momentos complicados.
— Apoyan a los grupos más discriminados, ya que la gente busca a otros que se sientan como ellos.

Pero expresó también las desventajas:

— Incrementan la ansiedad.
— Están relacionadas con conductas autolesivas y trastornos alimenticios.
— Influyen muy negativamente en la autoestima, sobre todo en niñas.
— Generan problemas de sueño.
— Activan comparaciones constantes.

NO OLVIDES

Si te comparas, sales perdiendo, porque sueles infravalorar tus cualidades y sobrevalorar a la persona a la que observas.

Expuso cifras actualizadas en su país:

— El 95 % de la población de entre trece y diecisiete años tiene acceso a las redes.
— El principal factor de riesgo es el tiempo de exposición. Los jóvenes pasan en torno a tres horas y media diarias enganchados al *scroll* o a las redes. Un 25 % pasa cinco horas, y una séptima parte, más de siete.
— El 14 % de los adolescentes de entre trece y diecisiete años cuenta que las redes le hacen sentir mejor. Un 46 % reconoce sentirse peor.
— El 64 % ha sido atacado o humillado con mensajes de odio.
— Un tercio de los adolescentes usa pantallas hasta medianoche o más tarde.
— El 33 % de las chicas de entre once y quince años admite estar enganchada a alguna red social.

Me alegra saber que esta inquietud se ha convertido en una preocupación real de algunas Administraciones Públicas, como vemos a continuación.

LOS GOBIERNOS EMPIEZAN A ALZAR LA VOZ

Desde diferentes instituciones ya se habla de generar entornos digitales sanos, saludables y seguros para los jóvenes, de manera que si no se pueden eliminar los riesgos al menos se puedan advertir y regular mientras se educa para confrontarlos. Al igual que se controla la venta de alcohol, tabaco, drogas o ciertos medicamentos, también el acceso a determinadas aplicaciones o contenidos digitales tiene que ser restringido o controlado. Es fundamental.

Asociaciones americanas, como la Academia Estadounidense de Pediatras o la de Médicos de Familia, expresan hoy también su inquietud, ya que las aplicaciones no tienen como prioridad potenciar el desarrollo de los niños, sino favorecer sus vulnerabilidades. Tres de cada cuatro padres en Estados Unidos considera que cada vez es más complicado educar a sus hijos y que las redes tienen gran parte de la culpa. El 80 % cree que la industria tecnológica debería proteger a los menores de contenidos perjudiciales. Algunos piensan que son los padres quienes deberían encargarse de ayudar a sus hijos en la introducción a los dispositivos. Yo soy madre de familia y estoy convencida de que si el sistema no ayuda un poco, es muy difícil poder conseguirlo. Es un símil distinto, pero si la comida que damos a nuestros hijos tuviera riesgo de enfermarles, necesitaríamos que nos alertaran, que nos avisaran o que esos productos no se comercializaran. Del mismo modo que cada vez tenemos más información sobre los procesados, los fritos o el azúcar, conocer estos temas ayudaría mucho a los padres a tomar decisiones al respecto.

El doctor Murthy y otros especialistas en diferentes lugares del planeta se empiezan a replantear cuál es la edad idónea para el inicio de las pantallas. Algunos opinan que no debería existir acceso a las redes sociales antes de los trece años. Otros creemos que esa edad no debería ser antes de los dieciséis. Me dirás: «¡Pero eso es imposible!». Soy consciente de que una cosa es lo recomendable y otra lo factible según las circunstancias. De la misma forma que un chico de dieciocho, que legalmente puede conducir, lo normal es que no empiece a hacerlo con un Ferrari o un coche excesivamente potente, aquí también la introducción ha de ser progresiva. He hablado de esto con pediatras, psicólogos, psiquiatras, policías e incluso con ingenieros informáticos. No es una decisión fácil, ya que existe el miedo a la exclusión, a que los que no tengan móvil en el colegio pueden ser apartados por sus compañeros. Ningún padre quiere que su hijo sea el diferente o el raro, y la presión social es muy fuerte. Por eso los movimientos sociales, educativos, divulgativos y políticos son esenciales, entre todos logramos proteger la salud mental y evitamos un comportamiento que se ha extendido y que tiene graves consecuencias: el *ciberbullying*, el acoso en el entorno digital.

Pero no solo Estados Unidos ha mostrado su preocupación en los últimos tiempos por las técnicas que emplean las empresas para enganchar a los usuarios, también lo ha hecho la Unión Europea. Son conscientes de que los programas están explotando la vulnerabilidad de los individuos en términos de atención y sistemas de recompensa. Desde Europa asoma este pensamiento que compartía antes: si el alcohol y las drogas están sujetas a normativas, ¿cómo es posible que las redes, con su enorme potencial adictivo, no estén reguladas? Los eurodiputados a favor de que existan leyes sobre ellas afirman que el diseño puede causar daños físicos, psicológicos, pérdidas de concentración, capacidad cognitiva, agotamiento, etc. De hecho, en octubre de 2023 el Parlamento Europeo aprobó un proyecto en la Comisión de Mercado Interior y Protección del Consumidor (IMCO) —con treinta y ocho votos a favor y una abstención— para investigar, examinar y prohibir el *scroll* infinito. Es más, en diciembre aprobó una resolución para que tanto los servicios como los productos digitales fueran más éticos y a la vez su diseño fuera menos adictivo. La Comisión está alarmada por el hecho de que uno de cada cuatro niños tenga rasgos adictivos a las redes. Ha propuesto también una serie de ideas recomendadas por expertos en la materia para ayudar a gestionar las distracciones y proteger la atención. Te comento solo tres:

— Pensar antes de compartir. Esto lo sugirió en su momento Tristan Harris en Google, pero no tuvo aceptación. Significa que antes de compartir una publicación plantees a la persona si en realidad quiere publicar eso y qué finalidad tiene.

— El derecho a no ser molestado. Ahora, continuamente, pueden llegarte notificaciones, *mails,* alertas... Sería como un derecho a preservar la calma, una especie de Lista Robinson pero en esta materia. Reconozco que me gusta mucho la idea.
— Cambiar las publicaciones. Otra sugerencia que me ha parecido muy positiva: que a medida que transcurren los minutos de conexión bajen la intensidad de los colores o pasen a escala de grises para que el usuario se dé cuenta que ha llegado el momento de dejar el dispositivo.

También, de manera individual, ciertos países de la Unión Europea han empezado a mover ficha, y es Italia uno de los más rigurosos en cuanto al material que considera puede ser perjudicial para los menores de edad. No permite que tengan acceso a contenidos inapropiados —pornografía, apuestas, violencia...— y a este fin ha bloqueado las tarjetas SIM de móviles y de otros dispositivos de los que no han cumplido los dieciocho. Las teleoperadoras se encargan de ello.

No todos los investigadores creen que esto vaya a ser una garantía total, entre ellos el pedagogo Cosimo di Bari. Sospecha que los jóvenes encontrarán maneras de saltarse este sistema. Y en el caso de que la herramienta funcione, puede que se les aísle demasiado de los peligros reales que hay en el mundo, idea que yo, personalmente, no comparto. Quizá lo preferible sería enseñarles a autorregularse, que comprendan los límites de los contenidos y el tiempo que deberían estar delante de la pantalla, pero que haya un mínimo de regulación para el acceso me parece fundamental.

Existen planteamientos que consideran que, en aras de la libertad no debería haber restricciones —alegando la conveniencia de un consumo responsable y con la excusa de las dificultades técnicas y/o para evitar la sobreprotección—. El problema es que pretender que los menores se autorregulen en el entorno digital, con lo adictivo que está demostrando ser, es como sumergirles en un ecosistema plagado de alcohol, drogas y contenido explícito accesibles al instante y gratuitos y esperar que no desarrollen adicciones. Claro que lo ideal sería que su autocontrol fuera lo suficientemente maduro para mantenerles alejados de ello, pero precisamente porque son menores no tienen la madurez necesaria.

DEMANDA A META

En 2021, *The Wall Street Journal* publicó un reportaje sobre cómo Instagram distorsionaba la manera en la que las niñas percibían su cuerpo. Insistía en que la empresa conocía el daño que esto producía en el cerebro de las jóvenes y no lo frenaba. El fiscal general de California, Rob Bonta, apuntaba en su investigación que Meta —propietaria de la firma y de Facebook o WhatsApp, entre otras— había engañado a los consumidores y estaba poniendo en peligro a los adolescentes. La portavoz de la compañía, Nkechi Nneji, explicó tras la denuncia que la finalidad de Meta era siempre aportar a los usuarios una experiencia saludable y segura. Desde que se reveló la información, algunos Estados americanos han aprobado una ley que restringe el acceso de los menores a las redes sin el consentimiento de los padres.

A principios de ese mismo año, Instagram avisó de que iba a lanzar la versión infantil. La noticia generó una gran inquietud y varios fiscales generales escribieron una carta abierta a Mark Zuckerberg en la que terminaban diciendo: «En resumen: una plataforma para niños pequeños es dañina por innumerables razones. Los fiscales generales instan a Facebook a que abandone sus planes de lanzar esta nueva plataforma».

Dos años después, en enero de 2023, un centenar de escuelas de Seattle —sede de Amazon y Microsoft—, con unos cincuenta mil estudiantes, presentaron una denuncia contra las grandes empresas tecnológicas por el daño infringido en la salud mental de los jóvenes, argumentando que había impactado en la labor educativa al absorber los recursos de los colegios. Las instituciones observan preocupadas cómo las redes modifican los sistemas de recompensa de los alumnos a través de las aplicaciones y las secuelas que esto tiene en el bienestar emocional y en el aprendizaje.

Ese mismo año, nueve meses más tarde, cuarenta y un fiscales generales del país pusieron una demanda a Meta por desarrollar productos y aplicaciones con fines adictivos a pesar de que la compañía había negado que esto fuera así, insistiendo en su mensaje de que ellos trabajaban arduamente en la seguridad del contenido. Pero el escrito insistía en los peligros y riesgos de sus aplicaciones. También les acusaba de incumplir la Ley de Protección a la Privacidad Infantil de Internet al recopilar información y datos de menores de trece años.

Tristan Harris ya compartió la misma idea en su presentación a la salida de Google: Meta conoce las vulnerabilidades de los menores y se aprovecha de ellas, generando herramientas para engancharles. Lo que interesa es tenerles el mayor tiempo posible en la pantalla. Letitia James, fiscal general de Nueva York, expresó a los pocos días que las empresas propietarias de las redes sociales debían responder por la crisis de salud mental en la juventud que habían provocado. En esta demanda se incluía el *scroll*, las reproducciones automáticas y todo aquello que supusiera la liberación de dopamina y la modificación de los sistemas de recompensa. La mente de los jóvenes, en efecto, aún no está preparada para poder soportar estas estrategias tan manipuladoras.

Desde Meta se defienden diciendo que Instagram no es negativo, reiteran que, según sus estudios, ayuda a los jóvenes a afrontar momentos difíciles, pero la demanda insiste: lo que le importa a la empresa es obtener información sobre los menores para los algoritmos, violando la ley de Estados Unidos.

No todas las redes son malas ni tienen el mismo efecto perjudicial, pero los psiquiatras y psicólogos estamos de acuerdo en que sí perjudica gravemente la salud mental de los adolescentes.

LOS PAPELES DE FACEBOOK[a]

Frances Haugen, ingeniera informática, trabajó en diferentes compañías tecnológicas en Silicon Valley —Pinterest, Google, Yelp— antes de empezar como gerente de producto en Facebook en 2019. Aquí fue recopilando archivos que luego empleó ante el Congreso de Estados Unidos como fundamento de una denuncia. Filtró veintiún mil documentos internos que desencadenaron una investigación periodística: diecisiete organizaciones del mundo de la información colaboraron para sacar a la luz la información conseguida. Muchos de estos escritos fueron publicados por distintos medios, entre ellos *The Washington Post, Financial Times, The Verge* y *The Wall Street Journal*. La documentación filtrada probaba de forma clara que los ejecutivos y directivos conocían los daños que causaban Instagram y Facebook entre los jóvenes. El tema ya no era solo que dañaban y perjudicaban su salud mental, sino que, además, mentían.

Las denuncias de Haugen abrieron numerosos frentes: desde cómo priorizaron el dinero a la seguridad, al daño infringido a los niños y el posicionamiento de la plataforma con respecto a temas políticos hasta la difusión de noticias falsas y de información que incitaba a la violencia.

[a] (2021), «The Facebook files». *The Wall Street Journal*. https://www.wsj.com/articles/the-facebook-files-11631713039

De los recursos que tiene la aplicación para frenar la desinformación, un 87 % se emplea en Estados Unidos. El resto lo utiliza para los demás países.

La finalidad de Haugen no era terminar con Meta, sino generar conciencia de lo que estaba sucediendo para mejorar la transparencia, y provocar cambios en la legislación existente. Ella ha creado Beyond the Screen, una organización que ayuda a regular y a proporcionar soluciones a las redes sociales con medidas de transparencia o responsabilidad. La revista *Forbes* la incluyó en su lista de las cien mujeres más poderosas del mundo en 2021. Muchos la denominan la garganta profunda.

15. Tecnología en las aulas. Una polémica social y educativa

Recibo decenas de *mails* y cartas de padres preocupados por la introducción de pantallas en sus escuelas. Buscan entender si realmente esto aporta ventajas para el aprendizaje. Muchos preguntan si pueden apostar por lo no digital en las aulas y otros observan con inquietud la disminución en los resultados PISA de los últimos tiempos. Los alumnos españoles en 2023 han tenido los peores resultados de su historia en matemáticas y ciencia. Como madre y psiquiatra, entiendo las razones de esta inquietud. Hay muchos factores qué influyen en este debate tan importante —de los que voy a tratar ahora—, pero hay una cuestión importante: ¿está realmente demostrado que las pantallas mejoren el rendimiento, aprendizaje, lectura y funciones cognitivas como para digitalizar las aulas?

Siempre digo que lo que más caracteriza mi manera de ejercer la profesión es la observación. Yo observo y luego busco lo que subyace, si tiene una base científica, emocional o de otro tipo. La realidad, lo que veo a diario en mi profesión, es lo que me impulsa a investigar. Hace años comenzó a extenderse una idea sobre el aprendizaje de los jóvenes por diferentes lugares del planeta: ¡los niños de este siglo son nativos digitales y, por lo tanto, hay que enseñarles a estudiar con pantallas! Por entonces acudían a mi consulta adolescentes con distintas sintomatologías. Además de valorar su estado psicológico, analizaba la capacidad que tenían de prestar atención, de entender un texto, memorizarlo y profundizar en él. Cuando me contaban que estudiaban con ordenadores, hacía un experimento. Les ponía delante un texto escrito y les hacía preguntas sobre su contenido. Días más tarde realizaba la misma prueba de comprensión con un texto similar, pero leído en una pantalla. Observaba que aquellos que mantenían los libros en papel entendían y razonaban mejor. A los que apenas los empleaban, les costaba más. No dejaba de ser un experimento casero, pero fue en ese momento, hace ocho años ya, cuando decidí indagar más sobre este asunto. Comencé a preguntar a todo aquel que supiera y a leer los artículos y los libros que se iban publicando.

En 2018 tuve la suerte de poder impartir una sesión sobre educación y pantallas en la sede de las Naciones Unidas en Ginebra a varios directores de escuelas y colegios. Algunos especialistas ya advertíamos con cierta preocupación cómo el auge de móviles, *tablets*, etc., producía un retraso en el desarrollo de los niños. Yo quería generar debate y conversación con los responsables educativos para ver sus puntos de vista, a la vez que presentaba lo que los especialistas analizaban y exponían. Al terminar una de las presentaciones, uno de los directores se acercó a mí:

—¡Estás confundida, Marian —me dijo—, el futuro de la educación pasa por introducir ordenadores en los colegios! ¡Tu problema es que tienes nostalgia, debes avanzar, te estás quedando atrás!

Ya entonces contaba con algunos estudios sobre la materia, pero fue la pandemia la que me terminó de abrir los ojos, pues las investigaciones acerca del tema crecieron entonces de forma exponencial. Echo la mirada atrás mientras escribo estas páginas —finales de 2023— y veo que muchas de las ideas que anticipábamos algunos estaban en lo cierto. Entre quienes clamábamos en el desierto estaba Larry Cuban, profesor emérito del Departamento de Educación de la Universidad de Stanford, quien en el año 2011 ya ponía en duda las ventajas de las TIC —tecnologías de la información— afirmando que no demostraban que el alumnado aprendiera mejor.

—¡No existe un claro impacto positivo! —decía.

Catherine L'Ecuyer alertó hace tiempo en sus libros —*Educar en el asombro* y *Educar en la realidad*— sobre esta cuestión, explicando que el uso de las pantallas perjudicaba el desarrollo saludable de los niños.

—Dejar las aulas en manos de la tecnología es como dejar los comedores escolares en manos de Pizza Hut —recuerdo escucharle decir en una conferencia.

Otro gran especialista en educación, Gregorio Luri, filósofo y pedagogo, ha tratado con detenimiento el tema. Afirma en su libro *La escuela contra el mundo* que «en los tiempos de Google los conocimientos más poderosos se han sustituido por los buscadores más potentes», perjudicando la capacidad de retención y atención de los jóvenes.

¿REGRESO AL PAPEL?

La fábrica de cretinos digitales es uno de los libros que más me ha marcado en lo relativo a los dispositivos y el aprendizaje. Es de Michel Desmurget, doctor en neurociencia. Te lo recomiendo si este tema te interesa. Tras varios experimentos en diferentes países donde las pantallas estaban muy implantadas en el ocio y la educación de los jóvenes, lanza un mensaje en mi opinión sustancial: se ha comprobado que los estudiantes ahora tienen un coeficiente intelectual (CI) más bajo que el de sus padres. Parece ser que tanta pantalla conduce a una disminución del rendimiento cognitivo. Aquí puntualizo algo importante: la razón de esta bajada no se debe solo a la introducción de la pantalla en las escuelas. Es multifactorial. Te expongo algunos de los factores que conocemos que están influyendo poderosamente en esta situación:

- Los cambios en los estilos de vida.
- El abandono de la lectura.
- La alimentación poco saludable (la neuroinflamación, como has leído en estas páginas, afecta a la atención y concentración).
- El deterioro en la calidad de las relaciones intrafamiliares (fundamental para el correcto desarrollo emocional)[b]. Ya

[b] Tienes más información en *Encuentra tu persona vitamina*, en el apartado «El apego».

conoces el impacto del miedo, del trauma o de la soledad en la CPF.
— La disminución del tiempo del sueño (recuerda cómo influye en el correcto desarrollo emocional y cognitivo).
— La hiperestimulación de la CPF, que conlleva problemas de atención y concentración (en el capítulo «La atención, una capacidad indispensable» te hablo de ello).
— Dedicar menos tiempo del debido a actividades saludables para la mente.
— Tener un estilo de vida excesivamente sedentario, lo que frena el correcto desarrollo del cerebro.

Algunos de los riesgos de la pantalla derivan de dejar de hacer tareas sanas que mejoran la atención y la salud física y psicológica.

Durante décadas se pensó que introducir cuanto antes los dispositivos en los colegios podría mejorar y potenciar el aprendizaje. Miles de escuelas se llenaron de ordenadores, *chromebooks*... La pandemia, por supuesto, aceleró este proceso.

—¡Una *tablet* por alumno! —se decía.

Es cierto que en la pandemia la situación era crítica y la tecnología permitió en muchos casos que no se detuviera la formación de niños y jóvenes. Hoy en día, sin embargo, con las circunstancias actuales, con la perspectiva que da el análisis de los resultados educativos y la galopante crisis de salud mental en menores, la comunidad educativa, en general, reconoce que la inmersión digital de la educación quizá no sea la mejor opción, sin perjuicio de su carácter auxiliar en niños a partir de la adolescencia, como muy pronto.

En muchos lugares se está volviendo a la tiza, al papel, a la caligrafía, a los libros de texto y al fortalecimiento de la memoria.

Suecia siempre había sido un país con niveles elevados en comprensión lectora. En un momento dado, las instituciones potenciaron la implantación de las pantallas desde infantil. El verano pasado la ministra de Educación, Lotta Edholm, anunció que suspendía esta estrategia afirmando que los libros de texto conllevan ventajas en el aprendizaje que ninguna *tablet* puede sustituir. Su Gobierno va a destinar más de cien millones de euros para reintroducir libros en los próximos dos años. Esta decisión ha llegado tras conocerse los resultados de las pruebas internacionales PIRLS[c], en las que los alumnos habían obtenido una puntuación inferior a la de 2016. La ministra pronunciaba estas palabras en una conferencia de prensa:

—Tenemos una crisis de lectura en las escuelas suecas. Corremos el riesgo de estar creando una generación de analfabetos funcionales.

LOS HIJOS DE LOS INGENIEROS DE SILICON VALLEY

En la zona del sur de San Francisco existe un movimiento muy importante que busca alejar a los pequeños de móviles, videojuegos, ordenadores o *tablets*. ¿Quién atiende a los hijos de los ingenieros e informáticos de Silicon Valley? Las cuidadoras y niñeras que cuidan a los vástagos de los CEO y directivos de las grandes empresas tecnológicas tienen prohibido por contrato llevar un teléfono en la mano cuando están ocupándose de los niños. De esa forma se les protege de lo digital, de las pantallas y de aplicaciones creadas por los progenitores de esos chicos —¡y lo exigen ellos, los desarrolladores e impulsores de esa tecnología!—.

Las *nannies* y los padres, a través de las agencias de contratación del personal de servicio, firman contratos que prohíben el uso de dispositivos. Tienen a cambio que fomentar los juegos de mesa o al aire libre y evitar cualquiera relacionado con aplicacio-

[c] Progress in International Reading Literacy Study. Pruebas que evalúan la comprensión lectura en niños de cuarto de primaria.

nes tecnológicas. Cuanto más altos son los ingresos de las familias, más preocupación y obsesión hay por mantener a sus hijos alejados de las pantallas. La situación llega a ser surrealista, ya que a veces los padres instalan cámaras en las casas para controlar y vigilar cómo se comportan las niñeras cuando están a solas con los pequeños. Incluso existe una aplicación empleada por los vecinos para avisar si detectan que alguna se salta esa norma. Son espías de niñeras, y en esos foros se publican semanalmente fotos de ellas cuando cogen su móvil.

Recomiendo la serie documental *Adictos a la pantalla,* dirigida por Alejandra Andrade y Tomás Ocaña. Tuve la oportunidad de charlar con uno de los productores, Gonzalo Sagardía, durante el proceso. Robin LeGrand, directora de Nanny Connection, reconoce en dicho documental que tienen un contrato para restringir el uso de pantallas.

—Yo no tengo ningún cliente que no controle lo que sus hijos hacen o cuánto tiempo pasan con sus dispositivos.

Método Waldorf

Los lápices y cuadernos se encuentran en las aulas de muchos centros educativos de Palo Alto (California) —sede de las grandes tecnológicas—. De hecho, algunos libros de texto son elaborados por los propios alumnos a mano. En el Waldorf School of the Peninsula estudian muchos de los hijos de los directivos de las grandes empresas de Silicon Valley. En este centro no tienen acceso a los ordenadores hasta secundaria. Los padres que llevan a sus niños a esta escuela apuestan por potenciar la creatividad, ¡saben que las pantallas frenan las habilidades motoras, la atención, la imaginación y la capacidad de profundizar! No quieren arriesgarse, para ellos es un tema primordial. En la web de este colegio aparece: «Waldorf School of the Peninsula fue fundado en 1984 con el fin de proporcionar a los hijos de la cultura del ritmo rápido y tecnológico de Silicon Valley una educación enfocada en el corazón y la mente».

Conozco de cerca el método Waldorf y me interesa, no solo por la metodología, también por el hecho de que los mejores programadores del mundo llevan a sus hijos a sus colegios. Es un sistema educativo apoyado por directivos de Google, Yahoo y Facebook. Si los hijos de los programadores estudian sin pantallas es que algo importante nos estamos perdiendo. Los que diseñan las *tablets* para usar en clase y los *chromebooks* apartan a sus hijos de ello. Sostienen que los beneficios a edades tempranas no están demostrados. Apuestan por volver a la escuela clásica, donde quieren que los niños piensen y razonen. Los estímulos y las ganas de aprender tienen que nacer de dentro.

Conocemos cómo funciona el aprendizaje. Si todo estímulo viene de fuera y existe una exposición a la pantalla constante, la mente y el espíritu frenan e inhiben las ganas de aprender. Solo hay ganas de sentir, pero el impulso sano, el que buscamos que brote del interior, no aparece.

El presidente del patronato del colegio Waldorf, Pierre Laurent, trabajó como directivo en diferentes empresas tecnológicas —Intel, Microsoft y varias *start-ups*— y afirma que lo que «detona el aprendizaje es la emoción y son los humanos los que producen esa emoción, no las máquinas». E insiste en que la creatividad es propia de la condición humana.

El CEO de Apple, Tim Cook, contó en una entrevista en 2018 a *The Guardian*[d]: «No todo vale en el uso de la tecnología y la educación. Esta debe ser aplicada de manera coherente según materias». Su mensaje es enseñar lejos de la pantalla mientras no se demuestre que existe un beneficio claro.

[d] Gibbs, S. (2018), «Apple's Tim Cook: "I don't want my nephew on a social network"». *The Guardian*. https://www.theguardian.com/technology/2018/jan/19/tim-cook-i-dont-want-my-nephew-on-a-social-network

Las escuelas Waldorf nacieron en Stuttgart tras la Primera Guerra Mundial. Emil Molt, director de la fábrica de cigarrillos Waldorf Astoria, quiso montar una para los hijos de sus trabajadores y le pidió a Rudolf Steiner, psicólogo, físico y matemático nacido en Austria en 1861, que se encargara de ello. Steiner aprovechó la oportunidad para cambiar el concepto de educación que había en ese momento. Dirigió durante un lustro la escuela que tenía como fin convertirse en un modelo educativo distinto a todo lo anterior. Sus teorías se fueron diseminando por Europa y, tras la Segunda Guerra Mundial, se reactivó su enfoque pedagógico. Hoy existen más de mil colegios con ese método educativo por el mundo. Hay públicos —en Suiza y en algunos países nórdicos—, concertados y privados.

Los que más conocen la tecnología y su funcionamiento en profundidad quieren que sus hijos aprendan lejos de ella. De los alumnos de estas escuelas, tres cuartos son los hijos de trabajadores de empresas tecnológicas. De hecho, el propio Bill Gates, creador de Microsoft, lo tuvo claro desde el principio. No permitía que hubiese dispositivos en la mesa y no dio móviles a sus hijos hasta que tuvieron catorce años. Steve Jobs, en una entrevista en 2010 a *The New York Times,* reconoció que a los suyos no les permitía el uso del iPad.

Nunca una herramienta especializada en distraer será la mejor aliada para la educación.

PASTILLA ROJA O PASTILLA AZUL

Una parte de la población está a favor de adaptarse a la nueva era digitalizada e introducir los aparatos para facilitar que las mochilas lleven menos peso, que la interacción colegio-padres sea más sencilla, que los niños tengan más información a su alcance o incluso que se habitúen cuanto antes al uso de la inteligencia artificial. Existe otra parte que defiende la importancia de escribir y de los libros de texto en la educación e insiste en que las pantallas frenan el correcto aprendizaje de los pequeños. Hay una idea que está clara: la precaución es clave. Debemos adaptar el mundo digital a las diferentes facetas de la vida de la forma más saludable y segura. Esa adaptación en ocasiones no es fácil, porque requiere un cambio en los hábitos y se activa la brecha entre jóvenes y mayores y entre alumnos y profesores. Lo realmente importante es saber si esto es beneficioso, a partir de qué edad es prudente que los alumnos comiencen a utilizar dispositivos y hasta qué punto hay que eliminar los libros y la escritura a mano.

Los estudios no siempre son sencillos de interpretar, ya que cada centro y cada alumno hacen un uso distinto del mismo y cada niño está expuesto a las pantallas de manera diferente en su vida cotidiana fuera del colegio. El cambio de la digitalización ha hecho que los chicos tengan una nueva forma de interactuar en el ámbito académico, reconfigurando su modo de aprender y su rol en el aula. Muchos educadores y padres observamos preocupados cómo ha disminuido el hábito de lectura, en gran parte motivado por la cantidad de tiempo que pasan los jóvenes en las pantallas, ya sea estudiando o divirtiéndose.

Hay muchos matices sobre la transformación digital en el ámbito educativo. No se puede pasar a digitalizar clases por completo sin contar con la aprobación de los padres, sin investigar si realmente es lo más conveniente, pero tampoco se puede demonizar todo lo relativo a ello. El equilibrio es complicado; sin embargo, las investigaciones en los últimos tiempos están siendo muy evidentes con respecto a la introducción de las pantallas en las aulas. El mundo está muy digitalizado y hay que aprender a manejarse en él, pero con prudencia y conocimiento.

Siempre cuento que a la abuela de mi marido le regalamos un iPad cuando cumplió ochenta y cuatro años. En pocas semanas se conocía las aplicaciones y navegaba como una experta; de hecho, veía sus series *online* en su iPad cuando todavía no era algo tan usual. ¡Está diseñado para ser sencillo! Estudiar programación es importante, pero la forma de prevenir problemas de salud mental y de prepararnos para una sociedad digitalizada, *online* y plagada de inteligencia artificial es precisamente desde el mundo *offline*. Vivir sin pantallas nos aporta herramientas para gestionar mejor el planeta acelerado que habitamos. Los grandes gurús, los directivos y las empresas invitan a sus empleados a que desconecten, a retiros y lugares apartados sin móviles, sin Wi-Fi y, a poder ser, sin cobertura.

Las bases del aprendizaje en el hogar y en el colegio tienen que ir dirigidas a estimular el asombro, a permitir la comprensión de lo que se va estudiando, a fomentar la memoria, a aprender a relacionarnos con otros y a adquirir hábitos para potenciar la salud física y psicológica. Estos cambios tan drásticos están perjudicando el modo en el que los niños estudian y retienen lo aprendido. Considero que deberíamos adaptarnos, poco a poco, sin tomar medidas extremas, y no arriesgar con la educación de generaciones enteras. Habrá que integrar la tecnología sin hacer daño, informándonos mucho para no quedarnos atrás, conociendo los límites, asesorándonos con profesionales y personalizándolo según cada niño en función de su madurez y cómo lo gestiona. Tampoco podemos permitirnos analfabetos digitales. Queremos jóvenes que razonen bien y tengan buena capacidad de conectar con el mundo *online* y *offline*. Es fundamental asentar bien las bases del futuro y aprender a gestionar y sacar el máximo partido a una digitalización llena de posibilidades. A todos nos preocupa, por ejemplo, la inteligencia artificial, incluso a los que están detrás de su desarrollo, y es esencial que nuestros hijos la conozcan y sepan aprovecharla e implementarla en el trabajo que en un futuro elijan, sin ignorar los riesgos que conlleva.

Por otro lado, en las escuelas surge una brecha digital entre maestros y adolescentes cada vez mayor. Me comentaba el hijo de unos buenos amigos, estudiante de secundaria, que durante el último Mundial de Fútbol un compañero trajo a clase un aparato de Wi-Fi y mientras el profesor hablaba, muchos de los alumnos veían algunos de los partidos. El colegio había dicho a los padres que tenían un sistema de inhibición de señal y de control de redes externo e interno, pero los jóvenes siempre van a saber más que nosotros e irán un paso por delante para conseguir sus objetivos.

Los ordenadores de las escuelas y de los trabajos no tienen efecto adictivo *per se,* lo que hacen es disminuir el desarrollo de algunas áreas cognitivas. Lo que sí engancha son ciertas aplicaciones diseñadas para tal fin.

Como padres, como sociedad, necesitamos tener toda la información. En muchos momentos, escribiendo este libro, siento como si estuviéramos en la caverna de Platón, donde el hombre vive en la oscuridad y no puede observar la realidad tal cual es, pero cuando sale a la luz descubre la verdad. Otro símil al que recurro en ocasiones es el de la película *Matrix,* en la escena inolvidable en la que Morfeo le ofrece a Neo elegir entre la pastilla roja o la azul. Si toma la píldora roja, verá las cosas tal cual son, pero ahí surgirá el dolor y la inquietud, porque deberá tomar decisiones y posicionarse. Leer este libro implica elegir la pastilla roja y conocer la verdad: el mundo de la pantalla en la educación no mejora el aprendizaje.

El reto es ir decidiendo cuándo introducir con sabiduría y prudencia los dispositivos. No solo en la educación, sino en otras parcelas de la vida. Desde el conocimiento vamos decidiendo, según las circunstancias de cada uno, qué es aquello que encaja mejor con nuestra vida.

Muchos padres me piden mi opinión. Soy consciente de que dependiendo de la situación, son una buena solución a momentos difíciles y «ayudan» a conciliar cuando es un reto casi imposible lidiar con el trabajo-familia-teletrabajo-hijos. Hace tiempo tuve que llevar diariamente a uno de mis hijos a una terapia dolorosa al hospital. Él no lo soportaba —yo tampoco— y durante las intervenciones le ponía dibujos y música para distraerle. Una paciente me comentaba hace poco que el suyo, adoptado, estaba en percentil 1 de crecimiento, pero que no quería comer. Solo ingería alimentos si tenía la *tablet*. Como es lógico, la salud física en estos casos era prioritaria. Hay circunstancias —no tan críticas— en las que el propio agotamiento o la saturación de los padres nos llevan a recurrir a las pantallas para poder descansar, trabajar o conciliar.

16. El impacto de las redes en la salud mental de los jóvenes

¿QUÉ LES ENFERMA EN LA ERA DIGITAL?

Olivia tenía móvil desde los trece años. Con catorce, tras un episodio de alergia, tuvo que tomar corticoides que la hincharon y engordaron mucho. A los quince comenzó con los cambios hormonales y físicos.

—No me gusta mi cuerpo —me reconoce el primer día en consulta—. Llevo meses viendo en el móvil cómo adelgazar, pero no lo consigo. Mis amigas suben vídeos bailando, y al grabarme yo, siento mucha vergüenza. Soy más fea y gorda que ellas. Quiero cambiar como sea. A veces intento seguir dietas que encuentro en internet, pero un día probé una mezcla de productos que recomendaba una *influencer* para perder grasa y me puse fatal y vomité. No se lo he contado a mi madre. Quiero dejar de ver TikTok, pero no puedo. Cada vez que me siento mal, entro. Me alivia al principio y luego me da un gran bajón. Sería feliz si fuera delgada y pudiera subir fotos a las redes.

Al cabo de unos días regresa a consulta.

—Anteayer fue mi cumpleaños. Invité a varias amigas y subí una foto con un vestido que me regalaron. No tuve ningún *like;* al cabo de unas horas la quité. Si hubiera tenido algunos, mi fiesta hubiera sido mejor —me cuenta al llegar—. Por la noche un chico, que a veces me escribe por Instagram, me felicitó. No le conozco personalmente, creo que es amigo de un amigo. Necesitaba sentir que alguien me hacía caso y me pidió una foto desnuda. Me la hice con una camiseta transparente y se la mandé. La compartió y al día siguiente varios compañeros de mi clase la tenían y se rieron de mí. Me quiero morir. Me da miedo quitarme la vida, pero si fuera fácil, lo haría.

Cualquier joven, durante la adolescencia, atraviesa momentos de inseguridad, de baja autoestima o de necesidad de validación. Sucede por los cambios físicos, hormonales y emocionales que van surgiendo. Esta etapa es un momento maravilloso, se abandona la infancia y comienza la edad adulta con todo un prometedor futuro por delante, pero también es un reto desde muchos puntos de vista. Existe una gran vulnerabilidad y en ese contexto las redes pueden atrapar y hundir en lo más profundo a personalidades frágiles que podrían incurrir no solo en tristeza o ansiedad, sino en trastornos de la alimentación e incluso en riesgos autolesivos.

El caso de Olivia tiene varios componentes importantes:

— Su cuerpo no le agrada.
— Siente una necesidad constante de validación.
— Se compara continuamente.
— Se siente sola.
— Se percibe como diferente al resto del grupo.

Al presentar estos signos, su cerebro no percibe —debería ocuparse su CPF— los riesgos de enviar la foto a un casi desconocido. Es tan potente su estado de malestar y tristeza que por recibir un *like* o una validación hace lo que sea necesario.

A raíz de estos episodios, Olivia busca en Instagram maneras para aliviar su ansiedad y encuentra a una chica que habla de cómo los cortes —las autolesiones— le bajan los niveles de angustia. Le recomienda por mensaje que pruebe a vomitar —«Así comes y no engordas», le dice—, y ella le asegura que cuando se siente mal, se corta, se pincha, y eso la calma. Comienza en una rueda difícil, ya que en menos de dos meses presenta bulimia, gestos autolesivos, ansiedad elevada y autoestima muy baja.

Le pido que deje las redes durante unas semanas. Necesito que frene esa escalada que está viviendo, pero sostiene que no es capaz. Necesita compartir cómo se siente para saber que no está sola. Ha contactado con otras jóvenes que están como ella y se apoyan. Se pasa horas enganchada al móvil chateando e intentando gustar a conocidos y desconocidos. Esa dopamina le llena al principio y luego le produce, como me reconoce, un gran bajón y tristeza.

Con Olivia, el trabajo multidisciplinar —medicación por un lado y psicoterapia por otro— es fundamental. Integra en su vida el deporte, que le está ayudando mucho, y los hábitos saludables, y trabajamos al mismo tiempo la voz interior y la autoestima. Ahora se encuentra mejor, pero tiene recortadas las horas que pasa en redes a la semana. Además, realizo con ella la técnica EMDR para paliar los síntomas de ansiedad que se activan cuando se siente gorda o tiene ganas de vomitar o lesionarse.

Muchos de los chicos con problemas de alimentación y de relación con su cuerpo, tras horas delante de la pantalla, presentan un empeoramiento de su obsesión por el físico o lo que denominamos trastorno dismórfico corporal (TDC).

Este trastorno se produce cuando la mente falla. La persona que lo sufre vive enfocada y obsesionada en algún aspecto de su físico que le disgusta. Está convencida de que tiene algo que la hace fea, desagradable o poco atractiva.

El que lo padece, lo percibe intensamente, y los que le rodean se percatan de ello, pero, generalmente, sin entenderlo. El que lo sufre se siente poco comprendido por el entorno. Constantemente se mira en el espejo, comprueba esa zona de su cuerpo y estos pensamientos influyen en su estado de ánimo y en el comportamiento y la relación con los otros.

Las chicas, sobre todo, recurren a las dietas, a la estética, al maquillaje, a la ropa y, en última instancia, a la cirugía para intentar paliar ese «fallo» corporal que advierten. Se comparan sin cesar y en muchas ocasiones llegan a evitar situaciones sociales.

Las partes del cuerpo más frecuentes en este trastorno son la cara —nariz, cutis, acné, arrugas, rosácea, orejas...—, el pelo —alopecia, calvicie, caída...—, los genitales y el tamaño del pecho o el tono muscular. Es necesaria la intervención psiquiátrica y psicológica para poder ayudarles.

Tengo una escena grabada en mi memoria. Sábado, 14 de marzo de 2020, de pie, viendo las noticias con mi padre y mi hermana Isabel. Se hablaba de covid, de muertes y confinamiento. Miré fijamente a los dos y les dije:

—La pandemia va a matar a mucha gente, pero las secuelas psicológicas de este virus van a ser tremendas.

Semanas después observaba horrorizada el aislamiento, la falta de ejercicio y de contacto con la naturaleza, el cese total de los vínculos sociales, el enganche a las pantallas y las alteraciones neuropsiquiátricas que se estaban produciendo por el aislamiento y los efectos inflamatorios de la infección. Los años posteriores han sido muy complicados y estamos atravesando una crisis potente en los servicios de psiquiatría y psicología.

Después del verano de 2023, entre septiembre y octubre, recibí una treintena de llamadas de amigos pidiéndome ayuda para atender a algún conocido de edades comprendidas entre los quince y los veinticinco años con ideas de suicidio. Esto, aparte de las solicitudes que llegaban a nuestra consulta. Me fue imposible ocuparme de todos y tuve que derivar a algunos a otros colegas.

He hablado con diferentes compañeros y comparten mi preocupación. La doctora María Velasco, psiquiatra y autora de *Criar con salud mental*, ha expresado en su libro algunas pautas para educar con rigor científico y grandes dosis de salud mental a nuestros hijos. Muchos profesionales estamos intentando ayudar no solo desde las consultas, también desde la divulgación y la prevención. Soy consciente de que es una gota en el océano, pero mi intención es que crezcan las voces que socorran desde el rigor neuropsicológico y psiquiátrico a muchos que están sufriendo. También se necesitan políticas públicas que amplíen y refuercen los servicios de psiquiatría en los hospitales para atender de la mejor forma posible a los pacientes que solicitan asistencia. La clave: más servicios de atención, diagnóstico y tratamiento. Más difusión rigurosa para prevenir y mejorar sintomatologías.

Francisco Villar, psicólogo y coordinador del programa de atención a la conducta suicida del menor del Hospital Sant Joan de Déu de Barcelona, explicaba en una entrevista[7] que en su centro habían pasado de atender doscientos cincuenta intentos de suicidio en 2014 a mil en 2022. En ocho años la cifra de intentos de suicidio tratados se había multiplicado por cuatro.

La prevalencia de la ideación suicida ha ido aumentando también en Estados Unidos entre 2008 y 2019, pasando del 9,2 al 18 %[8]. Los psiquiatras lidiamos con un tema muy delicado cuando un paciente nos confía que no quiere vivir y que se plantea seriamente quitarse la vida. En ese momento buscamos todas las maneras que existen a nuestro alcance para ayudar a que esa persona salga del pozo y recupere la ilusión. No resulta siempre sencillo, y muchos de los tratamientos requieren un enfoque multidisciplinar. Al atender durante meses a jóvenes con un perfil de demanda similar, me doy cuenta de que algo está sucediendo.

Estas son las razones por las que creo estamos asistiendo a un auge de demanda en salud mental en los jóvenes:

— Cero tolerancia al malestar.
— Necesidad constante de sentir.
— Vacío existencial.
— Comparaciones en redes.
— Trastornos de la alimentación que distorsionan la realidad.
— Ansiedad.
— Pérdida de capacidad de gestionar el estrés, el malestar, la frustración.

— Ciberacoso.
— Agresividad.
— Acceso fácil al porno.
— Todo ello unido al consumo de alcohol y otras sustancias adictivas.

Necesitamos una juventud con mejores herramientas para resolver situaciones complicadas y las pantallas son expertas, justamente, en arrebatar estas herramientas —¡y sabemos que esto es consciente!—. Muchos chicos viven enganchados a una droga que les genera un apagón mental, incapacitándoles para llevar las riendas de su vida. Recuerda que en estos momentos la CPF no funciona como debería.

En España, el 48,9 % de los jóvenes ha tenido pensamientos autolíticos frente al 47 % que jamás ha presentado estas ideas. Cifras escalofriantes.

Como ya dijimos, la adolescencia es una etapa de maduración muy importante. Conseguir aportar y acompañar con los mejores recursos en este momento es vital. Necesitamos ayudarles a cuidarse y regular ciertas conductas que pueden ser especialmente dañinas y poner su vida en riesgo —las relaciones sexuales precoces, el porno, los temas de alimentación o el inicio de consumo de algunos tóxicos—. Durante este período hay que luchar por fomentar la comunicación y las buenas relaciones con compañeros y amigos. Las pantallas frenan y bloquean las dos.

Me contaba no hace mucho Íñigo, un paciente de dieciocho años, que prefería estar en su habitación jugando *online* que salir. Un día quedó con un amigo en su casa y su madre les quitó los videojuegos y los móviles. Me confesó que les costó empezar a charlar, no sabían qué contarse. A veces pienso que es una genialidad consciente de las pantallas habernos hecho creer que *online* es igual a estar conectados. La conexión real es la que de verdad nos ayuda a sociabilizar, a activar los hemisferios derechos, las neuronas espejo y a liberar oxitocina. Nunca tocar una pantalla sustituirá tocar la piel o un abrazo. Nunca. Mirar a los ojos cara a cara no es lo mismo que hacerlo en una videollamada.

Hay investigaciones que confirman la importancia de los ojos en los vínculos, las conversaciones y la comunicación. Se ha demostrado que cuando esta es *online,* no sincroniza las áreas cerebrales del mismo modo que en la vida real. Las pantallas impiden que nos miremos a los ojos.

Al emplear la terapia EMDR, soy cada vez más consciente de la importancia de los ojos en el mundo emocional. Existen formas de moverlos y de mirar que tienen una relación inmensa en los traumas, los momentos críticos y conectan de manera directa con zonas cerebrales.

Todos conocemos y reconocemos una mirada de rabia, de pena, de enfado, de alegría o de emoción intensa. Mis pacientes sonríen cuando entran en la consulta, pero en algunas ocasiones les miro y les digo:

—Déjame que vea cómo están tus ojos y tu mirada hoy.

Tras meses o años de terapia, conozco esos ojos y sé que en mi especialidad son el espejo del alma. Cuando dos personas hablan, se miran fijamente y buscan comprenderse, las neuronas espejo se estimulan y es más fácil entender al otro. Esa sincronía es denominada wifi neuronal por Daniel Goleman, ya que activa una conexión poderosa entre los hemisferios derechos de los que se miran.

A finales de 2022 fue publicada una investigación[9] sobre la sincronía de los cerebros madre-hijo en la vida real y en la digital. El estudio demostró que cuando la comunicación se realizaba a través de la pantalla, la sincronía era inferior. En ella no nos miramos a los ojos. Si te fijas, cuando tienes una conversación por Zoom, Meet, Skype..., no estás pendiente de la mirada de la persona que tienes enfrente.

La revista *National Academy of Sciences* publicó un estudio interesante sobre este tema. Cuando dos personas hablan, las pupilas se van sincronizando periódicamente. Este proceso ayuda a que se realice una narrativa y a poder compartir ideas y pensamientos.

A Íñigo le aconsejé que hiciera planes de amigos «oxitocínicos»: quedar en persona, dejar los móviles en una mochila o fuera de la sala en la que estuvieran y hacer un esfuerzo por mirarse a los ojos cuando hablaran. Si miramos a los ojos ganamos en empatía y liberamos oxitocina. Un mundo empático es un mundo que funciona mucho mejor.

Tras años acompañando en terapia a muchos jóvenes, he sido consciente de que, si unimos la adolescencia con un consumo descontrolado de redes, suceden estos cambios:

— El sistema de recompensa se modifica.
— Existe una búsqueda constante de gratificación instantánea.
— Hay drogodependencia emocional (necesidad de sentir, de vivir enganchado a emociones).
— Surge una nula tolerancia a la frustración, al dolor, a las molestias y al sufrimiento.
— Uno vive constantemente distraído, está diseñado para ser así y es más fácil secuestrar los instintos que dominarlos.

¿Y A LOS MÁS PEQUEÑOS DE LA CASA?

Ya sabemos que la pantalla interfiere en el correcto proceso cognitivo y emocional de los niños y que les arrebatamos herramientas para gestionar el estrés, el aburrimiento y la frustración. Los dispositivos producen un retraso en el lenguaje y en alcanzar hitos de desarrollo, de eso no cabe duda.

Uno de los trabajos más importantes sobre el efecto que producen las pantallas en ellos se llevó a cabo con dos mil quinientos niños de dos y tres años[10]. En la actualidad, la Asociación Americana de Pediatría no recomienda su uso en menores de dos años, y hasta los cinco, un máximo de una hora al día. En mi opinión, en preescolar, aunque sea poco tiempo, es un error terrible.

La OMS y UNICEF se han alineado en este tema: de los cero a los tres años los niños tienen que vivir alejados de las pantallas. No olvidemos que las destrezas y las habilidades están muy relacionadas con la interacción que se da con otros pequeños o adultos. Es a esta edad cuando las neuronas espejo intervienen de manera significativa en el aprendizaje: observan nuestros movimientos, cómo hablamos, pronunciamos las palabras y gesticulamos. Cuando un progenitor o cuidador me cuenta que su hijo de solo cuatro años necesita el móvil constantemente y que si se lo intenta arrebatar le grita o le pega, mi respuesta es clara: hay que quitárselo. El estímulo que le genera en ese momento es superior a la que tiene que recibir —en su caso, los dibujos y los juegos—. Lógicamente, lo ideal es no llegar a esa situación, y solo quiere el móvil el que ya lo ha utilizado

Según datos de la Sociedad Española de Pediatría Extrahospitalaria y de Atención Primaria (SEPEAP), en 2016 el 70 % de los niños de seis a doce años comían delante de una *tablet* u otro dispositivo. ¡Y de esto hace años! Los profesionales estamos de acuerdo: hay que evitar que pasen sus almuerzos delante de una pantalla. Es importante que ese pequeño vaya captando qué es el hambre, que tiene que obedecer, tomar el brócoli o la fruta, sabiendo que quizá no le agrade, pero que hay alimentos que son necesarios aunque no apetezcan o gusten. Compartir mesa con un hermano que te chincha o sentarte con tus padres en un restaurante, son momentos de la vida que hay que ir integrando y no evitarlos porque al niño no le gusten o le aburran.

En muchas ocasiones he sido criticada por mi posición respecto al mundo de las redes y el impacto que tiene en el aprendizaje y el estado de ánimo. Llevo años recopilando información para que, teniendo los datos, podamos decidir cómo deseamos gestionar el reto digital al que nos enfrentamos. Las pantallas han venido para quedarse —¡no podemos ni debemos huir de ellas!—. ¡Por supuesto que tienen grandes ventajas en la vida social, profesional, personal y divulgativa!, pero conocer ayuda a decidir con más libertad. En estas páginas no solo te he dado mi punto de vista, también el de ingenieros de Silicon Valley, gobiernos, médicos y fiscales. Ahora la decisión es tuya…

RUTINAS VITAMÍNICAS

17. Reconquista tu vida

Te he ido presentando a lo largo de estas páginas personajes del organismo y de la mente protagonistas en la conducta y el estado de ánimo. Uno puede llegar a este punto, después de todo lo leído, y sentir que la vida se le escapa. En este último bloque quiero transmitirte paz y darte unas pautas para que, poquito a poco, puedas retomar las riendas de tu día a día. Algunos de esos consejos ya los traté en mis libros anteriores, aquí te propongo algunas herramientas para superar aquello que tengas bloqueado. Empecemos con un ejercicio sencillo: ayudarte a poner orden en tus ideas, pues quien no sabe lo que quiere, no puede ser feliz. Para eso es fundamental que comprendas lo que te conviene, lo que te enferma y dónde nutrirte y recuperarte tanto física como mental y espiritualmente.

ORDENAR LAS IDEAS

Primera. El esquema de personalidad

Necesitas conocerte. El paso inicial para recuperar el control de tu vida es saber realmente quién eres, cómo estás, qué actividades o personas te desgastan y dónde y con quién te recuperas y reparas. Ello requiere de pausa y sinceridad. Pueden surgir respuestas a estas preguntas que no te gusten en exceso, pero conocerte exige no autoengañarse. Entiende en qué punto de tu vida te hallas. ¿Estás agotado?, ¿no consigues calmarte?, ¿notas que has perdido la ilusión?, ¿estás más irritable?, ¿todo te duele?, ¿estás triste?, ¿tienes alguna herida sin sanar?... Conocerte te hará enfrentarte al futuro con más herramientas.

Pilar sufre de ansiedad y ataques de pánico. Tiene treinta y siete años, una niña de dos, trabaja como secretaria en una clínica y se ha separado hace poco al enterarse por unos mensajes de móvil de que su marido le había sido infiel.

—Todo es por mi culpa, he desatendido mi matrimonio —me dice llorando. No deja de hacerlo en toda la sesión—. No lo he priorizado, ya que mis padres están mayores y me paso el día cuidándoles. El parto de mi hija fue complicado y no me recuperé bien físicamente, y eso me ha alejado mucho de mi marido. Tendría que haber hablado con él entonces, pero me cuestan las conversaciones complicadas, huyo de la tensión. Evito el conflicto y siempre tiendo a ser complaciente. Desde que nació la pequeña me atiborro de galletas, bocadillos, patatas... Últimamente compro golosinas y chucherías en la tienda que hay cerca de mi oficina. He engordado y me veo fea. Me levanto sobresaltada en mitad de la noche. Mi médico me ha dicho que son ataques de ansiedad. El otro día una amiga vino a casa y nos tomamos una copa de vino. Cuando se marchó, me terminé la botella y abrí otra. De hecho, no recuerdo cuánto bebí, solo que me encontraba mal. Vomité por la noche. He tocado fondo. Mis padres me dicen que les estoy cuidando peor, pero si no soy capaz de cuidarme yo misma ni a mi hija, ¿cómo voy a cuidar bien de ellos?

Pilar atraviesa un momento difícil. En psiquiatría lo denominamos reacción adaptativa. Son reacciones exageradas ante sucesos de la vida que incluyen síntomas de ansiedad y depresión. En el caso de Pilar, ante una situación dura, de abandono con engaño de por medio, su mente y su conducta se han debilitado. Veamos los rasgos que la caracterizan, los factores de estrés y cómo se evade:

Personalidad	Factores de estrés	Vías de escape
Insegura, odia el conflicto, es complaciente.	Pensar en la infidelidad, su voz interior, la soledad.	El azúcar, la bollería industrial y el alcohol.

Lo primero es desactivar con medicación y técnicas de relajación el estado de alerta y los frecuentes ataques de ansiedad que se han apoderado de ella. Por otro lado, hay que ayudarla a gestionar su voz interior, que no cesa de machacarla y le impide hacerse cargo de su vida. Es fundamental que su sentimiento de culpa disminuya. Planteamos lugares o momentos de reparación: deporte, bailar, manualidades —a ella le encantan—, volver a ver a sus amigas, que son pura vitamina... Por otro lado, debido al estado de hiperalerta y ansiedad en el que se encuentra, precisa de medicación para poder descansar y salir del bucle negativo en el que se halla. La sinceridad es imprescindible en este paso. Como te comenté en el capítulo «La CPF en la infancia y en la adolescencia» cuando te hablaba del voluntariado, en muchas ocasiones recomiendo escribir una carta. Yo aconsejo en consulta varias opciones según la situación: escribirse una a sí mismo, ¡a pesar de que en ocasiones resulta difícil o extraño!, a alguien con quien te quieres reconciliar o transmitirle algo —aunque luego no se la entregues—, a un familiar que ya no vive o directamente a Dios, a corazón abierto. Dejar plasmadas las emociones y reconocer el estado en el que te encuentras abre las puertas para poder empezar.

Cuando la ansiedad comienza a disminuir, trabajamos los factores de estrés y sus vías de escape. Le ayudo a buscar actividades para paliar la soledad y la saturación.

Segunda. Distinguir patología mental de problemas de la vida

El concepto de crisis de salud mental se está empleando para todo tipo de malestar psicológico. Me parece conveniente matizar este tema. Las consultas de psiquiatría y psicología atienden trastornos mentales graves como el bipolar, los de alimentación, la esquizofrenia, las adicciones, el autismo, los traumas o la depresión persistente. Sin embargo, se han incrementado enormemente los pacientes que padecen síntomas relacionados con lo que yo denomino la patología de la vida corriente. Es decir, en muchas ocasiones el ritmo acelerado y complejo que llevamos se acompaña de ansiedad, angustia o insomnio. Esta distinción es básica para que el enfoque terapéutico sea el apropiado. Las enfermedades graves requieren de un abordaje multidisciplinar, buscando los métodos más eficaces y dedicando esfuerzos tanto para mejorar los tratamientos farmacológicos como las terapias, así como para potenciar el apoyo social o psicosocial que requieren. No es fácil, pero toda ayuda hacia ellos es poca.

Para la patología de la vida corriente precisamos de una buena prevención, de pilares sólidos y, por supuesto, del tratamiento adecuado. Con pilares sólidos me refiero a tener la capacidad de poder pensar, decidir y acceso a formación que nutra la mente, el espíritu y el corazón.

Esta crisis de salud mental no está sucediendo en países como Camboya, Guinea o Burindi, donde la pobreza es, desgraciadamente, generalizada. Sucede en los barrios acomodados y con menos dificultades materiales de Los Ángeles, Nueva York o Singapur, donde los problemas psicológicos de la población están creciendo. Si lo analizamos, ello puede deberse a que en países pobres al no tener las necesidades básicas cubiertas, la mente busca solo formas de encontrar alimento y lo necesario para sobrevivir; en el caso de que nos persigan para hacernos daño, buscamos formas de huir y encontrar refugio. No hay hueco para la patología de la vida corriente. Esta clase de patología cursa con malestar, tristeza, insatisfacción, pesimismo y vacío existencial, todo lo cual deriva, como he dicho, en insomnio, ansiedad, depresión o saturación con tendencia a buscar vías de escape que, con demasiada frecuencia, se convierten en adictivas. Y ya lo hemos visto también: una sociedad adicta al placer se convierte en una sociedad intolerante al malestar, a la insatisfacción y a la frustración. Muchas de estas personas solicitan ayuda porque son conscientes de que sufren, tienen ansiedad, no pueden prestar atención o viven con una tristeza profunda. Además, incluso requieren acompañamiento psicológico para reencauzar su existencia y frenar la vida estresante, traumática o ansiógena que atraviesan.

¿Y qué pasa con los fármacos y la psicoterapia? La medicación debe ser pautada y seguida por un especialista. Hay gente que tiene en el botiquín de su casa ansiolíticos e hipnóticos, y los toman sin supervisión, automedicándose. Estos fármacos funcionan rápidamente, alivian el malestar con prontitud, pero impiden atacar la raíz del problema y buscar otras soluciones que requieran más esfuerzo. A veces es necesaria la medicación, sí, pero también hay que enseñar a tolerar el malestar. No toda dolencia debe ser apagada en cuanto surge. Para poder reequilibrar la cuerda placer-dolor es preciso aceptar unas pequeñas dosis de dolor.

El Observatorio del Medicamento de la Federación Empresarial de Farmacéuticos Españoles (2022), presentó sus datos sobre el consumo de medicamentos psicotrópicos. Desde la pandemia se ha disparado el consumo de antidepresivos en más de un 10 %.

Cada mes se estima que un millón novecientos mil pacientes toman hipnóticos, cinco millones cien mil toman ansiolíticos y cuatro millones doscientos mil, antidepresivos. Se dispensan al mes 1,37 millones de unidades de antipsicóticos, por lo que se deduce que un 2,8 % de la población está tratada para alguna patología psiquiátrica grave.

Hemos de tener cuidado también en cómo tratamos a nuestros hijos: en muchos casos de manera inconsciente tendemos a paliar o distraer cualquier molestia con medicación, regalos u otras formas de liberar dopamina rápida. Aceptar en algunos momentos un poco de frustración es conveniente y tremendamente formativo si queremos convertir a nuestros hijos en adultos maduros.

Por otro lado, la labor del médico es importante para transmitir a los pacientes cuándo es mejor evitar los fármacos o cuándo es necesario tomar alguna dosis para superar lo que les está aconteciendo. La psicoterapia es un gran apoyo: aporta pautas y ayuda a entender lo que está sucediendo. Gracias a ella se instauran nuevos hábitos —por ejemplo, mejorar las habilidades de relación con otros— y se van retirando o mitigando los más perjudiciales —como ir sanando y limando heridas que impidan tener vínculos sanos con el entorno—. La paradoja es que en una sociedad cada vez más conectada, la soledad se ha consagrado como una gran pandemia. Encontrar un terapeuta que escuche, atienda y dé consejos es algo que muchos buscan y necesitan. Eso satura las listas de espera públicas y privadas, e impide en ocasiones que los que sí presentan patologías graves y más urgentes tengan posibilidades de recibir la ayuda que requieren. Me encantaría tener una solución para esta cuestión, pero es una realidad muy difícil de gestionar. Yo misma, en mi profesión, me enfrento a este hecho a diario y siento un gran dolor por tantas personas que arrastran heridas y problemas psicológicos a las que me resulta imposible atender. Comparto con compañeros la misma preocupación: la demanda es inmensa; el tiempo, si quieres tratar a los pacientes correctamente, es limitado, y no llegamos a acompañar a todos los que lo requieren. Por esa falta de medios y personal para paliar el problema yo apuesto como herramienta fundamental por la prevención.

Recuerdo, con dieciocho años, cuando comenzaba a estudiar Medicina, hablar con mi padre y compartir con él un sueño: hacer prevención en salud mental, al igual que existe en otras especialidades, ¡hay que cuidar el cerebro! Hoy observo con emoción cómo la divulgación en psiquiatría y psicología se ha instaurado y ayuda a numerosas personas. Me refiero a poder estudiar, leer y formarse con libros, cursos y clases que contengan una base neurocientífica. Esa formación puede convertirse en un apoyo al reorientar el rumbo de la propia vida, haciendo un diagnóstico temprano de la situación y tomando decisiones en consecuencia, incluso recurriendo a un profesional si fuera preciso. Espero que este libro se convierta en ese manual de vida que te permita comprenderte mejor.

Tercera. ¿Y si la filosofía y la dimensión espiritual pudieran darnos herramientas?

Leí hace tiempo un artículo en el periódico *El País* de un compañero psiquiatra, el doctor Guillermo Lahera, jefe de sección del Hospital Universitario Príncipe de Asturias, de Alcalá de Henares, con un título inspirador: «¿Y si la solución a la crisis de salud mental fuera (también) filosófica?». Sus ideas coinciden en muchos aspectos con las mías. Entender la crisis de salud mental de nuestra época requiere pensar, analizar y aunar filosofía, ética, espiritualidad, medicina, psicología y sociología.

No podemos limitarnos a pautar ansiolíticos a todo aquel que tenga algo negativo que gestionar en su vida. Es como matar moscas a cañonazos. O cortar una mala hierba sin arrancarla de raíz. Si el problema subyacente no se trata, volverá a aparecer y con más fuerza. Y la eficacia del tratamiento farmacológico en el organismo, ya habituado, será menor. Necesitamos perspectiva y una visión más amplia y profunda de la sociedad para entender lo que está acaeciendo.

Ya sabes que la felicidad depende del sentido que le damos a la vida. No podemos vivir en el vacío, ya que la mente, el corazón y el espíritu ansían tener dónde agarrarse. Cuando carecemos de fundamento, de una guía de actuación, sustituimos ese hueco por sensaciones dopaminérgicas.

Siempre recomiendo, llegados a este punto, a Viktor Frankl y su libro *El hombre en busca de sentido.* Él descubrió, mientras permanecía recluido en un campo de concentración, cómo encontrar sentido a la vida influía poderosamente en el ánimo, la salud y el equilibrio interior. Compartió una idea: un hombre con sentido puede soportar cualquier tipo de maltrato, un hombre que carece de él se derrumba a la primera de cambio. Nietzsche lo expresó con sus palabras: «Aquel que tiene un porqué para vivir es capaz de soportar el cómo».

Encontrar o tener un sentido de vida lleva al ser humano a lograr cosas maravillosas.

Para el hombre es fundamental creer que su existencia importa de alguna manera: bien porque ayuda a los demás, bien por su propia superación o bien porque lo que hace tiene trascendencia. Encontrar un significado activa la motivación, y de ahí nace la resiliencia; es decir, la capacidad para sobrellevar del mejor modo posible lo que va llegando. Sin sentido, se cae en el vacío profundo. Cada cual necesita hallar el suyo. No es fácil, pero la manera de salir de la rueda del no parar y dar espacio y tiempo a las preguntas importantes sobre nuestra existencia es frenar.

Me gusta preguntarme el porqué de las cosas y encontrar respuestas, y por eso me intereso por la opinión de pensadores de diferentes culturas que han profundizado en estos aspectos. Leí una entrevista de Byung-Chul Han[1], filósofo surcoreano, autor entre otras obras de *La sociedad del cansancio,* sobre su visión de gran parte de la sociedad de hoy. Desarrolla una idea interesante: igual que durante los últimos siglos hemos luchado contra las infecciones —factores externos—, en el presente esas batallas se están librando con nuestro interior, derivando en lo que él denomina las enfermedades neuronales. Los virus venían de fuera y ahora lo que ataca viene de dentro: las enfermedades mentales, la voz interior, los sentimientos de inferioridad, las comparaciones, las exigencias que nos autoimponemos... Considera que estos nuevos trastornos se deben a un exceso de positividad, es decir, de poder hacer lo que uno quiera en cada momento. Su libro versa sobre cómo el hombre del siglo XXI se presenta agotado, devorado por su ego, ya que según él, se explota a sí mismo. Esta es una de las razones por las que nos encontramos en una sociedad exhausta de sí misma. Comparto con él una gran preocupación: escasea la capacidad de aburrirse y reflexionar. Esto nos lleva a la cuarta gran idea.

Cuarta. De la multitarea al aburrimiento y a la contemplación

Para Han, el *multitasking* o multitarea es una regresión del ser humano. Antiguamente, el hombre debía tener sus sentidos constantemente en alerta para lograr sobrevivir. La evolución y el desarrollo, en teoría, mejoraron ese estado de amenaza. Hoy, empeñados en realizar varias cosas al mismo tiempo, estresados por ello, no salimos del estado de alerta, lo que anula el aburrimiento y la red neuronal por defecto. Sin aburrimiento uno no llega al pensamiento profundo, a la creatividad, al arte, a la filosofía o a la contemplación. Insiste en un problema: en una sociedad sin sentido, el hombre únicamente busca su propio desarrollo, el cuidado máximo del cuerpo, ya que no hay nada más allá que pueda llenar su vida. Lo que prima es el individualismo. Eliminadas las creencias, tienen más fuerza las palabras de Nietzsche: «Tras la muerte de Dios, la salud se eleva a diosa». Solo importa cuidarse, el resto es accesorio.

Byung-Chul habla de la vida contemplativa como aquella que entrena su mirada para observar el mundo con profundidad y sosiego. Si nos dedicamos a estar delante de la pantalla todo el día o vamos corriendo sin pausa sin mirar con amor al entorno, nos convertimos en seres sin capacidad de conectar desde el corazón con nuestro interior, con los demás y con la naturaleza. Eso deriva en la vida hiperactiva y dopaminérgica que ya conoces, llegando a la saturación y al agotamiento de la mente, del cuerpo y del corazón, y a la búsqueda de vías de escape constantes. La consecuencia es clara: uno se queda sin fuerzas.

Los grandes pensadores, médicos, investigadores y filósofos proponen volver al descanso como método para bajar el ritmo frenético que les hemos impuesto a nuestras jornadas. Ya no solo se trata de dormir bien por la noche, sino de buscar lo que yo denomino el aburrimiento permitido, ese que nos salva de infartos, depresiones, inflamaciones, adicciones, ansiedades y aislamientos no deseados —te hablaré de ello a continuación—. El doctor Lahera termina su artículo lanzando un mensaje valiente: ¿y si pudiéramos mitigar esta crisis abordando la dimensión espiritual del ser humano?

Durante las últimas décadas la espiritualidad ha ido desapareciendo por diferentes factores. Byung-Chul Han, en su libro *Vida contemplativa,* asegura que lo que en la actualidad estamos viviendo con respecto a la crisis de la religión no solo se debe a que hayamos perdido la fe en Dios, sino que tiene que ver con el exceso de aceleración, pues este limita la capacidad contemplativa. En mi opinión, ya te habrás dado cuenta, una sociedad envuelta en sensaciones dopaminérgicas, pantallas, distracciones constantes y actividad frenética bloquea nuestra CPF, zona clave para reflexionar, meditar y contemplar. Si no podemos frenar, no podemos contemplar.

Siempre hemos buscado, en todas las épocas de la historia, cuidar el bienestar espiritual. Como dice la neuropsicóloga pediátrica Carina Castro, la espiritualidad es mucho más que religión, tiene que ver con un proceso en el que el ser humano encuentra algo que está más allá de los límites naturales y que se denomina transcendencia.

Hoy por hoy ser espiritual está muy relacionado con la curiosidad, con la necesidad de hallar sentido a muchas preguntas que no siempre tienen respuesta fácil. Los psiquiatras y los psicólogos sabemos que creer en algo que trasciende ayuda a sobrellevar circunstancias complicadas y momentos y batallas difíciles. He observado cómo personas con creencias firmes eran capaces de superar situaciones arduas. A mí personalmente me ha ayudado también en momentos muy complejos y traumáticos.

Estudios neurocientíficos han demostrado que quienes cuidan su espiritualidad como eje en sus vidas tienen más capacidad empática y mayor resiliencia. Cada individuo y cada familia tiene sus tradiciones y convicciones, y muchas de estas se convierten en un pilar importante para sobrellevar los momentos duros. En definitiva, todo apunta a que necesitamos volver a dar cabida a la pausa mental, a la contemplación, a la reflexión, por un lado, y por otro, a instaurar rutinas vitamínicas y hábitos que nos ayuden a mantener cierto orden vital.

A principios de 2024 tuve la suerte de coincidir en un acto con el profesor Tyler J. VanderWeele en Madrid. Se licenció en Matemáticas, Teología, Finanzas y Bioestadística. ¡Una mente privilegiada! Es catedrático de Epidemiología y dirige The Human Flourishing[a] Program, en Harvard, un proyecto en el que se recopilan datos sobre bienestar y felicidad. Ese día compartió algunas de sus últimas investigaciones. Ha publicado acerca de los estragos que la pandemia ha ocasionado en la salud mental de los jóvenes y sobre el auge de suicidios y el vínculo que ello tiene con la vida espiritual. En sus estudios presenta un apunte: los que forman parte y participan de su comunidad religiosa tienen menor riesgo de muerte prematura y de sufrir depresión, ¡y una probabilidad cinco veces menor de suicidarse! Insiste en cómo la comunidad religiosa puede beneficiar y proteger la salud física y mental, y ayudar en los momentos de dificultad, proporcionando acompañamiento en momentos de soledad.

Andrew B. Newberg es un referente internacional en el campo de la neurología de la espiritualidad y la religiosidad. Promueve

[a] Bienestar, felicidad y desarrollo personal se ha acuñado en inglés como *flourishing*.

un nuevo concepto denominado neuroteología, y realiza pruebas de imagen a monjes budistas, religiosas católicas, otros cristianos, sijs… No trata de demostrar la existencia de un ser superior, sino que se limita a indagar sobre la relación entre el cerebro y las experiencias religiosas, observando cómo la meditación puede moldear ciertas áreas cerebrales. Sus investigaciones evidencian cómo el cerebro de los monjes budistas, acostumbrados a meditar, muestra un menor envejecimiento neuronal, una mejor capacidad de prestar atención y memorizar y una mayor resistencia al dolor. Ha observado que tras ocho semanas de meditación durante doce minutos —a través de diferentes prácticas religiosas— las aptitudes de memoria y atención mejoraban entre un 10 y un 20 %. En personas que practican más tiempo, con más constancia, estos resultados se incrementan considerablemente.

Han surgido últimamente numerosos estudios que afirman que la meditación, la oración o las prácticas religiosas conllevan cambios en la actividad cerebral. No cabe duda de que el cerebro espiritual es un tema que genera cada vez más interés. Existen un sinfín de libros y publicaciones al respecto. En uno de ellos (*Brain Research Bulletin,* 2011, Catherine E. Kerr)[b] se demostró cómo las personas que meditaban tenían mayor número de ondas alfa, que ya conoces y son fundamentales para mejorar la atención —lo vimos en «La atención, una capacidad indispensable»—. En otro llevado a cabo por el profesor Yi-Yuan Tang —te hablé de él en ese mismo capítulo—, averiguó que la meditación reforzaba y aumentaba el tamaño y la actividad de la corteza cingulada anterior. Estos cambios se empiezan a ver a los cinco días de haber comenzado a meditar. Una CCA fortalecida ayuda a salir del bucle con más rapidez y a priorizar un pensamiento frente a otro.

Las personas con ansiedad elevada o rasgos obsesivos tienden a tener una CCA más dañada, lo que deriva en sufrir estados de angustia con más facilidad. Meditar despeja los pensamientos tó-

[b] «Effects of mindfulness meditation training on anticipatory alpha modulation in primary somatosensory cortex», en https://pubmed.ncbi.nlm.nih.gov/21501665/#fullviewaffili

xicos que les aturden y bloquean. Tang también descubrió que la meditación beneficiaba la comunicación entre esa CCA y la CPF, ayudando a los sujetos a mejorar sus impulsos y emociones y, ¡algo sensacional!, quizá por ello disminuía el consumo de drogas en quienes lo practicaban. Esto nos lleva a una conclusión maravillosa: meditar o contemplar —según cada uno— moldea la CPF y favorece el sistema de recompensa. He conocido personas que bajan revoluciones escuchando música clásica con pensamientos de agradecimiento, ¡y eso reduce sus niveles de ansiedad!

Newberg también ha observado que las prácticas religiosas pueden tener efectos positivos gracias a la liberación de neurotransmisores —dopamina, serotonina y endorfinas—. Por otro lado, se ha visto que la amígdala, responsable del miedo y de la ansiedad, merma en la gente que medita y que se activa el sistema nervioso parasimpático, que contrarresta la respuesta de lucha o huida y promueve la calma y la tranquilidad. Al disminuir la actividad de la amígdala, lo hace también la respuesta al estrés y la ansiedad.

Quinta. ¿Es malo aburrirse? Lo malo es no saber hacerlo

Aburrirse es enfrentarse a una realidad y notar que no nos aporta nada o nos hace sentir incómodos. Lo común es pensar que este cansancio de ánimo se debe a causas externas, a los demás: si soy un alumno y me aburro, el culpable es el profesor; si voy a una conferencia y me aburro, el responsable es el ponente; si en el trabajo estoy desmotivado, la culpa es del jefe... Tendemos a responsabilizar al entorno de nuestro aburrimiento.

La razón por la que hoy en día proliferan personas aletargadas y abúlicas podría estar, paradójicamente, relacionada con el éxito de la sociedad en satisfacer las necesidades primarias y más inmediatas. Si no estamos trabajando, estudiando, cuidando a nuestros padres o hijos, surge el tiempo libre que, si te fijas, es invadido en su primer milisegundo por una comprobación en la pantalla. Dejas al niño en el colegio y esos instantes de vuelta al coche o a la parada del autobús están dedicados a comprobar algo en el móvil.

Llevar un aparato todo el día en la mano imposibilita desconectar de verdad. Genera una sensación falsa de que estamos ocupados y haciendo cosas.

No nos gusta aburrirnos. Matamos los momentos de pausa consumiendo contenidos en forma de películas, series o vídeos, navegando por redes, enganchados a juegos *online,* al porno o leyendo adictivamente portales de noticias que se actualizan cada poco tiempo para mantenernos conectados validando nuestro FOMO. En realidad, todo es una trampa que nos invita a eludir la soledad, ofreciéndonos la pantalla como vía de escape.

La razón es que aburrirnos, como concepto, nos genera angustia. Cada vez más. Seguro que ya lo entiendes, con la cuerda estirando hacia el placer nos hemos hecho intolerantes al dolor y al malestar. La mente considera el aburrimiento como una molestia y quiere huir lo más rápido posible de ello. El cerebro recuerda lo que le calma y sabe que esos chispazos de dopamina le evaden con rapidez de esa situación. No sabemos lidiar con ello, ya que consideramos que no es positivo. Te adelanto que, científicamente hablando, esto no es así.

Desde que soy madre me debato entre dos impulsos: empujar a mis hijos a realizar actividades constantemente o dejar que se aburran. La conclusión a la que llego después de lo que he leído e investigado es que dejarles sin hacer nada es bueno para su cerebro, pero la presión para introducirles en una frenética rueda de actividades incesantes es inmensa. Cuando me dicen que se aburren, tengo que reprimir mi tendencia natural de ayudarles a entretenerse. Es muy necesario que sean ellos quienes, por sus propios medios, encuentren caminos y maneras de jugar y divertirse.

NO OLVIDES

Si intentas que la cabecita de tu hijo encuentre estímulos e ilusiones por sí sola, estarás dando paso a su creatividad.

Los momentos de aburrimiento son fuente de inspiración. ¡Tantos descubridores, escritores e inventores han pasado por esos instantes! De la misma manera que vimos en el capítulo «Cuando el cerebro no piensa. La voz interior», verás, a continuación, en el del «*Flow,* el estado de flujo», que enseñar a los niños a lidiar con aquel es una manera de potenciar su capacidad para resolver problemas.

El poder de la pausa sin culpa

La mente, sobre todo la de los más jóvenes —aunque también nos sucede a los adultos—, está perdiendo la tolerancia al aburrimiento, fundamentalmente por las distracciones digitales. Gran parte de ese aburrimiento ha sido generado artificialmente. El cerebro está tan acostumbrado a la hiperestimulación, a las notificaciones incesantes, a los *inputs* que llegan cada minuto, que termina volviéndonos adictos a resolver y sentir esa dopamina. Ello deriva en que la ausencia de estímulos durante un período relativamente corto nos hace creer que estamos aburridos, cuando en realidad está gozando, por fin, de un breve oasis de paz en medio del bombardeo de datos al que le hemos acostumbrado a la fuerza.

Alicia Walf trabaja como investigadora en el Departamento de Ciencias Cognitivas del Instituto Politécnico Rensselaer de Estados Unidos, y explica los mecanismos neurobiológicos por los que aburrirse mejora las conexiones neuronales, promoviendo que nazcan ideas nuevas o surjan momentos de inspiración. Un cerebro que percibe que tiene tiempo libre, sin estímulos externos, busca salir de ese estado. Es como si algo le empujara a realizar alguna actividad, a tener algún pensamiento que le supusiera un reto. Se resiste a aburrirse. Si intentamos parar sin que nada nos distraiga, va a comenzar la divagación. Está demostrado que cuando nos detenemos y dejamos lugar al aburrimiento, surgen ideas que estaban latentes, y que al fin procesamos y salen a la luz.

Pero no solo se trata de fomentar la creatividad o de dar un reposo a nuestro agotado cerebro. Hay aquí también algo para los demás. Cuando uno se encuentra inmerso en una actividad frenética, la mente tiene menos capacidad de ponerse en el lugar del otro, desaparece la empatía. Por eso, abrirnos unos instantes al aburrimiento nos ayuda a poder empatizar mejor con los que nos rodean, gente a la que es posible que horas antes hayamos ignorado o hecho incluso daño de manera inconsciente. Y cuando ese aburrimiento es aceptado y genera paz, nuestra batería mental se recarga.

«¡Vaya consejo!, si no tengo tiempo para nada, ¿cómo voy a incluir un rato para aburrirme?», me preguntarás. Aclaro un punto: no estoy haciendo una oda al aburrimiento en su estado más negativo y perjudicial. Ese que te destruye el ánimo y te sumerge en el peor de los pensamientos y conductas. Hablo para aquellos que viven en un mundo «dopaminado» y quieren aprender a parar sin culpa. Para ser creativo y solucionar, tienes que saber frenar. Te propongo una ociosidad consciente, un equilibrio entre la tensión constante y la meditación. Hay que huir del concepto de productividad incesante.

NO OLVIDES

Intentar llegar a todo activa el modo alerta y te intoxica de cortisol.

Sé que esto puede resultar chocante, ya que a muchos nos han educado en el esfuerzo, en el hacer y en no perder el tiempo. Un comienzo es saber que el aburrimiento aceptado o incluso buscado es bueno. No hay que tener miedo a unos minutos «sin hacer nada». En la salita de espera del médico, el vagón silencioso del tren... Dejemos el móvil en casa para ese recado, para ese pequeño trayecto en coche. Resistamos la tentación de consultar el periódico digital por cuarta vez en el día. Sin datos, sin batería, sin teléfono. Cualquier excusa es buena para dejar volar la mente lejos de un estímulo exterior. «Es que tengo *mails* por contestar, la compra pendiente, audios sin escuchar, noticias sin leer». Siempre habrá algo, siempre. Pero la protección de tu mente es mucho más importante. Túmbate en una toalla frente al mar oyendo el romper de las olas, con los ojos cerrados o abiertos, viendo desfilar las nubes ante ti, siéntate en un banco en el parque, reserva unas horas en un *spa,* prepárate un baño, colócate delante de la chimenea con una manta... Busca un entorno que te genere sensación de paz y bienestar, y permítete descansar la mente sin hacer cuentas de todo lo que te queda por hacer. Añade en tus rutinas vitamínicas un rato para pequeñas pausas en las que no te juzgues y en las que te permitas, simplemente, descansar. Te recomiendo que empieces dedicando cinco minutos al día, ahí comenzará el impresionante proceso de divagación.

En Holanda acuñaron un término para no hacer nada: *niksen.* Se trata de ver qué pasa por la cabeza haciendo lo menos posible. Los neerlandeses lo proponen como una manera de recuperarse durante unos minutos sin que exista ningún propósito. Alguno me recordará: «¡Pero si siempre hablas de que la felicidad depende del sentido que le damos a la vida!». Efectivamente, ¡el *ikigai* es fundamental!, pero igual de importante es saber que el único objetivo durante esos instantes es estar recargando nuestra batería mental, descansando el cerebro para recuperar la atención. No hacer nada es llegar a un momento en el que no haces, simplemente estás. Aprendamos a frenar para ver, observar y fascinarse. ¿Te has fijado que para contemplar de verdad hace falta pararse? Corriendo no se percibe la belleza. Deleitarse con un paisaje bonito, con una puesta de sol, con una lectura cautivadora, detenerse y disfrutar de un pueblo escondido cerca de la carretera, escuchar una canción que nos evoca emociones… sin sentimiento de culpa o de pérdida de tiempo. Ganamos en salud, en felicidad y en calidad de vida.

Sexta. Aprende a respirar

Quiero que añadas a tu vida una rutina maravillosa: respirar. «¡Pero si lo hago miles de veces!», me dirás. Efectivamente, pero no eres consciente de ello ni de si tu respiración es nasal o bucal. Cuando realizo el EMDR, acompaño a mis pacientes en sus inspiraciones y espiraciones. Les enseño a acompasar la respiración, a ralentizarla o a aguantar el aire en diferentes momentos. El taoísmo, el hinduismo y el budismo han insistido sobre los beneficios de esta práctica —¡bien realizada!— para alcanzar niveles superiores de conciencia.

La gran mayoría de las personas respira mal. Hoy sabemos, gracias a numerosos estudios, que esto repercute en la memoria, la atención, la concentración y en afecciones de la mente y del cuerpo. Respirar puede ser un acto inconsciente, pero también uno de plena conciencia que remedia situaciones emocionales negativas a la vez que fortalece áreas cerebrales.

Algunos tipos de respiración nutren el cerebro mientras que otros van en detrimento de la salud. Se cree que muchas enfermedades como el asma, la ansiedad o la falta de atención podrían moderarse aprendiendo a respirar. Hacerlo de forma consciente alivia el dolor, el insomnio, mejora los trastornos digestivos y el rendimiento cognitivo.

Un 40 % de la población tiene obstrucción nasal crónica y más de la mitad respira por la boca —sobre todo mujeres y niños—. Las causas son múltiples, desde la contaminación a la inflamación, las alergias o las gripes. Si se congestiona la cavidad nasal, baja la circulación del aire, surgen las bacterias y llega la infección. Si lo piensas, el tema de la nariz puede estar vinculado a diversos problemas, por ejemplo, los ronquidos, que se producen por una inflamación en la garganta —luego surgen las apneas—.

El doctor Jayakar Nayak, cirujano nasal y sinusal, expone el poder oculto de la nariz, ¡un concepto fascinante! Esa zona abandonada y minusvalorada es un filtro que el organismo posee y que es capaz de bloquear patógenos para que no penetren en el cuerpo. Esto no sucede en las personas que respiran por la boca. Al hacerlo por la nariz, hay más activación neuronal y se potencian la atención y el aprendizaje. Fuerza a que el aire se pegue contra los tejidos blandos situados en la parte posterior de la garganta, lo que ensancha las vías respiratorias y facilita la respiración. Con el tiempo, esos tejidos y músculos se tonifican para permanecer en esa posición. En cambio, inhalar aire por la boca hace que esos tejidos blandos de la parte posterior queden flojos y se flexionen hacia dentro, lo que reduce el espacio y complica la respiración.

Un estudio japonés[2] llegó a la conclusión de que respirar por la boca provocaba una alteración del oxígeno en la corteza prefrontal, el área del cerebro asociada con el TDAH. La respiración nasal no tiene esos efectos.

Los niños aprenden a respirar desde pequeños por la boca debido a la cantidad de catarros que padecen. Recuerdo una anécdota que me impactó con uno de mis hijos. Un día, uno de ellos estaba triste y enfadado porque se le había roto un juguete. Tuvo una rabieta y, ejerciendo de madre y no de psiquiatra, le dije que debía relajarse. Ante mi asombro, se tumbó en el suelo y comenzó a inspirar lentamente. Yo miraba impresionada la escena. Minutos más tarde, al levantarse ya más tranquilo, me explicó que su profesora María se lo había enseñado a él y a su clase para cuando se pusieran nerviosos. ¡Quizá en unos años aprender a respirar se convierta en asignatura obligada en los colegios!

NO OLVIDES

Realiza ejercicios de respiración por la nariz cuando vayas conduciendo, en el metro o en la playa. Inténtalo, poco a poco, todos los días. Conforme pase el tiempo, te irás dando cuenta de sus beneficios.

18. Ayuno de dopamina

Está de moda en Estados Unidos —y probablemente llegue a Europa no dentro de mucho o quizá ya hayas oído hablar de ello— el ayuno de dopamina. ¿En qué consiste? Se trata de frenar el consumo de productos dopaminérgicos con la idea de recablear o reiniciar el cerebro. Esta tendencia lo que busca es mejorar el funcionamiento de la mente, frenando comportamientos adictivos o tóxicos.

DECIR NO A LOS IMPULSOS PRIMARIOS. GIMNASIA MENTAL

En uno de los lugares donde nacen las mejores aplicaciones del mundo, muchas personas están preocupadas por su salud física y psicológica. Ya has visto cómo protegen a sus hijos de las pantallas, pero en la actualidad su inquietud va aún más allá.

Este concepto, el de ayuno de dopamina, fue descrito por el psicólogo Cameron Sepah, profesor de la Universidad de California. Se viralizó cuando habló de ello en un *post* en LinkedIn en agosto de 2019. Su intención era buscar una manera de frenar los consumos insanos y excesivamente adictivos. La idea resultó muy atractiva y la reacción de la gente no se hizo esperar, ya que muchos lectores se dieron cuenta de lo enganchados que estaban. Según Sepah, el objetivo de esta propuesta era la de mejorar el cerebro, reconquistar la mente y poder proteger nuestro órgano vital de productos que lo deterioraran.

Ayuno no significa hacer desaparecer por completo un hábito. Se trata de privarse de ciertas cosas o de reducir su consumo.

Sobre este tema hay diferentes teorías. Raquel Marín, neurocientífica y catedrática de Fisiología en la Universidad de La Laguna, en Tenerife, explica en su libro *Pon en forma tu cerebro* que el ayuno de dopamina estimula su producción. Y aunque muchos lo apoyan, otros consideran que no existe todavía nada demostrado al respecto. Lo deseable —pero imposible hoy por hoy— sería poder elegir en qué zonas queremos limitar esta producción. Todo esto se encuentra en fase de investigación y es probable que en los próximos años se avance mucho; no obstante, a finales de 2023, no se conoce con exactitud cómo regular y controlar ese neurotransmisor. Los expertos dicen que es más complejo de lo que parece a simple vista. La realidad es que la liberación de dopamina durante la jornada es un proceso dinámico y multifactorial, y fundamental para numerosas funciones cerebrales.

NO OLVIDES

La dopamina es muy importante, entre otras cosas, para enamorarse y esencial en la creatividad.

Este neurotransmisor, que sabemos que está involucrado también en el placer y en las adicciones, tiene un papel fundamental en la motivación[3]. Por lo tanto, no significa que debamos suprimir todo lo que nos produzca placer ni dejar de mantener relaciones sexuales, comer alimentos ricos y alejarnos por completo del mundo tecnológico. No podemos eliminar una sustancia que se libera de forma natural en el cerebro y que nos estimula. No existe vida sin ilusiones. Se trata de regular, frenar o reducir aquellas que más nos dañan.

Soy consciente de que con los conocimientos que tenemos en la actualidad no podemos controlar cuánta dopamina liberamos en diferentes momentos del día. Lo que es obvio es que ciertos consumos, conductas y actitudes pueden perjudicar el sistema de recompensa y, por lo tanto, alterar nuestra balanza placer-dolor. Esta idea surge como un camino para ser capaces de enfocarnos en actividades más sanas y saludables.

El ayuno, como digo, no significa que repudies todo lo que te da placer, sino que analices las vías de escape que más te perjudican y te tienen enganchado, y pueden tener bloqueada tu CPF. Si optas por dejar al cerebro aburrirse, activando su red neuronal por defecto, realizando un détox de pantallas o una reducción del azúcar, por ejemplo, estarás fortaleciendo tu sistema de recompensa, regulando la balanza placer-dolor de una forma más efectiva. Lo que te propongo es que seas más consciente de tu vida, observes tus conductas adictivas, o potencialmente adictivas —con adictivo me refiero a algún consumo que realices de modo impulsivo, repetitivo, sin pensar, y que notes que te distancia de los tuyos y te altera tu cuerda placer-dolor— y dónde te reparas. Ten en cuenta no solo las actividades a las que quieres renunciar o reducir su práctica, también los factores de estrés y las barreras a las que te vas a enfrentar cuando decidas huir o evitar esa conducta. Esas barreras son las pequeñas o grandes tentaciones que te dificultan decir que no a la gratificación dopaminérgica —notificaciones en el móvil, anuncios sobre las rebajas o la nueva temporada, la tentación del *scroll* infinito, el FOMO, cómo gestionar la soledad de un viernes noche, la aplicación de comida a domicilio recomendando platos con descuento, etc.—. Te dejo unas ideas desintoxicantes:

— Quita las notificaciones. Esto no es solo durante una época, sino para siempre. Tú dominas el dispositivo, no él a ti.

— Una vez al año, corta con internet. Hazlo un fin de semana o los días que puedas permitírtelo.
— Pasa un día sin mirar el teléfono. Hazlo una vez al mes o al menos una cada trimestre.
— Pon un temporizador en las aplicaciones que más te cueste controlar e intenta cumplirlo.
— Proponte durante algunos días no comprar nada *online* (comida, ropa, un capricho…). Frena la intensidad de tu mente ansiando la recompensa de algo nuevo que puede aparecer.
— Si estás enganchado al porno, sincérate contigo mismo y busca la manera de reducirlo.
— Si tu vía de escape es la comida rápida a domicilio, elimina la aplicación y durante unos días (tú decides si quieres que sea un fin de semana, una semana o un mes) evítalo y trata de comer más saludable. Cuando notes que llega el impulso por descargarte, repítete: «Esta renuncia ahora mismo tiene un sentido, estoy recableando mi cuerda placer-dolor, mejorando mi sistema de recompensa» y, ¡valga la redundancia!, estos esfuerzos tienen su recompensa a medio y largo plazo. A diferencia de la dopamina, que la tiene en el mismo instante.
— Observa si tu búsqueda de dopamina se activa al querer conocer gente a través de aplicaciones y cómo estas te afectan. La soledad, la inseguridad, la ansiedad o la tristeza empujan muchas veces a chatear y conectar con nuevas personas. Analiza qué subyace y, sobre todo, si te hace bien o, por el contrario, te resta. Hace tiempo una de mis mejores amigas conoció al que va a ser su marido en una de estas aplicaciones, ¡puede suceder!, pero sigo creyendo que es un caso entre muchos cientos de miles. He visto cómo estas redes merman la autoestima. A nadie le gusta que le tengan que elegir por una foto, ¡seduciendo mediante una imagen! Esto acaba potenciando la cultura de lo sexual, lo físico y lo erótico. Uno se mide por los *matches*

que recibe y basa la seguridad en sí mismo en el éxito que tiene en la aplicación. Cuidado con usarlas como dispensador automático de afectos donde buscas sentir siempre la aprobación de otros. Si las utilizas mucho, analiza si crees que te está perjudicando la forma en la que te observas y te tratas.

— Intenta conectar más con la naturaleza. Sal al campo, sin cascos, escucha los sonidos, huele, disfruta de un buen paseo. Ten momentos al mes, al trimestre y al año en los que desconectes de lo digital para reconectar y zambullirte en la vida real.
— Aburrirse es fundamental en este détox. Mientras comes, evita ver la televisión o estar delante de la pantalla, sal a pasear por la calle un rato, sin un fin específico, dejando tu mente vagar, sin móvil en la mano ni en el bolsillo, tratando de descubrir nuevas calles, nuevos lugares.

Sobre este último punto recuerdo una anécdota que me ocurrió cuando impartí una sesión al lado de la catedral de la Almudena, en el centro de Madrid. Terminé antes de lo esperado y tenía una hora hasta que llegara mi primer paciente en la consulta. Miré cuánto se tardaba caminando, ¡casi una hora! Y comencé a andar. Nunca tengo tiempo de pasear y menos en un día de diario. En un momento dado me crucé con un guía que explicaba en inglés la historia de un edificio y la iglesia contigua. Me quedé parada a su lado unos minutos saboreando ese chorro improvisado de cultura y decidí ese mismo día que tenía que hacer una ruta por el Madrid antiguo para aprender más. ¡Me fascinó la experiencia! Tenía la sensación de que esa mañana me había marchado a otro lugar a repararme y el resto del día fluyó de forma maravillosa.

— Evita durante una semana productos con demasiado azúcar, prueba a ver cómo cambia tu concentración, tu atención y tu cuerpo. Puede ser que notes abstinencia (con síntomas similares a la ansiedad) aunque normalmente a los pocos días estarás menos irritable.

— Analiza la cantidad de alcohol que ingieres. He tratado a muchos pacientes sobre este hábito y abordarlo requiere grandes dosis de sinceridad y de firmeza. En ocasiones realizo un pacto con los pacientes para bajar o eliminar durante unas semanas su consumo. Es impresionante, la mayoría me reconoce que estaba más enganchado de lo que creía. Te animo a que lo pruebes.

De hecho, te cuento algo interesante relacionado no solo con el azúcar y el alcohol, sino con la dieta en general. La restricción calórica temporal promueve la longevidad y potencia la salud. Tiene grandes beneficios. ¿Cómo sucede?

— Se reduce el estrés oxidativo, por lo que hay menos radicales libres y menor daño a las células.
— Se fortalece el sistema inmune.
— Disminuye la inflamación.
— Se activa la autofagia, proceso importante para reparar células y eliminar las que son perjudiciales.

Si decides realizarlo, comienza con supervisión médica para asegurar unos nutrientes adecuados. Que tu organismo pueda aceptarlo de forma saludable y sea beneficioso para ti. Para hacerlo disminuye tu ingesta entre un 10 y un 15%, sin eliminar los alimentos y productos necesarios. Alterna períodos de ayuno intermitente con ejercicio aeróbico para aumentar el gasto calórico.

¿QUÉ ESTIMULA LA DOPAMINA?

— Hacer deporte.
— Duchas de agua fría.

— El ayuno.
— Aprender algo nuevo que motive.
— Iniciar un proyecto.
— Desconectar del mundo digital.

Según los especialistas, el cerebro necesita cuatro semanas para recablear y recuperar el equilibrio. Recuerda que el bienestar en el siglo XXI consiste en encontrar un equilibrio entre la vida real y la digital. Hay momentos en que por nuestra situación personal y profesional precisamos estar conectados, pero hay que intentar mantener cierto control y armonía. La doctora Anna Lembke sustituye el concepto de ayuno de dopamina por otra idea que me resulta de lo más sugerente: aprender a estimular el dolor. Quizá sea un buen planteamiento. Me interesa mucho que lo entiendas.

19. Abrazar el dolor

Acepta el dolor. Pensarás que te estoy diciendo un despropósito y quizá decidas cerrar el libro. Te pido que me des una oportunidad y me dejes explicarte algo que antes que yo han tratado otros médicos y filósofos. De hecho, en muchas culturas y religiones —desde el islam al judaísmo, desde el budismo al estoicismo o al cristianismo— el sufrimiento es un pilar fundamental. Hace no tantos siglos, y hasta que se descubrieron los fármacos y llegó la anestesia, muchos galenos empleaban estímulos no agradables para tratar la enfermedad. Curiosamente, en los últimos años se ha vuelto a plantear tratamientos que involucran sentir ciertas dosis de dolor para algunos trastornos.

¿QUÉ DICE LA NEUROCIENCIA?

Soy consciente de que buscar microdosis de dolor va en contra de nuestra naturaleza. Uno no acepta de primeras sufrir, ya que el instinto le pide placer y disfrute. Sin embargo, lo recomendable es realizar actividades que cuesten un poco, que generen algo de sacrificio, pues el cerebro lo premia. ¿Cómo? Compensando el efecto de esa molestia con una liberación de dopamina para equilibrar la cuerda placer-dolor. Es decir, si tiramos un poquito hacia el dolor, el organismo querrá equilibrar la cuerda en el otro sentido, y generará de forma endógena dopamina, apareciendo el placer.

Lo saludable es aprender a gestionar y aceptar esas pequeñas dosis de dolor sacrificio capaces de reequilibrar la hormesis — la cuerda—, y aportarnos ese chute de alegría posterior. Lo cierto es que personas que han atravesado una adicción fuerte, y la han sobrellevado con pequeñas dosis de algo de dolor, han avanzado y la han superado mejor. Pero, ¡cuidado!, porque el dolor en estado puro y experimentado intensamente de forma demasiado intensa puede generar adicción —como, por ejemplo, los deportes extremos, el sadomasoquismo o los cortes y autolesiones—, y derivar en un consumo compulsivo del mismo. En la consulta lo observo con frecuencia. Es por ello que si uno realiza ejercicios que conllevan peligrosidad, su cuerda tira fuerte de forma intensa hacia el dolor. Si asociamos ese dolor intenso potente con la adrenalina del momento y la dopamina que se libera, se puede convertir en adictivo. Por ello muchos exadictos a sustancias se vuelven adictos a deportes de riesgo.

Carlos había sido adicto a la cocaína y al alcohol durante años. Se apartó de ello cuando se enamoró y supo que iba a ser padre. Tuvo varias recaídas mientras su novia estaba embarazada y su pareja le dio un ultimátum: si al nacer el bebé no dejaba las drogas, ella se marchaba de casa.

Carlos tenía una gran herida de abandono de su infancia, y pensar que podría sufrir otra pérdida le aterraba. Se dio cuenta de que era su momento de cambiar. Acudió a un centro de adicciones, donde le ayudaron mucho. Uno de los terapeutas, exalcohólico, fue clave en su recuperación. Le recomendó comenzar con duchas de agua fría por las mañanas y escalada en montaña. Se veía sin fuerzas, pero el terapeuta cada dos días le llamaba para ver cómo evolucionaba y se llevaba a él y a dos más del centro a sus planes de escalada.

Dejar la droga desenmascaró el vacío existencial que sufría y había que llenarlo con algo. Carlos descubrió que tenía facilidad para los deportes y cada día buscaba una actividad más difícil y complicada.

El día que conozco a Carlos me encuentro a un tipo con una seguridad y un aplomo impresionantes. Me reconoce que hace años parecía un anciano enfermo. Efectivamente, me muestra unas fotos y el cambio es inmenso; de hecho, no parece la misma persona. Dejó las drogas; sin embargo, ahora es adicto a los deportes de riesgo: paracaidismo, *puenting,* heliesquí, buceo, escalada sin cuerda, ultramaratones... Ha dejado de tener miedo. Le gusta en quien se está convirtiendo y, primera vez, se trata bien. En el pasado tenía la autoestima muy baja. Lo que le está sucediendo ahora es que lo que le ha salvado la vida y la mente, sin embargo, está poniendo en riesgo su relación y su familia. Su mujer tiene miedo de que le suceda algo. Están esperando un segundo hijo y ella, cada día que se marcha a hacer deporte, se despide como si fuera a ser el último que le ve.

Este caso es complicado porque para Carlos el deporte es primordial en su vida. Estuvo en el mundo de las drogas desde los quince hasta los treinta y cinco años de forma ininterrumpida, y sufrió un grave deterioro físico y mental. Probablemente, si no hubiese conocido a su mujer y a su terapeuta, no hubiera cesado el consumo, y a saber cuál habría sido su pronóstico vital. Ahora, con cuarenta y cinco, solo piensa en el deporte y la actividad física. Su cuerda está inclinada hacia la intensidad extrema del ejercicio, y la dopamina endógena que se genera es tan grande que no quiere soltar esa sensación.

Se está investigando mucho sobre la adicción a los deportes de alto riesgo. La doctora Lembke lo ha visto también en su terapia; las personas pueden hacerse adictas a este tipo de deporte, unas para cubrir adicciones y otras, por el subidón de neurotransmisores que estas actividades generan.

En vidas estresadas, o con un fondo obsesivo y adictivo, muchas personas se enganchan a deportes «dolorosos» e intensos, liberadores de dopamina. No todo ello es malo, ¡ni mucho menos!, pero es fundamental que, de cierta manera sepamos entender en qué punto emocional y psicológico nos encontramos.

EL FRÍO DOPAMINÉRGICO

Se han llevado a cabo numerosos estudios sobre los beneficios del agua fría en el organismo. Uno de ellos[4] fue realizado con voluntarios que estuvieron inmersos en agua a catorce grados durante sesenta minutos. Al analizar sus niveles de dopamina en sangre, esta se había incrementado un 250 %, y los de noradrenalina, un 530 %. Tras una hora, los valores volvieron a la normalidad.

Los baños de agua helada comenzaron con Vincenz Priessnitz (1799-1851), un campesino nacido en lo que hoy es la República Checa, y que descubrió por casualidad sus beneficios al ver cómo un corzo se curaba una pata herida al meterla en un río. Empezó a aplicar esta terapia en los animales de su granja y después en él, al sufrir un accidente muy grave. Fue un gran divulgador de la hidroterapia, y perseguido y denunciado en su época por los médicos por intrusismo. Sometía a las personas a un baño de agua fría rápida, o bien alternando temperaturas, uniéndolo con diferentes terapias adicionales. En 1822 fundó la primera asociación de amigos del agua.

El otro gran impulsor de esta disciplina fue el clérigo alemán Sebastian Kneipp (1821-1897). Padeció en su juventud una tuberculosis con mal pronóstico. Había leído *Enseñanza de la fuerza y acción del agua fría sobre el cuerpo humano,* del doctor J. S. Hahn, una eminencia de la hidroterapia, y siguió sus recomendaciones. Meses más tarde los síntomas de la enfermedad cesaron hasta la curación total. Comenzó a recomendar este tratamiento, pero también fue tachado de intrusismo. Él empleaba baños, alternando frío y calor, con plantas medicinales. Los microestímulos eran la base de su tratamiento, repetidos para activar el sistema nervioso parasimpático, comenzando con lavados fríos o envolturas. La diferencia de temperatura entre la piel y el agua tenía que ser de al menos diez grados.

El estrés generado por el frío es, fisiológicamente, uno de los estímulos naturales más potentes que existe a los que puede estar expuesto el cuerpo. Como ocurre con el deporte o la ingesta de determinados alimentos, los efectos en el organismo dependen de la duración o la intensidad de dicha exposición. ¿Qué sucede con el agua fría? En primer lugar, se produce una vasoconstricción, que incrementa el riego sanguíneo en los tejidos, aumentado en estos los niveles de oxígeno y nutrientes. Cuando uno recupera la temperatura, se desencadena el efecto inverso. Por otro lado, el frío activa el sistema nervioso simpático, potenciándose la liberación sináptica de noradrenalina. Al añadir el agua a la ecuación, los efectos de padecer ese frío aumentan exponencialmente porque el agua refrigera y hace descender la temperatura corporal mucho más rápido que el aire.

Otros estudios sugieren que sumergirse en agua fría reduce los indicadores inflamatorios y aumenta los antiinflamatorios —muchas enfermedades y algunas depresiones están generadas o tienen un importante componente inflamatorio—. La doctora Alla Yankouskaya, de la Universidad de Bournemouth, en Reino Unido, examinó el estado anímico y la conectividad cerebral tras una inmersión en agua fría de diferentes voluntarios. Observó una mejoría en sus niveles de estrés y en la sensación de bienestar mental y de ánimo. Este cambio en las emociones positivas se asoció con el acoplamiento de áreas cerebrales vinculadas a la atención, la gestión de emociones y la autorregulación. De hecho, la noradrenalina y la dopamina, que aumentan significativamente con los baños fríos, son dos de los componentes esenciales de la medicación que se pauta a las personas diagnosticadas de TDAH.

Se ha observado que si durante ese chorreo de frío uno aguanta la respiración unos instantes, la capacidad de concentración en los individuos mejora.

Dicho esto, apunto varios matices: no existen estudios científicos actualizados y rigurosos que expliquen en detalle los mecanismos bioquímicos concretos vinculados a estos procesos psicológicos. Se conocen los beneficios, pero hay contraindicaciones, y si alguien está atravesando procesos de salud complicados, siempre es mejor consultar con un médico.

Si eres de los que puedes hacerlo y deseas recibir ese chispazo frío de dopamina, es aconsejable que al salir del agua tu cuerpo se recupere naturalmente a la temperatura fisiológica, ya que en esos momentos es cuando se producen algunos de los efectos más deseables. Los beneficios se obtienen en gran parte cuando el cuerpo recupera por sí solo la temperatura y el equilibrio.

DIME CÓMO TE LLEVAS CON EL DOLOR Y TE DIRÉ QUIÉN ERES

No quiero terminar el capítulo sin insistirte en que recapacites sobre cómo es tu relación con el dolor. Una vida caprichosa donde nos damos cualquier recompensa cuando deseamos nos convierte en intolerantes a él. Acepta todos los días una pequeña cantidad de malestar: un poco de frío, un poco de calor, un poco de sed, un poco de hambre, un poco de aburrimiento, un poco de ansiedad. Aguanta las ganas de comprobar el *mail,* los WhatsApp y las notificaciones. Asume retos que requieran algo de esfuerzo. Evita un analgésico cada vez que el cuerpo se queje. Esos dolores permitidos, insisto, con control, momentos de dificultad, donde te enfrentas a tu batalla con voluntad, tienen recompensa neurofisiológica y psicológica. El placer que surge de forma natural, equilibrando la cuerda, es muy gratificante y te da herramientas para ser más fuerte cada vez que llegas a una lucha, sea una pequeña escaramuza o la batalla de tu vida. Empieza, poco a poco, analiza situaciones donde te sientas incómodo y no huyas de ellas rápidamente. Recuerda que el dolor es la consecuencia lógica de vivir inundado de placer, pero también el placer puede ser el premio por microdosis aceptadas de dolor.

NO OLVIDES

Si consientes esas pequeñas dosis de molestias, con el tiempo te convertirás en una persona menos vulnerable al dolor y a la frustración.

20. *Flow*, el estado de flujo

Mi abuelo Fabián era un apasionado de la historia. Se conocía los detalles de todas las guerras más importantes de los últimos siglos. Leía sin parar y tenía una memoria prodigiosa. Nos inculcó la pasión por los relatos bélicos y las estrategias detrás de muchas decisiones políticas. Durante la residencia, pasé unos meses en el King's College de Londres. Trabajaba por las mañanas y algunas tardes me apuntaba a seminarios y cursos sobre neurociencia. Y cuando estaba libre, me dedicaba a visitar galerías y pinacotecas.

Un día me quedé abducida en el British Museum. Había dos tipos de audioguías y elegí la larga —disponía de varias horas—. El que comentaba las piezas de las salas lo narraba con un fervor adictivo. Iba guiando las obras, las asociaba entre ellas y contaba las intrahistorias de algunos cuadros y esculturas.

Mi padre, siempre que acude a los museos, a una conferencia o tiene a un guía delante, lleva una libreta donde anota todo lo que le resulta interesante. Ha estudiado mucho el impacto de escribir a mano y es algo que sigue haciendo y que recomienda a sus pacientes y, por supuesto, a nosotras, sus hijas. De hecho en la consulta muchos llevan la terapia en papel para recordar lo que vamos trabajando y darle sentido al tratamiento.

Yo esa tarde llevaba también una libreta porque no quería olvidar ninguno de los datos que el dispositivo me proporcionaba. En un momento dado, un tipo de seguridad se me acercó y me comunicó que el museo iba a cerrar y que tenía que acudir a la salida. ¡Llevaba cinco horas dentro! No podía entenderlo. Me quedé sorprendida porque ese día apenas había desayunado y me había saltado la comida —¡y me encanta comer!—. No sabía qué había sucedido en mi cerebro. Años más tarde comprendería este espectacular fenómeno de la mente.

Pero esta sensación me ha seguido pasando. Hace unos meses cogí un AVE a Barcelona. Daba una charla en la ciudad, la llevaba preparada y me ilusionó pensar que disponía de casi tres horas para la novela que me tenía enganchada. Salí de Atocha y, al momento, me sumergí en las aventuras de mi personaje. Al cabo de lo que para mí resultaron unos minutos escuché el aviso de Renfe: «Próxima parada: Barcelona». ¡Era imposible! Llevaba en el tren, como muchísimo, una hora. Miré el reloj, en efecto, el tiempo había pasado sin darme cuenta.

Ya te he dicho que me gusta investigar el porqué de las cosas, y de ahí nació seguramente mi amor por la neurociencia y la psicología aplicada. Muchos me hablan de esta situación en la que pierden la noción del tiempo, disfrutando de una actividad que requiere atención. ¿Qué sucede en el cerebro de una persona que se queda sumida en sus pensamientos mientras está enganchada en una actividad? Hablamos del *flow* o, en español, el estado de flujo.

MIHALY CSIKSZENTMIHALYI

Csikszentmihalyi nació en Fiume, en Italia —actual Rijeka, en Croacia—, un pueblo muy cercano a la frontera de la antigua Yugoslavia. En su infancia pasó una temporada en un campo de prisioneros italianos, y en sus entrevistas reconocía que aquella experiencia le marcó profundamente. Descubrió en su encierro el ajedrez, y se dio cuenta de que cuando jugaba era capaz de abstraerse de lo que sucedía en el entorno, lo que le ayudó a gestionar mejor su estancia allí.

Una conferencia del psiquiatra Carl Jung, en Zúrich, le hizo indagar sobre el mundo de las emociones. Al no existir por entonces la carrera de Psicología en Europa, partió a Estados Unidos, donde Skinner dominada la teoría de la mente con el conductismo. Sus investigaciones versaban sobre la motivación y la atención plena. La motivación intrínseca es aquella que se origina en nuestro interior para lograr las metas e ilusiones. Describió el *flow* como una experiencia universal presente en todas las culturas.

> El estado de flujo está relacionado con la motivación, el desafío y las habilidades.

Según Mihaly, cuando alguien entra en estado de flujo, siente una sensación de plenitud y felicidad por varios motivos:

- Se concentra plenamente en la tarea.
- Se deja llevar.
- El tiempo vuela, o mejor dicho, pierde la noción del tiempo.
- No existe el ego.
- Emplea sus habilidades al máximo.
- Son momentos de gran bienestar.
- Existe un equilibrio entre el reto y la habilidad.
- La actividad en sí es inmensamente gratificante.
- Siente que la tarea es factible y es capaz de realizarla.
- Desaparece la sensación de cansancio o fatiga.

En su obra, *Flow: The psychology of optimal experience —Fluir, una psicología de la felicidad—* expone cómo la felicidad del ser humano puede mejorar si introduce más *flow*. En él el individuo se encuentra plenamente inmerso y une sus habilidades en forma de pasión, ilusión máxima, reto y atención plena. Quizá por eso llevo años recomendando a mis pacientes que retornen a sus *hobbies* y eviten las pantallas.

Tener estados de flujo puede ser la mejor de las terapias. Son un bálsamo para la mente, ya que está muy relacionado con ser feliz.

Es importante que la actividad que se desarrolla en ese momento tiene que generar cierto interés: el músico que ensaya su pieza, el artista que pinta su obra, el cocinero que prueba nuevos platos, el autor que escribe horas sin parar… Ahí se unen el gusto por estar realizando esa tarea y ¡no querer que se termine! Es decir, el que está pintando una obra, escribiendo un poema, cocinando en el horno, cuidando su huerta, tocando la guitarra… no busca encontrar la meta o terminar rápidamente, lo que en realidad desea es disfrutar del proceso. De hecho, la mayor parte del tiempo no es consciente del proceso en sí. Está empleando su atención para lograr su objetivo, y ahí, ¡importante!, no percibe amenaza, sale del modo alerta porque su mente cree que nada malo puede suceder, solo se deja llevar y ese rato le hace sentirse pleno.

Las investigaciones de Mihaly le mostraron que las personas que tenían capacidad de entrar en flujo eran más creativas, eficientes y felices. Artistas, pintores, nadadores, montañistas, deportistas, lectores, escritores, músicos… lo han experimentado a lo largo de sus vidas.

El *flow* es una de las maneras más intensas de llegar a la atención y a la concentración profundas.

Recuerdo a Sergio, un paciente artista que se quedaba horas pintando y esculpiendo. Su madre, con la que vivía por entonces, entraba en su habitación y tenía que decirle que el tiempo pasaba y ¡que tocaba comer! Esa sensación de estar inmerso en su mundo interno apasionante le bloqueaba la interacción con el exterior.

> Patricia está casada, tiene tres hijos y sufre ansiedad e irritabilidad.
>
> —Soy muy exigente, y me enfado con mi marido y los chicos de forma muy violenta, gritándoles por cualquier cosa. Me estoy convirtiendo en una persona que no me gusta. Soy incapaz de relajarme, siempre vivo en tensión y en alerta. No sé cómo parar el bucle.
>
> Dejó de trabajar tras el parto de su tercer hijo, que nació prematuro, y estuvo meses en terapias y con pruebas.
>
> —Un día, volviendo de dejar a los niños del colegio, en el coche, en pleno atasco y lloviendo, sufrí un ataque de ansiedad —me cuenta—. Dejé el vehículo en el arcén de la carretera, cogí un taxi y me fui directa a un hospital cercano, donde me recetaron unas pastillas y me derivaron a psiquiatría.

Patricia es muy perfeccionista y percibe una sensación de insatisfacción constante. Se añade que tiene una relación complicada con su madre, que la visita todos los días, lo que le potencia su hiperexigencia con comentarios negativos como que a pesar de haber dejado de trabajar, su vida sigue siendo un caos. Me reconoce que a veces a solas, esta frase vuelve con fuerza a su mente y le hunde. Le explico lo que le está sucediendo.

Personalidad	Factores de estrés	Vías de escape
Exigente, muy sensible, voz interior machacante.	Desorden, hijos que no obedecen, Sensación de caos, las conversaciones con su madre.	No tiene.

Le prescribo medicación para regular sus niveles de tensión y ansiedad, y comenzamos con un plan de conducta y gestión emocional para poder reconducir su estrés. Al mismo tiempo, nos damos cuenta de que no tiene lugares de reparación. En estos casos buceo en la vida del paciente intentando hallar aficiones que puedan ayudarle. A Patricia le encantaba pintar platos, lo hizo en la baja maternal de su primer hijo, y lo disfrutó mucho. Dicho y hecho. Al cabo de unos días monta en el sótano de su casa un pequeño taller. Llama a su antigua profesora de pintura y esta le comenta que tienen pedidos de platos antiguos para barnizar, restaurar y colorear, y está buscando exalumnas que la apoyen en el proyecto.

Cuando vuelvo a ver a Patricia al cabo de unas semanas, me encuentro con una persona distinta. Es feliz, ha puesto en orden su vida, se levanta y, tras llevar a los niños al cole y dejar la casa recogida, comienza a pintar y restaurar. Hay días que le dan las cinco de la tarde. Al hacerlo, su cerebro entra en estado de flujo. Esa sensación es maravillosa porque le genera mucho bienestar.

Estar absorto en una tarea que suponga un reto o una motivación conlleva cierto nivel de concentración.

LA NEUROCIENCIA. UN PROCESO MARAVILLOSO

Se necesita investigar todavía más sobre este asunto, pero lo que la ciencia intuye es que hay algunas áreas del cerebro que están involucradas:

— La corteza prefrontal. Se produce un aumento en su actividad.

— La amígdala. Se reduce la actividad en ella: menos amenaza, menos estrés.
— El sistema de recompensa (núcleo accumbens). Se activa liberando dopamina, transformando la experiencia en placentera.
— La corteza cingulada anterior. Hay una disminución en esta zona, lo que potencia la atención y frena la preocupación por equivocarse o errar.
— El lóbulo parietal. Se reduce la actividad y es el responsable de sentir que el tiempo vuela.

Estoy segura de que ahora te estás planteando en qué ocasiones has entrado en este estado. Quizá lo vincules con el *scroll* infinito pero ahí no sucede. Una persona que pasa horas en la pantalla o viendo series no está atravesando un estado de flujo, es casi lo contrario. La clave está en que cuando llegas al *flow* realizando una actividad eres tú el que te propones ese reto y desarrollas las habilidades necesarias para conseguirlo con un esfuerzo de habilidades y un resultado posterior satisfactorio. En el *scroll* eres el pasajero, en el flujo la persona al volante. Sin embargo, en el *scroll* no hay reto ni esfuerzo.

¿Cuáles son las distracciones que nos hacen salir de ese estado de *flow*? Llega alguien avisándonos de la hora, suena una alarma, una notificación o una llamada. Ya conoces lo que estas producen en el cerebro, y ahora entiendes por qué nos impiden entrar o permanecer en el estado de flujo.

Una de las maneras de potenciar la atención y la CPF y, además, de promover el *flow*, es frenar las distracciones y las notificaciones.

Mihaly realizó un estudio en los años noventa sobre pantallas y el concepto de *flow*. Descubrió que la pantalla era una de las experiencias en las que surgían menos posibilidades de entrar en un estado de flujo. Navegar sin sentido por las redes producía, en vez de la sensación de plenitud, una sensación de vacío. Aquí te dejo unas herramientas para reducir las distracciones y activar el *flow*. No se trata de decir: ¡quiero entrar en ese estado!, o dejar de realizar una actividad para llegar a él. Hay que comenzar una actividad que te guste, que exija algo de esfuerzo y atención y que suponga un reto. ¡Ahí aparece al disfrutarla!

— Si sabes que algo te puede hacer entrar en flujo, resérvate un rato para potenciarlo. A mí me ha sucedido en varias ocasiones mientras he escrito este libro.
— Conoce las situaciones que te ayudan. Tengo un amigo médico al que le fascina escribir poesía. A veces, tras una noche de guardia, se sienta a componer sus poemas, y sabe que le alivia tras las duras horas de trabajo y le genera un estado máximo de bienestar. Sus guardias se le hacen menos duras sabiendo que tiene su premio del *flow* poético a la mañana siguiente. Cuando tengas detectada la actividad que te facilita entrar ahí, fija momentos concretos en los que puedas llevarlo a cabo. Si no, el día te comerá con múltiples actividades y temas pendientes, y te saltarás tus ratos de reparación.
— Si sabes que estás entrando en *flow,* evita interrupciones y distracciones. Pon el móvil en modo avión o prográmalo para recibir solo llamadas urgentes.
— Piensa en algo que te interese y atraiga. Márcate un objetivo que puedas alcanzar que te agrade. Céntrate en el proceso y no en el resultado.
— Busca algo con un componente emocional o que te recuerde a alguien a quien quieres mucho. Hace unos meses falleció el padre de una amiga mía. Él era un gran aficionado a la huerta y ella quiso conectar con él cuidando sus plan-

tas. Lo que nunca imaginó es que su duelo está siendo menos duro porque vive absorta en el cuidado de su cultivo. Es capaz de pasarse horas paseando, cuidando, sembrando y recogiendo. Desde que me lo contó, se lo he recomendado a varios pacientes.

— Ten en cuenta que si es excesivamente difícil o retador, puede dejar de ser placentero y convertirse en estresante. Por otro lado, si es aburrido, tampoco entrarás en el *flow*.

NO OLVIDES

Vas a necesitar un equilibrio entre la motivación por la actividad y la habilidad que precisas para realizarla. Si existe sintonía entre una y otra, el proceso será más agradable. El *flow* es la combinación entre un reto y un disfrute.

21. El deporte, un gran aliado

Durante mi formación pasé un tiempo en Londres, como ya he comentado. Dediqué el primer mes a tratar pacientes con primeros episodios psicóticos —la mayor parte de ellos se produjeron tras haber consumido drogas—. Una tarde, el jefe de servicio me comentó que uno de ellos había estado muy grave, pero que se estaba recuperando bien gracias a Jide. Yo no conocía a nadie con ese nombre, y me dijo que me lo presentaría. Así pasó. Unas horas después apareció un tipo grande, de más de dos metros de altura, que me pidió que le acompañara la mañana siguiente a un polideportivo que había cerca del hospital, vestida con ropa cómoda. Aparecí tal y como me había dicho en el lugar. Decenas de jóvenes estaban practicando deporte, muchos eran los pacientes psicóticos más graves de la unidad de psiquiatría, varios involucrados en temas de estupefacientes.

Jide quería que experimentara en mí el cambio que se producía en la mente al realizar ejercicio como ellos, así que me propuso que cogiera una cuerda y me pusiera a saltar. Era algo que de pequeña se me daba bien, pero llevaba años sin hacerlo. Al terminar, me pidió que practicara boxeo. Mi respuesta fue clara: ni sabía ni estaba interesada. No me dio opción, al cabo de unos minutos yo estaba dándole golpes a los guantes de un tipo. Jide —me enteré después de que era nigeriano— me convocaba todos los lunes a boxear durante dos horas y al acabar me sentaba en una sala con los pacientes y cada uno hablaba de cómo se sentía. El día que me despedí de este maravilloso entrenador, me dijo, convencido, que hasta la peor patología de la mente se cura con deporte. La actividad física salva cerebros y conductas enfermas.

Hay un libro, *Cerebro y ejercicio*, que resume los beneficios de la actividad física y que te recomiendo si estás interesado en profundizar en este tema. Incluso un simple paseo incrementa el suministro de oxígeno y nutrientes al cerebro. También se produce una liberación de neurotransmisores, lo que explica nuestra sensación de bienestar. Esto es importante: no es solo una sensación, las funciones cognitivas como el aprendizaje se refuerzan de manera sensible. Según algunos estudios, bastarían cuatro mil pasos diarios para experimentar mejoras significativas. El hipocampo aumenta de tamaño si se hace ejercicio aeróbico de forma continuada, según un estudio de la Universidad de Stanford.

Al realizar una actividad física, experimentas bienestar, el cerebro libera más dopamina, y aparecen la satisfacción, el placer y las ganas de seguir practicándolo. Si te pones objetivos deportivos y trabajas para alcanzarlos, la dopamina te ayuda a que tengas más energía para repetir esa actividad.

La dopamina en el deporte está relacionada con la competición, la recompensa y la motivación.

Pero hay otra razón por la que el ejercicio físico tiene que estar incluido en la vida diaria: reduce la probabilidad de acercarse a las drogas y caer en las adicciones. Por lo tanto, introducir deporte en el colegio y en los institutos —de manera obligatoria— y fomentarlo desde casa es fundamental.

Las cifras de sedentarismo son preocupantes. Un norteamericano dedica la mitad de las horas de su jornada —que no está durmiendo— a estar sentado en su oficina, en el sofá o tumbado en la cama. La evolución en la actividad muscular del ser humano a través de los siglos ha sido considerable. Antiguamente, la vida se realizaba en la naturaleza, cazando, recolectando y caminando, ya que moverse era fundamental para la supervivencia. Los nómadas han sido sustituidos por personas que trabajan con el ordenador o están sentadas delante de la televisión o el móvil.

En nuestro país las cifras no son muy alentadoras tampoco. Se cree que en España la mitad de los mayores de dieciocho años no realiza ejercicio con regularidad. Me impresiona. Los jóvenes, enganchados a los videojuegos, lo que mueven son sus cuerpos digitales: trepan, luchan, saltan, disparan y corren. Yo lo que quiero es que esos chicos hagan ejercicio con sus cuerpos reales, ¡no con sus avatares!

Moverse es una de las recetas recomendables contra las dolencias de hoy: mejora los niveles cardiovasculares, disminuye el riesgo de enfermedades inflamatorias, oncológicas, psiquiátricas… —te recomiendo el libro, *El ejercicio, un muro contra el cáncer*—, y lo que es más concluyente: el deporte reduce la mortalidad por cualquier causa[5]. También llegó a la misma conclusión un estudio galardonado con el Premio Nacional de Investigación en Medicina del Deporte Liberbank de la Universidad Autónoma de Madrid, reduciéndolo en un 33 %. El deporte, además, es un protector para el cerebro por varios motivos:

— Aumenta el riego sanguíneo.
— Potencia el desarrollo de vasos en varias áreas cerebrales (angiogénesis).
— Promueve la generación de nuevas conexiones neuronales (neurogénesis).

La mejor terapia para la mente es el movimiento, pues mejora la creatividad, la memoria, la concentración, la atención y el ánimo.

El ejercicio es un activador del cerebro y del organismo, esto incrementa la capacidad de metabolizar el oxígeno, los niveles de glutamato —básicos para el correcto funcionamiento mental— y libera el factor neurotrófico derivado del cerebro (BDNF), fundamentales para el crecimiento y la diferenciación de las neuronas —esta proteína tiene una función importante en la neuroplasticidad, engrosa los axones y dendritas, mejorando la comunicación entre las neuronas—. Es esencial, igualmente, en el desarrollo, mantenimiento y protección de las neuronas, en especial, en el hipocampo. De hecho, se han observado niveles bajos de BDNF en algunos trastornos neuropsiquiátricos, como la depresión, razón por la que se recomienda practicar deporte para prevenir estas enfermedades.

El BDNF es un neuroprotector que mejora la estructura del cerebro, el rendimiento cognitivo y potencia la memoria, la atención y el aprendizaje.

Los estudios son numerosos, aquí te dejo algunos datos y puedes consultar la bibliografía si quieres más información. Seis minutos de ejercicio de alta intensidad como el ciclismo promueven un cerebro saludable y puede retrasar el inicio de enfermedades graves como el alzhéimer y el párkinson, relacionando este efecto con la liberación de BDNF.

MEMORIA, CREATIVIDAD Y RESOLUCIÓN DE PROBLEMAS

Durante la carrera y el MIR recuerdo caminar por la habitación durante horas —cuatro pasos de ida y cuatro de vuelta—, memorizando y repitiendo listas de fármacos, síntomas o relacionando enfermedades con tratamientos. Muchas veces acababa exhausta —una vez calculé pasos y había hecho casi ¡diez mil!—. Notaba, sin entenderlo, que era capaz de recordar mejor los apuntes.

Cuando conocí a mi marido, que por entonces preparaba una oposición, me dijo que él recitaba los temas caminando, que eso le ayudaba. Hacía decenas de kilómetros cada día, tantos, que desgastaba con bastante rapidez las suelas de sus zapatillas. Me comentaba que al principio tardaba unos minutos en «coger el ritmo», pero una vez que lo tenía automatizado, al hacer siempre el mismo recorrido, su cerebro ponía el piloto automático en cuanto a sus funciones motrices y podía estudiar y concentrarse mucho mejor que sentado, lejos de toda distracción asociada a la inmovilidad. Me pareció una coincidencia con mi forma de estudiar, y después, con el tiempo, leyendo sobre el movimiento, he entendido el porqué.

Hace unos años, un estudio de la Universidad de Stanford publicó que caminar, además, mejoraba la creatividad, al contrario que estar sentado —aumenta hasta en un 50 %—. Es decir, cuando uno quiere recordar algo, intentar encontrar una solución a un problema, andar mientras uno razona o recuerda es un potente activador de la CPF.

No hace mucho acudí a una conferencia dando un paseo —tardé casi una hora—, y en el recorrido se me ocurrieron varias anécdotas que pensé incluir en ella. Al subirme al escenario, la charla que llevaba preparada había cambiado por completo. Yo misma estaba sorprendida, luego me di cuenta de que, probablemente, la caminata había estimulado mucho mis funciones cognitivas.

Caminar a un ritmo ligero aumenta la creatividad.

Hay un concepto fascinante del que hasta hace nada sabía bastante poco: el flujo óptico; es decir, el movimiento de los objetos que pasan a nuestro lado cuando caminamos. Este flujo disminuye los circuitos responsables del estrés, ¡bajan los niveles de cortisol! Eso sucede cuando uno pasea, va en bici o corre, al contrario de cuando está quieto o inmóvil. Según el psiquiatra Lauren Elson, de la Universidad de Harvard, pasear durante veinte minutos al día lo reduce. Además, si lo hacemos durante cinco días a la semana, el sistema inmune mejora y el riesgo de resfriado disminuye un 43 %.

Un estudio publicado por la Academia China de Ciencias de Pekín[6] fue capaz de predecir las respuestas de varias personas a un test sobre depresión y ansiedad, midiendo su ritmo y forma de caminar a través de una herramienta medidora de pasos.

Se sabe que el hipocampo sigue creciendo hasta que llegamos a los treinta. A partir de ese momento comienza la regresión. Cumplir años, el azúcar, la inflamación, el estrés, el alcohol, las drogas… lo deterioran. Sin embargo, la actividad física es capaz de frenar el deterioro y revertirlo. Los factores neurotróficos potencian la estimulación de este proceso gracias, especialmente, al BDNF.

Y llegamos a la atención, esa cualidad mental que queremos potenciar. Se sabe que mejora no solo en el instante en el que uno realiza ejercicio, sino que su efecto se prolonga hasta cuatro horas después. Esta es una de las razones por la que se recomienda que en los colegios e institutos la asignatura de Educación física se realice por las mañanas. Esto le ocurrió a un paciente universitario. Me comentó que él acudía a clases por las mañanas y por las tardes iba al gimnasio, pero cuando pasó de curso le modificaron el turno, así que no le quedó más remedio que hacer ejercicio físico matutino, estudiar un rato luego y después marcharse a la universidad. Pensaba que el cambio le iría a peor, pero se sorprendió porque se enteraba más y se concentraba mejor. Él no conocía el motivo. Yo lo tenía claro: al realizar la actividad física a primera hora, su cerebro estaba más preparado para prestar atención, retener información y aprender.

La doctora Marian Diamond fue una de las mayores expertas y una pionera en el estudio del cerebro, demostrando en 1964 qué era la neuroplasticidad y lo divulgó a través de su documental *Mi aventura con el cerebro: vida y ciencia de la doctora Marian Diamond*. Pero antes que ella, el padre de la neurociencia, don Santiago Ramón y Cajal, ya señaló que todo ser humano podría ser escultor de su cerebro si se lo proponía. Y quiero subrayar esto, el que hay que proponérselo; ahí entran las rutinas vitamínicas, esos hábitos que uno se plantea realizar y que son la clave para llevar a este órgano tan complejo a su máximo potencial y protegerlo de los deterioros graves.

Se han multiplicado las investigaciones sobre la neurogénesis, sobre todo en animales, pero se cree que en las personas también tendría los mismos beneficios. En 2021, el neurólogo Rudolph Tanzi, profesor de la Universidad de Harvard, demostró que el hipocampo podría generar entre mil quinientas y siete mil neuronas cada día. Una de las maneras de potenciarlo es a través del ejercicio. Por lo tanto, el deporte contribuye a la neurogénesis y a consolidar las células gliales, que sabemos son un sostén del cerebro.

DESARROLLO DEL CEREBRO EN LOS NIÑOS

Un estudio realizado en el Boston Children's Hospital[7] analizó imágenes de resonancia magnética a seis mil chicos de nueve y diez años. Esa edad —preadolescencia— es especialmente importante en el desarrollo cerebral, ya que está asociada a cambios en los circuitos y redes neuronales. Conseguir que esos cambios sean lo más fuertes y robustos posibles es esencial para prevenir déficits y potenciar el aprendizaje y el razonamiento, así como la atención, el procesamiento sensorial y la toma de decisiones; es decir, un mejor desarrollo de la CPF. El equipo de la doctora Stamoulis observó que el hecho de estar activos y moverse potenciaba el óptimo desarrollo de las redes cerebrales de esos niños. No solo eso, también se vio que el índice de masa corporal se reducía, por lo que prevenía la obesidad de los muchachos, uno de los problemas de salud más importantes en Estados Unidos. No hay duda: los jóvenes tienen que realizar actividad física de al menos una hora de duración varias veces a la semana.

Hay más efectos beneficiosos del deporte. El ejercicio mejora el sueño, tanto en las personas que tienen insomnio como en aquellas que no lo sufren. Lo suelo recomendar a pacientes que relatan problemas de conciliación y mantenimiento del mismo. A algunas les ayuda practicarlo por la mañana, a otras a media tarde y a otras, por la noche. Cada uno debe conocer su cuerpo para sacar el máximo provecho al ejercicio.

La actividad física también regula el azúcar en sangre. Cenar treinta minutos después de haber acabado el ejercicio físico reduce los picos de glucosa e insulina entre un 18 y un 35 %, respectivamente, mientras que si se empieza cuarenta y cinco minutos después de comer, los niveles disminuyen un 30 y un 48 %.

NO OLVIDES

Moverse lanza un mensaje importante a tu mente, ¡despierta! Y las neuronas son muy agradecidas a esa actividad.

Cada persona debe encontrar el punto que le ayude a mantener el estrés y equilibrar sus vías de escape para sentirse saludable. Yo suelo recomendar quince minutos al día de ejercicio aeróbico —sudando— o bien treinta varias veces a la semana. Es aconsejable acompañarlo de ejercicios de fuerza y resistencia, ya que estos se vinculan a una mejoría no solo en el fortalecimiento del cuerpo, sino también de diferentes áreas cerebrales. De hecho está demostrado que ayuda en los cuadros depresivos. Para potenciar la atención y la concentración, pasear es un gran aliado. Uno de los mayores expertos en este campo, el doctor John Ratey, profesor de psiquiatría en Harvard, promueve el ejercicio aeróbico por el impacto positivo que tiene en el aprendizaje.

Si eres de los que llevas una época apática, triste o sedentaria, comienza, poco a poco, con paseos de quince o veinte minutos. Usa el móvil solo para escuchar música o *podcasts*. Y si tienes la suerte de poder hacerlo en un parque o en la naturaleza, no desperdicies la oportunidad. Otros pequeños trucos que ayudan y que puedes incluir como rutina vitamínica es intentar evitar el ascensor y elegir las escaleras o, por ejemplo, bajar una parada antes del autobús para caminar y promover el movimiento. En conclusión: el deporte mejora la saturación de oxígeno, genera la creación de nuevos vasos sanguíneos, libera BDNF y endorfinas, potencia la CPF y la dopamina saludable. Todo ello conlleva una mejoría en la atención, el aprendizaje y la capacidad de resolver problemas. Por otro lado, disminuye el estrés y la ansiedad y mejora el ánimo, así como la gestión emocional. No lo dudes, ponte un zapato cómodo y levántate.

Agradecimientos

A mi marido, Jesús, que me escuchas cuando tengo dudas, miedos o ganas de iniciar nuevos proyectos. Gracias por tu amor y tu apoyo constante e incansable todos estos años.

A mis hijos, Jesús, Quique, Javier y Antonio, sois mi alegría e ilusión de vivir. Dais sentido a todo lo que hago.

A mis padres, Isabel y Enrique, por enseñarme tanto a lo largo de los años y acompañarme en esta aventura profesional y personal.

A mis hermanas, Cristina, Isabel y Almudena, por ser vitamina para el alma.

Al equipo del Instituto Rojas-Estapé: a Marta, por ayudarme en tantos temas necesarios y así ganar tiempo para poder escribir; a Valentina, por apoyarme en mis proyectos; a María, por sus ganas de aprender y profundizar en los temas de la mente; a Lola, por transmitir orden y cuidar de los pacientes; a Ana, por ser maestra de psicología desde mi infancia; a Miriam, por sus deseos de conocer los entresijos de las emociones; a Cecilia, por ser un pilar fundamental para la familia y la consulta; y a Víctor y a Fanny, por estar siempre cerca.

A la Editorial Espasa, por volver a confiar en mí para escribir un libro.

A David Cebrián, por su profesionalidad, cariño y paciencia durante estos años. Sin su apoyo no habría sido capaz de ayudar a tanta gente a través de mis libros.

A Sergio García, por ser un pilar magnífico en mi proceso literario y profesional.

A Virginia Galán, mi editora, por dar forma a todas mis ideas.

A Pepa Arévalo, por aportar su toque maravilloso en la corrección del texto.

A Laura Fernández y Sara Ayllón, por acompañarme en este camino apasionante de divulgación y ayudarme en la comunicación y contenido en redes.

A la doctora Lola Baño, por haber sido mi maestra en el mundo de las adicciones.

Al doctor Javier Albares, por enseñarme a dormir mejor y exponer de modo maravilloso sobre el sueño.

A la doctora Lola Moreno, por mostrarme su visión terapéutica con los niños y adolescentes.

A la doctora Fátima Albízuri, por su amistad y disponibilidad tanto en lo personal como en lo familiar y profesional.

A la doctora Blanca Martínez Serrano, por transmitirme conocimientos y luz sobre la medicina del dolor.

A la doctora Cecilia Almuiña, unidas en el amor por la mente y el cuerpo, por su amistad todos estos estos años.

Al neuropsicólogo Jorge Pina, compañero en el estudio de los neurotransmisores y las áreas cerebrales en los jóvenes.

A Cristina López Schlichting, por permitirme a lo largo de estos últimos cinco años compartir mis ideas con los oyentes de COPE.

A mis amigas *magníficas,* compañeras de aventuras, confidencias y risas.

A mi amiga Ana Milán, por sus grandes reflexiones y poder debatir juntas conceptos apasionantes del libro.

A mis amigos de México, por estar siempre ahí y cuidarme de manera excepcional.

A mi amigo Rodrigo Valdecantos, por enseñarme a luchar ante las adversidades con un humor y una valentía excepcional.

A mis pacientes, fundamentales en mi vida. Gracias a ellos aprendo cada día y no ceso de estudiar para mejorar las terapias.

A los que me dais la posibilidad de que siga haciendo mi labor de ayudar a los demás.

Un agradecimiento especial a los profesores de mis hijos, que dedican las horas a mejorar no solo sus cortezas prefrontales, también su espíritu y a fortalecer sus emociones.

A todas las personas que me habéis ayudado a investigar y plasmar las ideas en este libro.

Referencias bibliográficas

LA ATENCIÓN, UNA CAPACIDAD INDISPENSABLE

1 KRASNOW, M. (2017), «Study shows how slow breathing induces tranquility». *Science.* https://med.stanford.edu/news/all-news/2017/03/study-discovers-how-slow-breathing-induces-tranquility.html

2 RICHTER, C. G. *et al.* (2017), «Phase-amplitude coupling at the organism level: The amplitude of spontaneous alpha rhythm fluctuations varies with the phase of the infra-slow gastric basal rhythm». *Neuroimage.* https://www.sciencedirect.com/science/article/pii/S1053811916304281

3 DIAZ HEIJTZ, R. *et al.* (2011), «Normal gut microbiota modulates brain development and behavior». *PNAS.* https://pubmed.ncbi.nlm.nih.gov/21282636/

LA DOPAMINA

1 VOLKOW, N. *et al.* (2001), «Brain dopamine and obesity». *The Lancet.* https://pubmed.ncbi.nlm.nih.gov/11210998/

2 BRIDGES, A. J. *et al.* (2010), «Aggression and sexual behavior in best-selling pornography videos: a content analysis update». *Violence Against Women.* https://pubmed.ncbi.nlm.nih.gov/20980228/

3 RODRÍGUEZ, A. (2023), «México, el quinto país del mundo que más porno consumió en 2022». *El País.* https://elpais.com/mexico/2023-02-14/mexico-el-quinto-pais-del-mundo-que-mas-porno-consumio-en-2022.html

4 ATIENZA, J. (2021), «Pornhub, en cifras: cómo se ha convertido en la web más valiosa y visitada de internet». *Forbes.* https://forbes.es/empresas/124369/pornhub-en-cifras-como-se-ha-convertido-en-la-web-mas-valiosa-y-visitada-de-internet/

[5] IBIS World (2023), «Adult & pornographic websites in the US-market size (2005-2029)». https://www.ibisworld.com/industry-statistics/market-size/adult-pornographic-websites-united-states/

[6] Fight the New Drug, «How does the porn industry make its money today?». https://fightthenewdrug.org/how-does-the-porn-industry-actually-make-money-today/

[7] Gavrieli, R. (2013), TED Talk. «Why I stopped watching porn». https://www.youtube.com/watch?v=gRJ_QfP2mhU

[8] Sender, R. *et al.* (2016), «Revised estimates for the number of human and bacteria cells in the body». *PLOS Biology*. https://journals.plos.org/plosbiology/article?id=10.1371/journal.pbio.1002533

[9] Bjørnholt, J. *et al.* (1999), «Fasting blood glucose: an underestimated risk factor for cardiovascular death. Results from a 22-year follow-up of healthy nondiabetc men». *Diabetes Care*. https://diabetesjournals.org/care/article/22/1/45/19692/Fasting-blood-glucose-an-underestimated-risk

[10] Fava, A. *et al.* (2014), «Chronic migraine is associated with insulin resistance: A cross-section study». *European Journal of Neurology*. https://pubmed.ncbi.nlm.nih.gov/24238370/

[11] Chavarro, J. E. (2009), «A prospective study of dietary carbohydrate quantity and quality in relation to risk of ovulatory infertility». *European Journal of Clinical Nutrition*. https://www.ncbi.nlm.nih.gov/pmc/articles/PMC3066074/

[12] Borror, A. *et al.* (2018), «The effects of postprandial exercise on glucose control in individuals with type 2 diabetes: A systematic review». *Sports Medicine*. https://pubmed.ncbi.nlm.nih.gov/29396781/

CORTEZA PREFRONTAL

[1] Doran, S. M. *et al.* (2001), «Sustained attention performance during sleep deprivation: evidence of state instability». *Archives Italiennes de Biologie*. https://pubmed.ncbi.nlm.nih.gov/11330205/

[2] Maguire, E. A. *et al.* (2000), «Navigation-related structural change in the hippocampi of taxi drivers». *PNAS*. https://www.pnas.org/doi/full/10.1073/pnas.070039597

[3] Llorens-Martín, M. *et al.* (2019), «Adult hippocampal neurogenesis is abundant in neurologically healthy subjects and drops sharply in

patients with Alzheimer's disease». *Nature Medicine.* https://www.nature.com/articles/s41591-019-0375-9

4 GIEDD, J. N. *et al.* (2000), «Growth patterns in the developing brain detected by using continuum mechanical tensor maps». *Nature.* https://www.nature.com/articles/35004593

5 GIEDD, J. N. *et al.* (2018), «A multisample study of longitudinal changes in brain network architecture in 4-13-year-old children». *Human Brain Mapping.* https://pubmed.ncbi.nlm.nih.gov/28960629/

6 SOMERVILLE, L. H. (2016), «Searching for signatures of brain maturity: What are we searching for?». *Neuron.* https://pubmed.ncbi.nlm.nih.gov/28009272/

7 GOGTAY, N. *et al.* (2004), «Dynamic mapping of human cortical development during childhood through early adulthood». *PNAS.* https://www.pnas.org/doi/full/10.1073/pnas.0402680101

8 HAMMERTON, G. *et al.* (2023), «The association of alcohol dependence and consumption during adolescence with depression in young adulthood, in England: A prospective cohort study». *The Lancet Psychiatry.* https://www.thelancet.com/journals/lanpsy/article/PIIS2215-0366(23)00138-4/fulltext

9 YAN, Z. *et al.* (2021), «Repeated stress causes cognitive impairment by suppressing glutamate receptor expression and function in prefrontal cortex». *Neuron.* https://pubmed.ncbi.nlm.nih.gov/22405206/

10 MCEWEN, B. S. *et al.* (2015), «Strees effects on neuronal structure: hippocampus, amygdale, and prefrontal cortex». *Neuropsychopharmacology.* https://www.nature.com/articles/npp2015171

11 FUNDACIÓN ONCE y AYUDA EN ACCIÓN. «El 70 % de los jóvenes sufre o ha sufrido soledad no deseada en algún momento de su vida». https://www.rtve.es/noticias/20240208/70-jovenes-sufre-sufrido-soledad-no-deseada-algun-momento-su-vida/15961562.shtml

12 DONOVAN, N. *et al.* (2016), «Association of higher cortical amyloid burden with loneliness in cognitively normal older adults». *JAMA Psychiatry.* https://jamanetwork.com/journals/jamapsychiatry/fullarticle/2575729

13 NA, P. J. *et al.* (2023), «Loneliness as a risk factor for dementia and other adverse health outcomes». *Cambridge University Press.* https://www.cambridge.org/core/journals/international-psychogeriatrics/article/abs/loneliness-as-a-risk-factor-for-dementia-and-

other-adverse-health-outcomes/8CEFF50928043EBD8E734B-444D939EF5

[14] WILSON, T. D. *et al.* (2014), «Just think: The challenges of the disengaged mind». *Science.* https://www.science.org/doi/10.1126/science.1250830

[15] DWORAK, M. *et al.* (2007), «Impact of singular excessive computer game and television exposure on sleep patterns and memory performance of school-aged children». *Pediatrics.* https://pubmed.ncbi.nlm.nih.gov/17974734/

[16] HIGUCHI, S. *et al.* (2003), «Effects of VDT tasks with a bright display at night on melatonin, core temperature, heart rate, and sleepiness». *Journal of Applied Physiology.* https://pubmed.ncbi.nlm.nih.gov/12533495/

[17] SÁNCHEZ, N. (2020), «Qué es la neuroinflamación. ¿Tu cerebro está inflamado?». *Regenera.* https://regenerahealth.com/blog/neuroinflamacion/

[18] KHANDAKER, G. M. *et al.* (2018), «Protocol for the insight study: a randomised controlled trial of single-dose tocilizumab in patients with depression and low-grade inflammation». *BMJ Open.* https://www.ncbi.nlm.nih.gov/pmc/articles/PMC6157523/

[19] KHANDAKER, G. M. *et al.* (2019), «Prevalence of low-grade inflammation in depression: a systematic review and meta-analysis of CRP levels». *Psychological Medicine.* https://pubmed.ncbi.nlm.nih.gov/31258105/

[20] WALTT, CH. *et al.* (2020), «Glycemix variability and CNS inflammation: Reviewing the connection». *Nutrients.* https://www.ncbi.nlm.nih.gov/pmc/articles/PMC7766608/

[21] CALCIA, M. A. *et al.* (2016), «Stress and neuroinflammation: a systematic review of the effects of stress on microglia and the implications for mental illness». *Psychopharmacology.* https://www.ncbi.nlm.nih.gov/pmc/articles/PMC4828495/

[22] MURPHY, D. *et al.* (2021), «Learning in double time. The effect of lecture video speed on immediate and delayed comprehension». *Applied Cognitive Psychology*, https://onlinelibrary.wiley.com/doi/abs/10.1002/acp.3899

[23] RAICHLE, M. E. y FOX, M. D. (2007), «Spontaneous fluctuations in brain activity observed with functional magnetic resonance ima-

ging». *Nature Reviews Neuroscience.* https://pubmed.ncbi.nlm.nih.gov/17704812/

24 RAICHLE, M. E. y ZHANG, D. (2010), «Disease and the brain's dark energy». *Nature Reviews Neuroscience.* https://pubmed.ncbi.nlm.nih.gov/20057496/

25 RAICHLE, M. E. (2010), «Two views of brain function». *Trends in Cognitive Sciencie.* https://pubmed.ncbi.nlm.nih.gov/20206576/

26 PUCHALSKA-WASYL, M. M. (2015), «Self-talk: Conversation with oneself? On the types of internal interlocutors». *The Journal of Psychology*. https://pubmed.ncbi.nlm.nih.gov/25975573/

REDES Y PANTALLAS

1 LESLIE, I. (2016), «The scientist who make apps addictive». *The Economist.* https://www.economist.com/1843/2016/10/20/the-scientists-who-make-apps-addictive

2 BOSKER, B. (2016), «The binge breaker». *The Atlantic.* https://www.theatlantic.com/magazine/archive/2016/11/the-binge-breaker/501122/

3 HARRIS, T. (2018), TED TaK. VTRChile. https://www.youtube.com/watch?v=nya8CWimy00&ab_channel=VTRChile

4 ANDERSSON, H. (2018), «Social media apps are "deliberately" addictive to users». *BBC News.* https://www.bbc.com/news/technology-44640959

5 COHEN, D. (2021), «Aza Raskin creó la función más adictiva del móvil, ahora quiere traducir lo que dicen los animales». *GQ.* https://www.revistagq.com/noticias/articulo/aza-raskin-entrevista-scroll

6 MURTHY, V. (2023), «Social media and youth mental health». *The U.S. surgeon general's advisory.* https://www.hhs.gov/sites/default/files/sg-youth-mental-health-social-media-advisory.pdf

7 VILLAR, F. (2023), «Hay que prohibir los móviles hasta los 16 años». *El País.* https://elpais.com/ideas/2023-10-22/hay-que-prohibir-los-moviles-hasta-los-16-anos.html

8 NOCK, M. K. *et al.* (2008), «Suicide and suicidal behavior». *Epidemiologic Reviews.* https://pubmed.ncbi.nlm.nih.gov/18653727/

9 SCHWARTZ, L. *et al.* (2022), «Technologically-assisted communication attenuates inter-brain synchrony». *Neuroimage.* https://www.scien-

cedirect.com/science/article/pii/S1053811922007984?via%3Dihub

10 MADIGAN, S. *et al.* (2019), «Association between screen time and children's performance on a developmental screening test». *JAMA Pediatrics.* https://jamanetwork.com/journals/jamapediatrics/fullarticle/2722666

RUTINAS VITAMÍNICAS

1 ELOLA, J. (2023), «Byung-Chul Han, el filósofo que vive al revés». *El País Semanal.* https://elpais.com/eps/2023-10-06/byung-chul-han-el-filosofo-que-vive-al-reves-creemos-que-somos-libres-pero-somos-los-organos-sexuales-del-capital.html

2 SANO, M. *et al.* (2013), «Increased oxygen load in the prefrontal cortex from mounth breathing: A vector-based near-infrared spectroscopy study». *NeuroReport.* https://journals.lww.com/neuroreport/fulltext/2013/12040/increased_oxygen_load_in_the_prefrontal_cortex.1.aspx

3 WISE, R. A. y JORDAN, C. J. (2021), «Dopamine, behavior, and addiction». *Journal of Biomedical Science.* https://jbiomedsci.biomedcentral.com/articles/10.1186/s12929-021-00779-7

4 SRÁMEK, P. *et al.* (2000), «Human physiological responses to immersion into water of different temperatures». *European Journal of Applied Physiology.* https://pubmed.ncbi.nlm.nih.gov/10751106/

5 WARBURTON, D. E. R. *et al.* (2006), «Health benefits of physical activity: the evidence». *Canadian Medical Association Journal.* https://www.cmaj.ca/content/174/6/801

6 ZHAO, N. *et al.* (2019), «See your mental state from your walk: Recognizing anxiety and depression through Kinect-recorded gait data». *PLOS ONE.* https://www.ncbi.nlm.nih.gov/pmc/articles/PMC6530855/

7 STAMOULIS, C. *et al.* (2021), «Widespread positive direct and indirect effects of regular physical activity on the developing functional connectome in early adolescence». *Cerebral Cortex.* https://academic.oup.com/cercor/article/31/10/4840/6275469

Lecturas recomendadas

ALBARES, J. (2023), *La ciencia del buen dormir.* Barcelona: Península.

ARPONEN, S. (2021), *¡Es la microbiota, idiota! Descubre cómo tu salud depende de billones de microorganismos que habitan en tu cuerpo.* Barcelona: Alienta.

CARRASCO, J. L. (2023), *Mentalmente sano y feliz. La importancia de la salud mental.* Barcelona: Ediciones B.

CASTELLANOS, N. (2021), *El espejo del cerebro.* Madrid: La Huerta Grande.

CASTILLO A., MORALES J. S. y VALENZUELA P. L. (2024), *El ejercicio, un muro contra el cáncer. Hábitos saludables para combatir la enfermedad.* Madrid: Espasa.

DESMURGET, M. (2020), *La fábrica de cretinos digitales. Los peligros de las pantallas para nuestros hijos.* Barcelona: Península.

GUERRERO, R. (2021), *Trastorno por déficit de atención con hiperactividad. Entre la patología y la normalidad.* Barcelona: Libros Cúpula.

GUTIÉRREZ BERLINCHES, J. (2021), *La trampa del sexo digital. Guía definitiva para prevenir y superar la adicción a la pornografía.* Córdoba: Almuzara.

HARI, J. (2023), *El valor de la atención. Por qué nos la robaron y cómo recuperarla.* Barcelona: Península.

KROSS, E. (2021), *Cháchara.* Barcelona: Paidós.

LARREA, B. (2022), *Tu cuerpo en llamas. Todas las claves para combatir la inflamación y revertir el envejecimiento.* Madrid: La Esfera de los Libros.

LEMBKE, A. (2023), *Generación Dopamina. Cómo encontrar el equilibrio en la era del goce desenfrenado.* Madrid: Urano.

LURI, G. (2015), *La escuela contra el mundo. El optimismo es posible.* Barcelona: Ariel.

MARTÍNEZ-GONZÁLEZ, M. Á. (2023), *Salmones, hormonas y pantallas. El disfrute del amor auténtico visto desde la salud pública.* Barcelona: Planeta.

Rojas, E. (2020), *Todo lo que tienes que saber sobre la vida.* Madrid: Espasa.
— (2023), *5 consejos para potenciar la inteligencia.* Barcelona: Booket.
— (2023), *Comprende tus emociones.* Madrid: Espasa.
Ruiz, J. C. (2021), *Filosofía antes el desánimo. Pensamiento crítico para construir una personalidad sólida.* Barcelona: Destino.
Siegel, D. J. (2014), *Tormenta cerebral. El poder y el propósito del cerebro adolescente.* Barcelona: Alba Editorial.
Velasco, M. (2023), *Criar con salud mental. Lo que tus hijos necesitan y solo tú les puedes dar.* Barcelona: Paidós.
Villar Cabeza, F. (2023), *Cómo las pantallas devoran a nuestros hijos.* Barcelona: Herder.
Villena Moya, A. (2023), *¿Por qué no? Cómo prevenir y ayudar en la adicción a la pornografía.* Barcelona: Alienta Editorial.
Wolf, M. (2020), *Lector, vuelve a casa. Cómo afecta a nuestro cerebro la lectura en pantallas*. Bizkaia: Deusto.

Este libro es el resultado de años de investigación y lecturas: decenas de libros y estudios científicos me han ayudado e inspirado en mi tarea de redacción. En este QR encontrarás los principales. No dudes en consultarlos si quieres ampliar tus conocimientos.

Este libro se terminó de escribir y revisar
el 1 de marzo de 2024.